21世纪高职高专规划教材

高等职业教育规划教材编委会专家审定

Protel 99 SE 基础教程

主　编　王卫兵

副主编　阴家龙　罗　斌

主　审　唐义锋

北京邮电大学出版社

·北京·

内 容 提 要

　　本书以典型的电路设计实例项目为基础,以电路板设计的基本流程为主线,由浅入深、循序渐进地介绍了 Protel 99 SE 的基础知识、使用 Protel 99 SE 提供的电路原理图编辑器设计电路原理图、使用元件库编辑器制作新元件、以手工方式设计印制电路板、以自动方式设计印制电路板及使用元件封装库编辑器制作新元件封装等内容。另外,在本书的最后还讲解了 Protel 99 SE 电路设计过程中经常遇到的一些问题,并作出了解答。

　　本书的编写目的是培养技能型人才,因此在编写时注重实用性。为了帮助读者掌握本书的知识要点,书中每一章的篇首都提出了本章的学习重点和难点,以帮助读者快速掌握本章的知识点;每章结尾均配有实训辅导,以巩固本章所学的知识;同时附有习题,供读者复习使用。

　　本书通俗易懂,实例简单实用,讲解步骤详细、清楚,内容结构安排符合认知规律,既可作为大中专院校电子绘图设计课程的教材和教学参考用书,亦可作为电子、电工技术爱好者学习电子绘图设计的自学用书。

图书在版编目(CIP)数据

　　Protel 99 SE 基础教程/王卫兵主编 . —北京:北京邮电大学出版社,2008(2023.8 重印)
　　ISBN 978-7-5635-1731-2

　　Ⅰ. P…　Ⅱ. 王…　Ⅲ. 印刷电路—计算机辅助设计—应用软件,Protel 99 SE　Ⅳ. TN410.2

　　中国版本图书馆 CIP 数据核字(2008)第 083186 号

书　　　名:Protel 99 SE 基础教程
作　　　者:王卫兵
责任编辑:王晓丹
出版发行:北京邮电大学出版社
社　　　址:北京市海淀区西土城路 10 号(邮编:100876)
发 行 部:电话:010-62282185　传真:010-62283578
E-mail:publish@bupt.edu.cn
经　　　销:各地新华书店
印　　　刷:北京虎彩文化传播有限公司
开　　　本:787 mm×1 092 mm　1/16
印　　　张:20.5
字　　　数:511 千字
版　　　次:2008 年 8 月第 1 版　2023 年 8 月第 12 次印刷

ISBN 978-7-5635-1731-2　　　　　　　　　　　　　　　　　　定　价:38.00 元

前　言

　　本书以电路设计项目实例为基础,注重技能操作指导,内容深浅度与高职高专院校的培养目标要求相适应,较好地体现了专业教学内容与职业技能考证并轨的高职高专教学改革要求。内容可满足电类专业的课程设置及电子 CAD 考证要求。

　　全书根据认知与技能养成规律编排章节顺序,以设计能力培养为主线,将典型项目实例设计贯穿于原理图和 PCB 电路板的设计过程中;通过在每章结尾精心设计浓缩的实训辅导,更有利于全书形成整体知识结构;每章最后通过问答的形式,解决在电路设计过程中经常遇到的问题,提升了教材的实用性。

　　本书由王卫兵老师任主编并统稿全书,阴家龙、罗斌老师任副主编,由江苏财经职业技术学院唐义锋老师主审。唐义锋老师认真仔细地审阅了全部书稿,并提出了许多宝贵建议,在此表示衷心感谢。

　　本书第 1 章、第 3 章、第 4 章由江苏食品职业技术学院王卫兵老师编写;第 2 章由淮安信息职业技术学院阴家龙老师编写;第 5 章至第 6 章由淮安信息职业技术学院蒋永传老师编写;第 7 章由江苏财经职业技术学院罗斌老师编写;第 8 章和附录由江苏食品职业技术学院李静老师编写。本书的编写得到了北京邮电大学出版社周埜、王志宇等老师的帮助,在此表示感谢。由于编者水平有限,书中难免存在不妥之处,敬请广大读者批评指正。编者的电子邮件地址:jsspwwb@163.com。

编　者

目　录

第6章 PCB 自动布线

初识 Protel 99 SE

Protel 99 SE 是一款使用广泛的电子绘图软件,在电子、电工技术领域中经常应用它进行电路设计。本章主要内容包括 Protel 99 SE 的启动方式、使用 Protel 99 SE 设计浏览器菜单和工具栏快捷方式的使用、文件的组织方式、启动各种常用编辑器的方法、文件的自动存盘功能和设计数据库文件的加密等。

本章重点和难点

本章学习重点包括设计浏览器中常用菜单命令的使用、文件的组织方式、各种常用编辑器的启动等。

本章学习难点是理解、掌握文件的自动存盘功能和设计数据库文件的加密操作。

1.1 概　　述

近二三十年来,电子技术得到了飞速的发展,已经渗透到社会的许多领域。电子技术根据应用领域不同,可分为家庭消费电子技术、汽车电子技术、医疗电子技术、IT 数码电子技术、机械电子技术和通信电子技术等。无论哪个领域的电子技术,它们需要的人才一般有研发设计型人才、生产制造型人才和维修型人才等,在这些人才中,研发设计型人才属于高端人才,生产制造型人才居于次位,这两类人才在工作时经常要绘制电路图。

在电子电路设计软件出现以前,人们绘制电路图基本上是靠手工进行,这种方式不仅效率低,而且容易出错,并且修改也很不方便。20 世纪 80 年代,Protel 电子绘图软件开始传入我国,并逐渐得到广泛的应用,电子设计也就由传统的手工方式转为计算机辅助设计。

Protel 电路设计软件由澳大利亚 Protel Technology 公司开发,它是众多电子电路设计软件中应用最广泛的一种,可用于设计各个领域的电路应用系统。随着电子技术的发展,Protel 软件的版本不断升级,功能不断完善,从原来的 DOS 版本发展到 Windows 版本。DOS 版本已经很少有人应用了,目前的电子电路设计主要采用 Windows 版本的 Protel 软件。Protel 软件的 Windows 版本很多,主要有 Protel 98、Protel 99、Protel 99 SE、Protel DXP 和 Protel 2004。

在众多的 Protel 软件版本中,应用最广泛的是 Protel 99 SE,这主要是由以下原因决定的。

(1) Protel 99 SE 的功能已很完善,完全能满足绝大多数电路设计的需求。

(2) 大多数省市的电路设计绘图员考试主要以 Protel 99 SE 作为考查对象。

(3) Protel 99 SE 在运行时对计算机软、硬件环境要求低。Protel DXP 和 Protel 2004

要在 Windows 2000 以上的操作系统上运行,对计算机软、硬件环境要求高。另外,与 Protel 99 SE 相比,Protel DXP 和 Protel 2004 更多是软件界面的变化,功能改进并不是很多。

(4) 学习了 Protel 99 SE 后,再学习高级版本或其他类型的电子绘图软件十分轻松。

正因为 Protel 99 SE 软件容易获得,运行时对计算机的软、硬件环境要求低,并且功能完全能满足大多数电子电路设计的要求,所以应用十分广泛。因此本书主要介绍如何应用 Protel 99 SE 软件进行电子电路设计。

1.2　Protel 99 SE 基础知识

1.2.1　Protel 99 SE 的运行环境

1. 软件环境

要在计算机中运行 Protel 99 SE 软件,要求计算机中必须安装 Windows 9x、Windows NT、Windows 2000 或 Windows XP 中的某一个操作系统。

2. 硬件环境

要正常运行 Protel 99 SE 软件,建议计算机有以下硬件配置。

(1) CPU:Pentium Ⅱ 或以上。

(2) 内存:64 MB,在电路设计时为了使 Protel 99 SE 运行更流畅,可增大内存容量。

(3) 硬盘:要求安装 Protel 99 SE 软件后,硬盘至少应有 300 MB 以上的剩余空间。

(4) 显示器适配卡(显卡):在 16 位颜色下分辨率至少要达到 800 像素×600 像素。

(5) 最好配置打印机或绘图仪。

1.2.2　Protel 99 SE 的组成

Protel 99 SE 是由几个模块组成的,不同的模板具有不同的功能。Protel 99 SE 的主要模块包括以下 4 个。

1. 电路原理图设计模块【Schematic】

电路原理图设计模块主要包括设计原理图的原理图编辑器,用于建立、修改元件符号的元件库编辑器和各种报表生成器。

2. 印制电路板设计模块【PCB】

印制电路板设计模块主要包括设计印制电路板的 PCB 编辑器,用于进行印制电路板自动布线的 Route 模块,用于建立、修改元件封装的元件封装编辑器和各种报表生成器。

3. 可编程逻辑器件设计模块【PLD】

可编程逻辑器件设计模块主要包括具有语法意识的文本编辑器、用于编译和仿真设计结果的可编程逻辑器件模块。

4. 电路仿真模块【Simulate】

电路仿真模块主要包括一个功能强大的数/模混合信号电路仿真器,它能进行连续的模拟信号和数字信号仿真。

本书重点介绍电路原理图设计模块【Schematic】和印制电路板设计模块【PCB】。

1.2.3 Protel 99 SE 设计电路的流程

Protel 99 SE 设计电路的一般流程如图 1-1 所示。

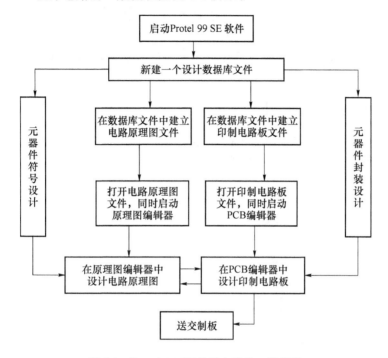

图 1-1 Protel 99 SE 设计电路的一般流程

1. 原理图设计

在设计电路板之前往往需要先设计原理图,为 PCB 电路板的设计作准备。所谓原理图设计就是将设计者的思路或草图变成规范的电路图,为电路板设计准备网络连接和元器件封装。

2. 元器件符号设计

在设计原理图的过程中常常会遇到有的元器件符号在系统提供的原理图元器件库中找不到的情况,这时就需要设计者自己动手设计元器件符号。

3. PCB 电路板设计

在准备好网络标号和元器件封装之后,就可以进行 PCB 电路板设计了。电路板设计是在 PCB 编辑器中完成的,其主要任务是按照一定的要求对电路板上的元器件进行布局,然后用导线将相应的网络连接起来。

4. 元器件封装设计

设计电路板时经常会用到一些异形的、不常用的元器件,这些元器件封装在系统提供的元器件封装库中找不到,因此需要设计者自己进行设计。

需要说明的是,元器件封装与元器件符号是相互对应的。在一个电路板设计中,一个元器件符号一定有与之对应的元器件封装,并且该元器件符号中具有相同序号的引脚与元器件封装中具有相同序号的焊盘是一一对应的,它们具有相同的网络标号。

5. 送交制板商

电路板设计好后,将设计文件导出并送交制板商,即可制作出满足设计要求的电路板。

1.3 启动 Protel 99 SE

启动 Protel 99 SE 的方法同启动其他应用程序的方法一样,只要运行 Protel 99 SE 的可执行程序就可以了。

1.3.1 启动 Protel 99 SE

在 Windows 桌面上选取菜单命令【开始】/【所有程序】/【 Protel 99 SE】/【 Protel 99 SE】,即可启动 Protel 99 SE,如图 1-2 所示。

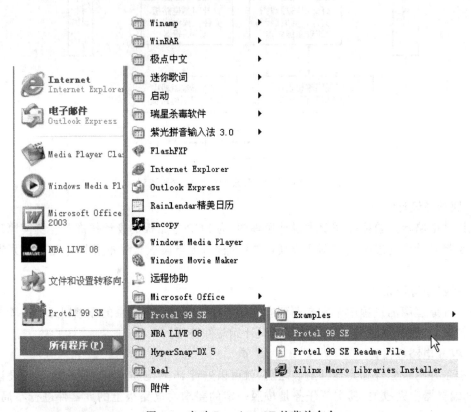

图 1-2 启动 Protel 99 SE 的菜单命令

图 1-3 Protel 99 SE 的启动画面

在启动 Protel 99 SE 应用程序的过程中,屏幕上将弹出 Protel 99 SE 的启动画面,如图 1-3 所示。接下来系统便会打开 Protel 99 SE 的主窗口,如图 1-4 所示。

此外,还可以通过以下两种方式来启动Protel 99 SE。

(1)如果在安装 Protel 99 SE 的过程中在桌面

上创建了快捷方式,那么双击 Windows 桌面上的 Protel 99 SE 图标也可以启动 Protel 99 SE。

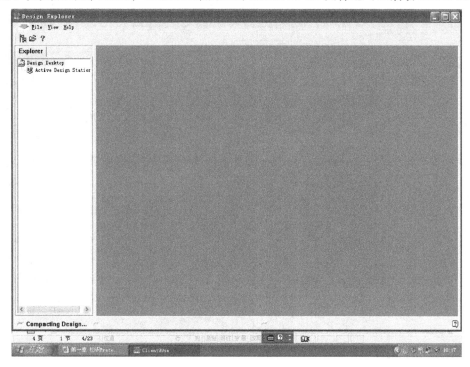

图 1-4　Protel 99 SE 的主窗口

（2）直接单击【开始】菜单中的 Protel 99 SE 图标也可以启动 Protel 99 SE,如图 1-5 所示。

图 1-5　从【开始】菜单中启动 Protel 99 SE

1.3.2　Protel 99 SE 窗口界面

在启动 Protel 99 SE 之后,将会打开 Protel 99 SE 的主窗口界面,此时,读者可以从中领略到 Protel 99 SE 的 Windows 操作风格和个性化的操作界面。

下面简单介绍一下 Protel 99 SE 主窗口中各部分的功能。该窗口中主要包含菜单栏、工具栏、浏览器管理窗口、工作窗口、命令行和状态栏 6 个部分,如图 1-6 所示。

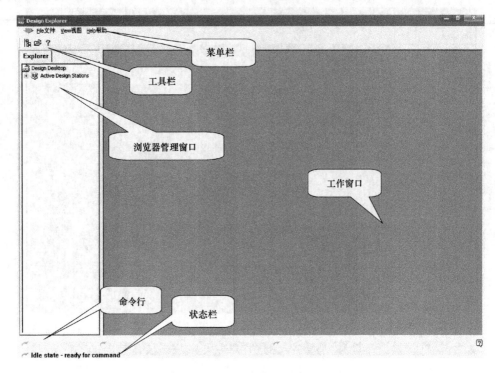

图 1-6　Protel 99 SE 主窗口

1. 菜单栏

Protel 99 SE 主窗口界面中的菜单栏是启动各种编辑器和设置系统参数的入口,主要包括【File】(文件)、【View】(视图)和【Help】(帮助)3 个主菜单,如图 1-7 所示。下面分别对这 3 个主菜单进行简要介绍。

File文件　View视图　Help帮助

图 1-7　Protel 99 SE 设计浏览器中的菜单栏

(1)【File】菜单

【File】菜单主要用于文件的管理,通常包括新建设计文件、打开已有的设计文件和退出当前设计文件等功能,其菜单命令如图 1-8 所示。

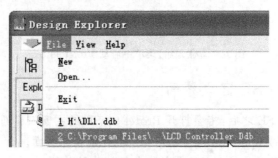

图 1-8　【File】菜单命令

【File】菜单中各菜单命令的功能如下。

·【New】(新建):执行该菜单命令可以新建一个设计数据库文件(Design Database),文件的类型为"Protel Design File",文件后缀名为".ddb"。

·【Open】(打开):执行该菜单命令可以打开 Protel 99 SE 可以识别的已有设计文件。

·【Exit】(退出):退出 Protel 99 SE 主窗口界面。

(2)【View】菜单

【View】菜单用于【Design Manager】(设计管理器)、【Status Bar】(状态栏)和【Command Status】(命令行)的打开与关闭,如图 1-9 所示。

(3)【Help】菜单

【Help】菜单主要用于打开帮助文件。

2.工具栏

Protel 99 SE 的工具栏如图 1-10 所示。

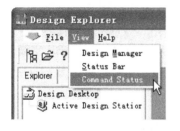

图 1-9 【View】菜单

图 1-10 工具栏

工具栏中各按钮的功能如下:

· 打开或关闭文件管理器;

· 打开一个设计文件;

· 打开帮助文件。

3.状态栏和命令行

状态栏和命令行用于显示当前的工作状态和正在执行的命令。状态栏和命令行的打开与关闭可利用【View】菜单进行设置。

4.浏览器管理窗口和工作窗口

在 Protel 99 SE 主窗口界面中,如果不激活任何设计服务程序,则浏览器管理窗口和工作窗口将处于空闲状态,其内容不可编辑。只有当原理图设计、元器件符号设计、PCB 电路板设计或元器件封装库设计等服务程序被激活时,才可以在浏览器管理窗口中浏览图件,以及在工作窗口中进行设计。

1.4 启动常用的编辑器

下面介绍如何通过创建一个新的设计数据库文件、原理图设计文件、元器件库设计文件、PCB 电路板设计文件和元器件封装库设计文件来启动相应的编辑器。此外,也可以使用类似的方法来启动其他类型的编辑器,当然也可以通过打开已有的设计文件来启动编辑器。

1.4.1 设计数据库文件的建立、关闭与打开

Protel 99 SE 采用设计数据库的方式来组织和管理设计文件,将所有的设计文档和分析文档都放在一个设计数据库文件中进行统一管理。设计数据库文件相当于一个文件夹,在该文件夹下可以创建新的设计文件,也可以创建下一级文件夹。下面介绍如何创建一个新的设计数据库文件。

1. 设计数据库文件的建立

在 Protel 99 SE 中,欲进行电路设计,首先需要建立一个设计数据库文件,然后再在该数据库文件中建立电路原理图设计文件和印制电路板文件等。设计数据库文件的建立过程如下。

第一步:启动 Protel 99 SE 软件。安装 Protel 99 SE 软件后,双击桌面上的 Protel 99 SE 图标,或者单击桌面左下角的【开始】按钮,弹出的菜单中执行【程序】/【Protel 99 SE】/【Protel 99 SE】,就可以启动 Protel 99 SE,进入如图 1-4 所示的 Protel 99 SE 主设计窗口。

第二步:新建设计数据库文件。执行菜单命令【File】/【New】,弹出如图 1-11 所示的"New Design Database"(新建设计数据库)对话框。

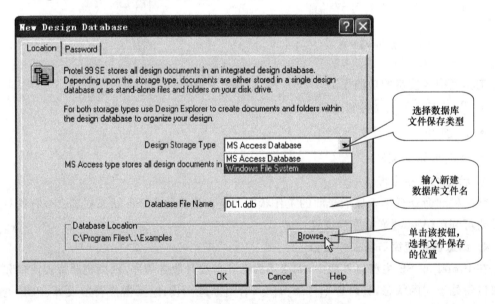

图 1-11　建立新设计数据库文件对话框

在对话框中要求设计者:选择设计文件的保存类型,输入要建立的设计数据库文件名,选择设计数据库文件的保存路径。可按图示标准提示进行操作。

注:Design Storage Type(保存设计类型)有两个选项。

Protel 99 SE 系统为读者提供了两种可选择的文件存储方式,即【Windows File System】(文档方式)和【MS Access Database】(设计数据库方式),如图 1-11 所示。

【Windows File System】：当选择文档方式存储电路板设计文件时，系统将会首先创建一个文件夹，而后将所有的设计文件存储在该文件夹下。系统在存储设计文件时不仅存储一个集成数据库文件，而且还会将数据库文件中的所有设计文件都独立地存储在该文件夹下，如图1-12所示。

【MS Access Database】：当选择设计数据库方式存储电路板设计文件时，系统只在读者指定的硬盘空间上存储一个设计数据库文件。

图1-12　以文档方式存储电路板设计文件

在Protel 99 SE中设计电路板时，通常选用设计数据库的方式来组织和管理设计文件。

第三步：设置设计数据库文件密码。如果想给建立的设计数据库文件设置密码，可单击【Password】选项卡，【New Design Database】对话框会出现如图1-13所示的设置密码信息。在对话框中按标注提示进行操作。

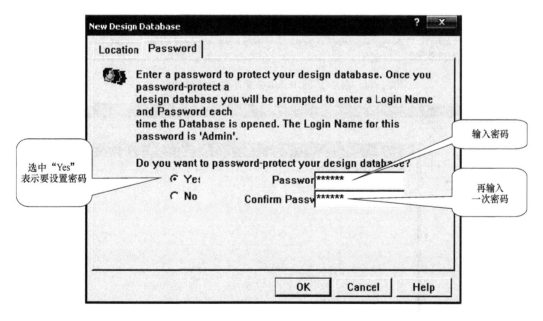

图1-13　新设计数据库文件设置密码对话框

上述操作完成后，单击【OK】按钮，就在E:\KS目录下建立了一个文件名为"DL1.ddb"的数据库文件，而在Protel 99 SE的文件管理器中同时会出现一个"DL1.ddb"数据库文件，如图1-14所示。从图中可以看出，Protel 99 SE设计界面主要由标题栏、菜单栏、工具栏、文件管理器、工作窗口、文件标签和状态栏、命令栏等组成。

2. 设计数据库文件的关闭

关闭设计数据库文件（以文件"DL1.ddb"为例）有下面几种方法。

（1）在工作窗口的设计数据库文件名标签"DL1.ddb"上右击，再在弹出的快捷菜单上选择【Close】，就可以关闭"DL1.ddb"数据库文件，该过程如图 1-15 所示。

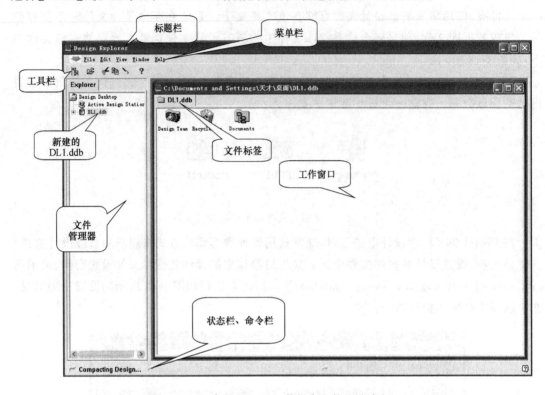

图 1-14　新建了 DL1.ddb 数据库文件的设计窗口

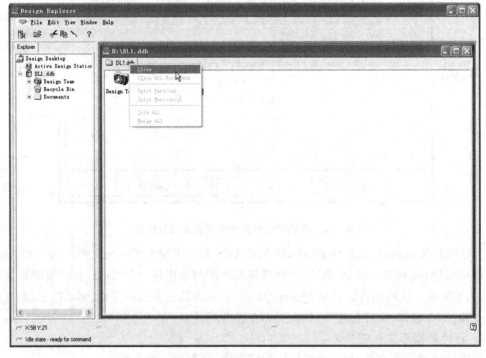

图 1-15　关闭设计数据库文件

（2）执行菜单命令【File】/【Close Design】，可以关闭当前的设计数据库文件。

（3）单击右上角 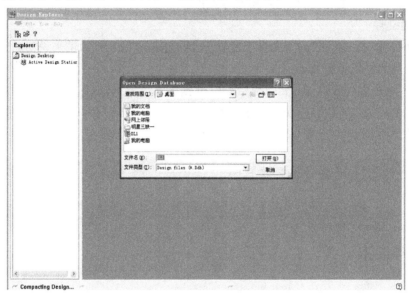 按钮，可关闭设计数据库文件。

3. 设计数据库文件的打开

如果要打开某个设计数据库文件，可采用以下几种方法。

（1）单击主工具栏上的（打开）按钮，出现【Open Design Database】（打开设计数据库文件）对话框，如图 1-16 所示。从中选择需要打开的设计数据库文件"DL1.ddb"，再单击"打开"按钮，数据库文件被打开了。如果"DL1.ddb"被设置了密码，单击"打开"按钮将出现如图 1-17 所示的对话框，要求输入文件密码。在【Name】文本框中输入 admin（管理员），在【Password】文本框中输入密码，单击【OK】按钮就可以打开 DL1.ddb。

图 1-16　打开设计数据库文件

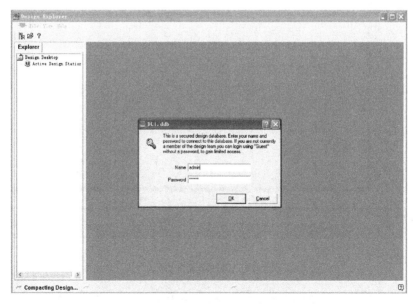

图 1-17　打开设置有密码的设计数据库文件

（2）执行菜单命令【File-Open】，可以打开设计数据库文件，操作步骤与第一种方法相同。

（3）Protel 99 SE 未启动时，可双击数据库文件图标打开设计数据库。

1.4.2 启动常用的编辑器

前面已经介绍了如何建立设计数据库文件，但这样建立出来的设计数据库文件是空的，要启动编辑器还必须在该数据库文件中再建立原理图设计文件、元器件库设计文件、PCB电路板设计文件或元器件封装库设计文件等来启动相应的编辑器。建立好各个文件后，还需要对这些文件进行更名、保存或者删除等操作。

1. 新建文件

下面以在"DL1.db"数据库文件中建立一个电路原理图文件为例来说明新建文件的方法。新建文件的操作步骤如下。

第一步：单击文件管理器中的"DL1.db"数据库文件下的【Documents】文件夹，在右边的工作窗口中就可以看到【Documents】文件夹标签，如图 1-18 所示，该文件夹被打开，里面无任何文件。

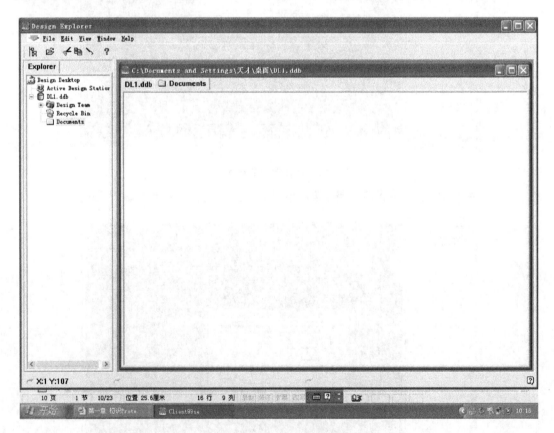

图 1-18　执行新建文件命令

第二步：将鼠标移到菜单栏上单击【File】，弹出菜单，在菜单中选择【New】命令，出现如

图 1-19 所示的【New Document】(新建文件)对话框。

图 1-19　选择新建文件为电路原理图文件

第三步:在如图 1-19 所示的对话框中选择【Schematic Document】,再单击【OK】按钮,就在"DL1.ddb"数据库文件中建立了一个默认文件名为"Sheet1.Sch"的电路原理图文件,如图 1-20 所示。

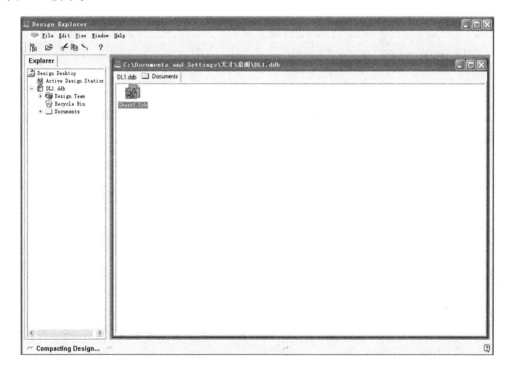

图 1-20　新建成的电路原理图文件

同理,在如图 1-19 所示的对话框中,选择【PCB Document】可建一个 PCB 电路板设计文件"PCB1.PCB",选择【Schematic Library Document】可建一个元器件库设计文件"Schlib1.Lib",选择【PCB Library Document】可建一个元器件封装库设计文件"PCBLIB1.LIB"。

2. 文件的更名

新建的文件,其文件名是默认的,如新建的第一个电路原理图文件名为 Sheet1. Sch,第二个就为 Sheet2. Sch。如果想更改默认的文件名,可以对文件进行更名。

文件名更名的方法有下面两种。

(1) 在工作窗口需更名的文件上右击,弹出的快捷菜单如图 1-21 所示。在菜单中选择【Rename】(重命名),该文件名立刻变成可编辑状态,如图 1-22 所示,将文件名更改为"DG1. Sch",同时文件管理器中的文件名也变为"DG1. Sch"。

图 1-21　文件更名操作

(2) 选中工作窗口中需要更名的文件,再按键盘上的【F2】键,被选中的文件名也即刻变成如图 1-22 所示的可编辑状态,此时即可将文件名更名为"DG1. Sch"。

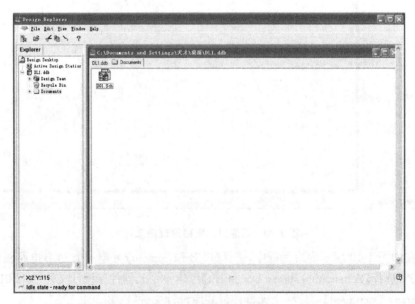

图 1-22　完成文件更名

3．文件的打开、保存和关闭

（1）文件的打开

如果要在电路原理图文件"DG1．Sch"中绘制电路原理图，就需要打开该文件。打开文件的常用方法有以下两种。

方法一：在工作窗口中双击需打开的"DG1．Sch"文件图标，如图 1-23 所示，该文件即被打开，如图 1-24 所示，工作窗口上方的文件标签"DG1．Sch"处于凸出状态，工作窗口也转变为电路原理图编辑窗口。

图 1-23　打开文件操作

方法二：在文件管理器中单击"DG1．Sch"，该文件可以被打开，文件打开的结果与图 1-24所示相同。

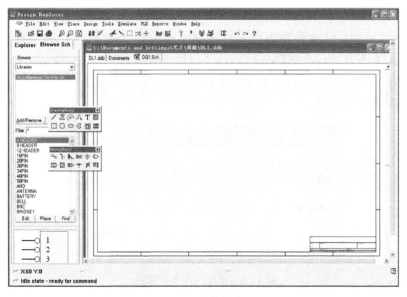

图 1-24　文件被打开

（2）文件的保存

在"DG1. Sch"文件中绘制好电路原理图后，如果想将其保存，可进行文件保存操作。文件保存的常用方法有以下两种。

方法一：单击主工具栏中的保存按钮，如图 1-25 所示，当前处于编辑状态的"DG1. Sch"文件就被保存下来。

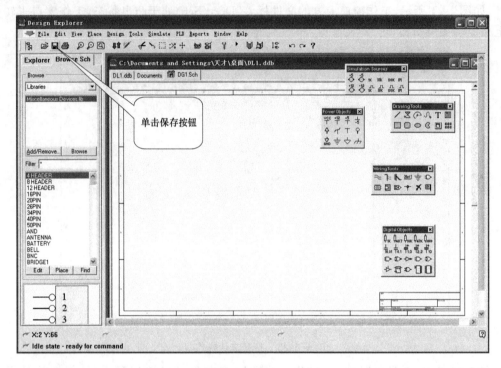

图 1-25　保存文件

方法二：执行菜单命令【File】/【Save】，可以将当前处于编辑状态的"DG1. Sch"文件保存下来。

如果想将"DG1. Sch"文件保存成另一个新文件"DG2. Sch"，可执行菜单命令【File】/【Save Copy As】（另存为），出现【Save Copy As】的对话框，如图 1-26 所示。在对话框中将默认名改为新文件名"DG2. Sch"，再单击【OK】按钮，文件管理器中就会出现一个"DG2. Sch"新文件，如图 1-27 所示。

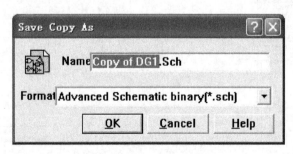

图 1-26　更改文件名并保存

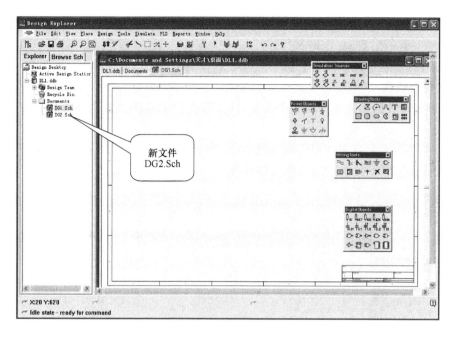

图 1-27　保存后的新文件

　　如果想将当前打开的所有文件都保存下来,可执行菜单命令【File】/【Save All】。

　　(3) 文件的关闭

　　如果要将当前打开的"DG1.Sch"文件关闭,可执行文件关闭操作。关闭文件的方法有以下 3 种。

　　方法一:在工作窗口的"DG1.Sch"文件标签右击,弹出快捷菜单,选择其中的【Close】命令,如图 1-28 所示,"DG1.Sch"文件即可被关闭。

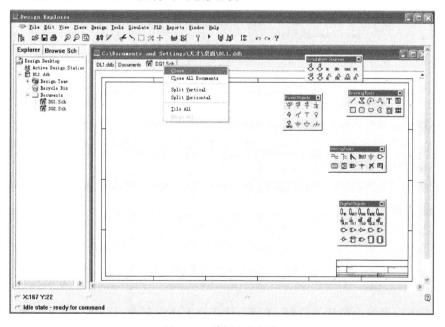

图 1-28　关闭文件操作

方法二：在文件管理器中选中"DG1. Sch"文件，再右击，弹出快捷菜单，选择其中的【Close】命令，可关闭"DG1. Sch"文件。

方法三：执行菜单命令【File】/【Close】，能关闭"DG1. Sch"文件。

4. 文件的删除

如果想删除数据库文件中的某个文件，可执行文件删除操作。文件的删除方法有以下4种。

方法一：在工作窗口中选中要删除的"DG1. Sch"文件，如图 1-29 所示，再执行菜单命令【Edit】/【Delete】，"DG1. Sch"文件即可被删除。

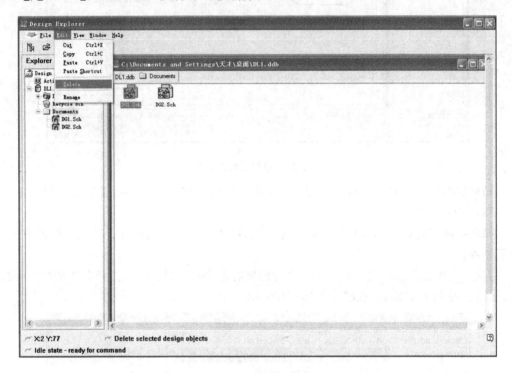

图 1-29　删除文件操作

方法二：在工作窗口中选中要删除的"DG1. Sch"文件，再右击，弹出快捷菜单，选择其中的【Delete】命令，"DG1. Sch"文件就能被删除。

方法三：在文件管理器中选中要删除的"DG1. Sch"文件，再右击，弹出快捷菜单，选择其中的【Delete】命令，可删除"DG1. Sch"文件。

方法四：在工作窗口中选中要删除的"DG1. Sch"文件，再按键盘上的【Del】键，"DG1. Sch"文件能被删除。

用上述方法删除文件时，一定要使文件处于未打开状态。

1.5　系统参数的设置

系统参数设置的内容较多，这里主要介绍界面字体设置和自动保存文件设置。

1.5.1 界面字体设置

在未进行界面字体设置前,Protel 99 SE 界面使用默认字体,如图 1-30 所示,有些字无法显示出来。为了克服这个问题,可进行系统字体设置。

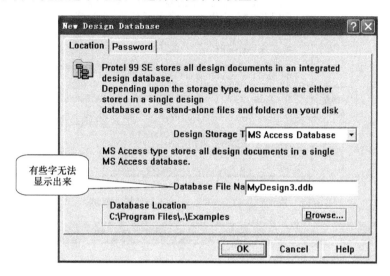

图 1-30　Protel 99 SE 界面使用默认字体

界面字体设置的方法是:单击 Protel 99 SE 菜单栏左上方的 按钮,弹出如图 1-31 所示菜单,选择其中【Preferences】的命令,出现如图 1-32 所示的对话框。将对话框中【Use Client System Font】复选框的勾去掉,也可以单击【Change System Font】按钮进行具体的字体设置,再单击【OK】按钮即可。这样设置后,图 1-29 的对话框字体就变为如图 1-33 所示的字体。

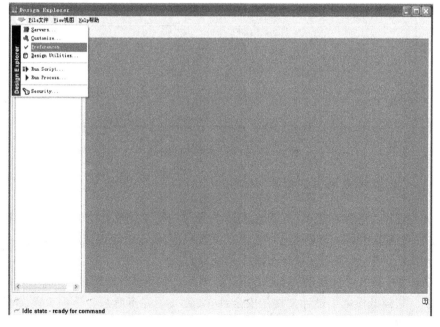

图 1-31　执行设置命令

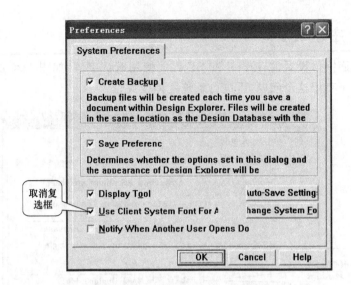

图 1-32　取消【Use Client System Font】复选框的"√"

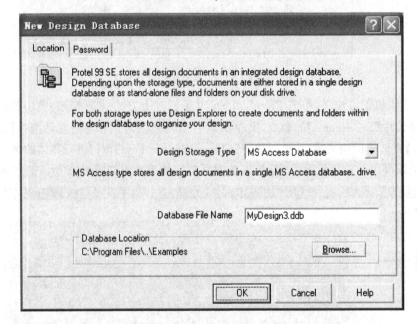

图 1-33　字体设置完成的窗口

1.5.2　自动保存文件设置

　　电路板的设计过程往往很长,如果在设计中遇到一些突发事件,如停电、运行程序出错等,就会使正在进行的设计工作被迫终止而又无法存盘,使得已经完成的工作全部丢失。为了避免这样情况发生,就需要在设计过程中不断存盘。

　　Protel 99 SE 具有文件自动存盘功能,通过对自动存盘参数进行设置,就可以满足文件备份的要求。这样既保证了设计文件的安全性,又省去了许多麻烦。下面介绍如何设置文件自动存盘参数。

（1）单击 Protel 99 SE 菜单栏左上方的 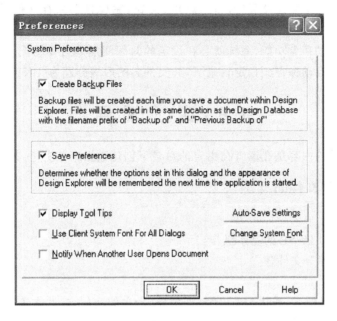 按钮，会弹出菜单，选择其中的【Preferences】命令，出现设计浏览器参数设置对话框，如图 1-34 所示。

图 1-34　在对话框中单击【Auto-Save Settings】

（2）单击【Auto-Save Settings】（自动保存设置）按钮，弹出下一个对话框，如图 1-35 所示。

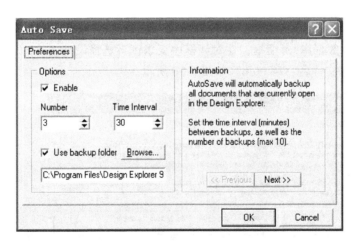

图 1-35　在对话框中可设置自动保存文件各种参数

该对话框中选项参数的意义如下。

选中【Enable】选项前的复选框，表示启用自动存盘功能，并且在后面的选项框中可以设定自动存盘的间隔时间。一旦启用了自动存盘功能，并且设定了相应的存储间隔时间，则系统将会在指定的时间内自动对当前工作窗口中激活的设计文件进行存盘。

（3）选中【Enable】（允许）选项，启动存盘功能。

（4）在【Number】文本框中输入文件自动存盘的个数为 3，在【Time Interval】文本框中输入自动存盘的间隔时间为 30(单位为 min)。

(5) 选中【Use backup folder】(使用备份文件夹)选项,指定保存路径。

(6) 完成自动存盘参数设置后,单击【OK】按钮,完成自动保存文件设置,关闭参数对话框。

一旦启用了自动存盘功能,系统就会在设定的时间间隔内自动将设计浏览器中处于打开状态的设计文件自动保存到指定目录下,其文件名的后缀分别为"BK1"、"BK2"等。

1.6 实 训 辅 导

本章实训辅导的内容是让读者在指定的目录下创建数据库等文件,并进行参数设置。

实训 1　设计文件的建立

1. 实训目的

(1) 掌握 Protel 99 SE 的基本操作。

(2) 掌握数据库等文件建立。

2. 实训内容

(1) 在 I 盘根目录下,新建一个以"实训辅导"为名的文件夹,并在该文件夹中建立一个以读者姓名的拼音字母命名的数据库,如"王昭"取名为"WZ.ddb"。

第一步:启动 Protel 99 SE 软件。单击桌面左下角的【开始】按钮,弹出的菜单中执行【程序】/【Protel 99 SE】/【Protel 99 SE】,就可以启动 Protel 99 SE,进入 Protel 99 SE 主设计窗口。

第二步:建立设计数据库文件。执行菜单命令【File】/【New】,弹出【New Design Database】(建立新设计数据库)对话框。在对话框中要求读者选择设计文件的保存类型,输入要建立的设计数据库文件名"WZ.ddb",如图 1-36 所示。

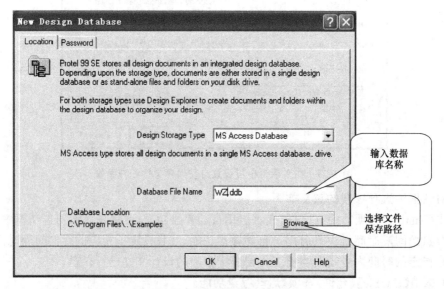

图 1-36　输入数据库文件名

单击【Browse】(浏览)按钮,选择设计数据库文件的保存路径。在 I 盘根目录下,新建一个以"实训辅导"取名的文件夹,并打开。单击【OK】按钮,完成数据库文件"WZ.ddb"的建立与保存,如图 1-37 所示。

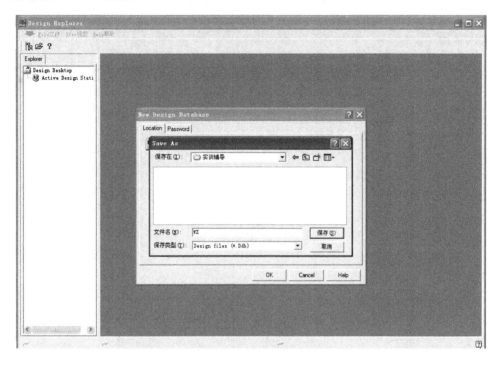

图 1-37　完成数据库文件保存

(2) 在数据库"WZ.ddb"中建立一个电路原理图文件,取名为"DG1.Sch"。

第一步:打开数据库"WZ.ddb",在工作窗口中双击【Documents】文件夹,该文件夹被打开,里面无任何文件。

第二步:将鼠标移到菜单栏上单击【File】,弹出菜单,在菜单中选择【New】命令,出现如图 1-38 所示的【New Document】(新建文件)对话框。

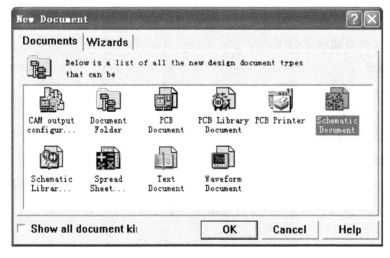

图 1-38　选择新建文件为电路原理图文件

第三步：在如图 1-19 所示的对话框中选择【Schematic Document】，再单击【OK】按钮，就在"WZ.ddb"数据库文件中建立了一个默认文件名为"Sheet1.Sch"的电路原理图文件，此时，"Sheet1.Sch"正处于选中状态，可将它改为"DG1.Sch"，如图 1-39 所示。

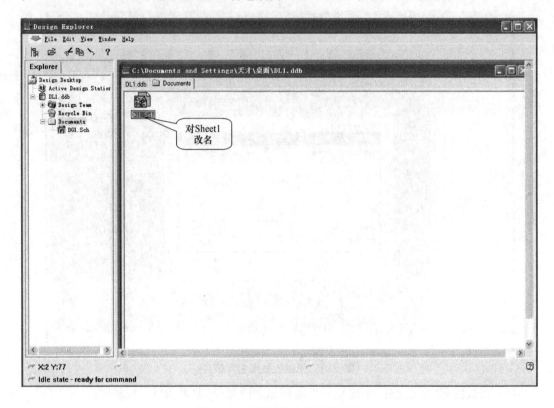

图 1-39　对原理图文件进行改名

实训 2　数据库加密和参数设置

1. 实训目的

（1）掌握数据库文件的加密和打开。

（2）掌握文件自动存盘功能。

2. 实训内容

（1）新建一个"WZ2.ddb"数据库，设置打开密码为"123456"。

第一步：选取菜单命令【File】/【New】，打开新建设计数据库文件对话框【New Design Database】，在该对话框可以设置数据文件的名称为"WZ2.ddb"和存储路径。

第二步：单击【Password】选项卡，打开设置设计数据库文件访问密码对话框。在该对话框中选中【Yes】选项，然后在【Password】文本框中输入需要设定的密码"123456"，在【Confirm Password】文本框中再次输入上述密码进行确认，如图 1-40 所示。

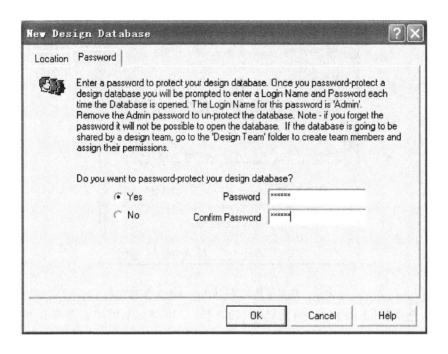

图 1-40　设置设计数据库文件访问密码

单击【OK】按钮,即可完成设计数据库文件访问密码的设置。

一旦对一个设计数据库文件设置了访问密码,当再次打开该设计文件时就会打开一个对话框,要求输入用户名和访问密码,设计数据库文件的用户名为"admin",如图 1-41所示。

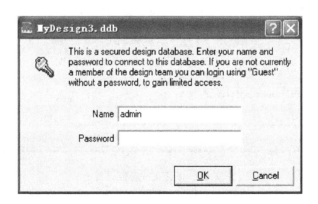

图 1-41　打开具有访问密码的设计数据库文件

(2) 设置文件自动存盘参数为:自动存盘文件为"5"个,自动存盘操作的间隔时间为"35"分钟,备份文件存储在 I 盘根目录 "实训辅导"文件夹中。

第一步:单击 Protel 99 SE 菜单栏左上方的 按钮,会弹出菜单,选择其中的【Preferences】命令,出现一个对话框如图 1-42 所示。单击其中的【Auto-Save Settings】(自动保存设置)按钮,弹出下一个对话框,如图 1-43 所示。

图 1-42　在对话框中单击【Auto -Save Settings】

　　第二步：选中【Enable】（允许）复选框，再在【Number】文本框中设置备份的文件个数"5"，在【Time Interval】文本框中设置备份文件的间隔时间"35"，然后选中【Use backup folder】（使用备份文件夹）复选框，再单击【Browse】（浏览）按钮选择备份文件保存在 I 盘根目录"实训辅导"文件夹中，最后单击【OK】按钮即完成自动保存文件设置。

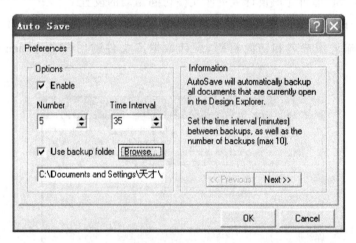

图 1-43　保存文件参数设置

本 章 小 结

　　本章介绍了 Protel 99 SE 设计浏览器的基本操作，为设计电路板工作作准备。

　　1. 介绍了 Protel 99 SE 基础知识，包括 Protel 99 SE 的运行环境、主要模块和设计流程。

　　2. 启动 Protel 99 SE。启动 Protel 99 SE 的方法多种多样，读者可以根据自己的需要选择启动 Protel 99 SE 的方法。

3. 介绍了 Protel 99 SE 的菜单栏、工具栏、状态栏、命令行、浏览器的管理窗口、工作窗口等。

4. 介绍了 Protel 99 SE 中的文件管理和为设计数据库文件加密的方法。在 Protel 99 SE 中使用设计数据库文件来管理各种电路板设计文件。

5. 启动常用的编辑器。主要介绍了 4 种常用编辑器的启动方法。

6. 系统参数的设置。主要介绍了界面字体设置和文件自动存盘功能。

思考与上机练习题

1. 试用 3 种不同的方法启动 Protel 99 SE。

2. 熟悉 Protel 99 SE 的菜单栏。

3. 在 Protel 99 SE 默认的路径下新建一个名为"WZ.ddb"的设计数据文件,在其中新建一个原理图文件取名为"ZS.Sch",并启动原理图编辑器。

4. 怎样组织和管理 Protel 99 SE 的设计文件?

5. 文件自动存盘能有什么作用?应如何设置?

6. 新建一个设计数据库文件,并为该文件加密。

7. 能不能采用在 Windows 的资源管理器中双击"＊.ddb"文件的方法启动 Protel 99 SE?

8. 同时打开几个"＊.ddb"设计数据库文件时,Protel 99 SE 会如何处理?说明了什么?

第2章

原理图编辑器

在开始学习绘制原理图之前,首先学习如何使用 Protel 99 SE 原理图编辑器,这对于学习绘制原理图将大有益处。本章主要介绍原理图编辑器中原理图管理窗口的运用、工具栏的管理、工作窗口中的画面管理等。

本章重点和难点

本章学习重点是介绍原理图编辑器的各种基本功能,为后面的原理图绘制打下基础。读者要重点掌握原理图管理窗口的运用,熟悉工具栏的打开和关闭、原理图编辑器的画面管理、图纸区域栅格参数的定义等内容。

本章学习难点是学会运用原理图管理窗口对文件和图库进行管理,这需要读者在学习过程中用心去体会。

2.1　原理图编辑器功能介绍

Protel 99 SE 专门为读者提供原理图管理窗口,以便对原理图设计进行管理。在原理图设计过程中,通过原理图管理窗口可以载入、删除原理图库文件,浏览、查找元器件库中的元器件符号以及对图纸上的图件进行操作等。

在学习原理图编辑器功能前,首先要启动 Protel 99 SE 软件,再新建一个数据库文件" .ddb",然后在数据库文件中建立一个电路原理图文件" .Sch"。接下来就是打开电路原理图编辑器,然后进行设计前的各种设置。

下面介绍原理图管理窗口的运用。

首先打开电路原理图编辑器,如图 2-1 所示。在设计管理器中选择电路原理图文件"DG1.Sch",该文件被打开,同时也启动了电路原理图编辑器。在工作窗口中出现一个矩形框,这就是设计图纸,电路原理图就在该矩形框中设计。

从图 2-1 中可以看出,电路原理图编辑器界面主要包括菜单栏、主工具栏、设计管理器、工作窗口、状态栏、命令栏和悬浮在工作窗口上的活动工具栏。

1. 菜单栏

菜单栏中包括以下菜单。

【File】(文件菜单):它的功能是执行文件管理的操作,如新建、打开、关闭、保存和打印等。

【Edit】(编辑菜单)：它的功能是执行编辑方面的操作，如复制、剪切、粘贴、删除和查找等。

【View】(视图菜单)：它的功能是执行显示方面的操作，如图纸的放大与缩小、工具栏、设计管理器、状态栏、命令栏的显示与关闭等。

【Place】(放置菜单)：它的功能是执行对象的放置操作，如放置元件和绘制导线等。

【Design】(设计菜单)：它的功能是进行电路图参数的设置、元件库的管理、层次原理图的设计和网络表的生成等。

【Tools】(工具菜单)：它的功能是进行电路原理图编辑器环境设置、元件编号和 ERC（电气规则检查）等。

【Simulate】(仿真菜单)：它的功能是进行仿真方面的操作。

【PLD】(PLD 菜单)：它的功能是进行 PLD 方面的操作。

【Reports】(报告菜单)：它的功能是进行生成电路原理图各种报表的操作，如生成元件的清单、网络比较报表和项目层次表等。

【Window】(窗口菜单)：它的功能是执行窗口管理方面的操作。

【Help】(帮助菜单)：用于打开帮助文件。

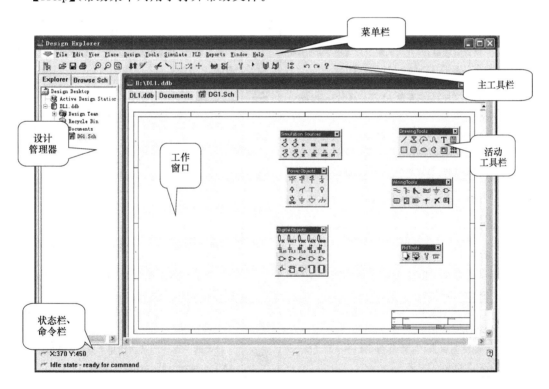

图 2-1　电路原理图编辑器界面

2. 主工具栏

主工具栏可通过执行菜单命令【View】/【Toolbars】/【Main Tools】来打开或者关闭。主工具栏打开后的屏幕如图 2-2 所示。各按钮的功能说明如表 2-1 所示。

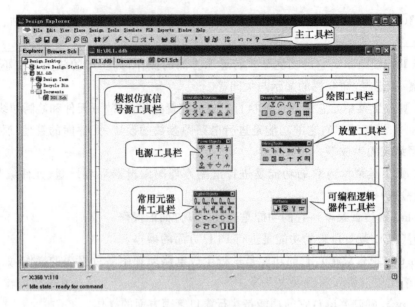

图 2-2 原理图编辑器工具栏介绍

表 2-1 主工具栏按钮功能表

按 钮	功 能	按 钮	功 能
	项目管理器,打开或关闭设计管理器,与菜单命令【View】/【Design Manager】对应		取消选择,与菜单命令【Edit】/【Deselect】/【All】对应
	打开文件,与菜单命令【File】/【Open】对应		移动选中对象,与菜单命令【Edit】/【Move】/【Move Selection】对应
	保存文件,与菜单命令【File】/【Save】对应		画图工具,与菜单命令【View】/【Toolbars】/【Drawing Tools】对应
	打印文件,与菜单命令【File】/【Print】对应		画电路工具,与菜单命令【View】/【Toolbars】/【Wiring Tools】对应
	放大显示,与菜单命令【View】/【Zoom In】对应		仿真分析设置
	缩小显示,与菜单命令【View】/【Zoom Out】对应		运行仿真器,与菜单命令【Simulate】/【Run】对应
	显示整个工作面,与菜单命令【View】/【Fit Document】对应		加载或移除元器件库,与菜单命令【Design】/【Add/Remove Library】对应
	主图、子图切换,与菜单命令【Tools】/【Up】/【Down Hierarchy】对应		浏览元器件库,与菜单命令【Design】/【Browse Library】对应
	设置测试点,与菜单命令【Place】/【Directives】/【Probe】对应		修改同一元件的某功能单元,与菜单命令【Edit】/【Increment Part Number】对应
	剪切,与菜单命令【Edit】/【Cut】对应		取消上次操作,与菜单命令【Edit】/【Undo】对应
	粘贴,与菜单命令【Edit】/【Paste】对应		恢复取消的操作,与菜单命令【Edit】/【Redo】对应
	选择对象,与菜单命令【Edit】/【Select】/【Inside Area】对应		打开帮助文件

3. 活动工具栏

在电路原理图编辑器中有 6 个活动工具栏,分别是:【Drawing Tools】(绘图工具栏)、【Wiring Tools】(放置工具栏)、【Power Objects】(电源与接地工具栏)、【Digital Objects】(常用元器件工具栏)、【PLD Toolbar】(PLD 工具栏)和【Simulation Sources】(模拟仿真信号源工具栏)。在进行电路原理图设计时,如果直接使用这些工具栏操作,可以使设计方便、快捷。

各活动工具栏打开与关闭的方法如下。

(1)【Wiring Tools】的打开或关闭

选取菜单命令【View】/【Toolbars】/【Wiring Tools】可以打开或关闭放置工具栏。【Wiring Tools】工具栏是最重要的原理图绘制工具,一般情况下,仅用该工具栏提供的工具就可以完成电路原理图的绘制工作,放置工具栏打开后的屏幕显示如图 2-3 所示。

(2)【Drawing Tools】的打开或关闭

选取菜单命令【View】/【Toolbars】/【Drawing Tools】可以打开或关闭绘图工具栏。【Drawing Tools】工具栏提供绘制各种图形的工具。与放置工具栏中的工具不同,【Drawing Tools】工具栏主要用来绘制不具备电气特性的图形,如直线、曲线、矩形等。绘图工具栏打开后的屏幕显示如图 2-4 所示。

图 2-3 放置工具栏

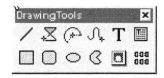

图 2-4 绘图工具栏

(3)【Digital Objects】的打开或关闭

选取菜单命令【View】/【Toolbars】/【Digital Objects】可以打开或关闭常用元器件工具栏。常用元器件工具栏提供了常用的数字和模拟元器件如电阻、电容、与门、或门、反向器等,常规数字电路原理图的绘制可以不使用放置工具栏中的 ▭ 命令,直接使用本工具栏就可完成常规数字电路原理图的绘制,打开后的屏幕显示如图 2-5 所示。

(4)【Power Objects】的打开或关闭

选取菜单命令【View】/【Toolbars】/【Power Objects】可以打开或关闭放置电源及接地符号工具栏。【Power Objects】工具栏提供了原理图中常用的电源和接地符号。与放置工具栏中的 ╧ 工具相比,使用【Power Objects】工具栏更为方便、直观,加快了电源和接地符号的绘制。电源及接地符号工具栏打开后的屏幕显示如图 2-6 所示。

图 2-5 常用元器件工具栏

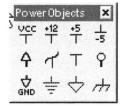

图 2-6 常用电源和接地工具栏

（5）【Simulation Sources】的打开或关闭

选取菜单命令【View】/【Toolbars】/【Simulation Sources】可以打开或关闭模拟仿真信号源工具栏。【Simulation Sources】工具栏提供了电子线路仿真所需的模拟信号源，若不仿真则无须使用。模拟仿真信号源工具栏打开后的屏幕显示如图 2-7 所示。

（6）【PLD Toolbar】的打开或关闭

选取菜单命令【View】/【Toolbars】/【PLD Toolbar】可以打开或关闭可编程逻辑器件工具栏。【PLD Toolbar】工具栏提供了常用的可编程逻辑电路工具，以支持可编程逻辑设计映像到原理图设计中。可编程逻辑器件工具栏打开后的屏幕显示如图 2-8 所示。

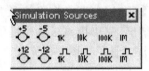

图 2-7　模拟仿真信号源工具栏　　　　　　　　　图 2-8　逻辑器件工具栏

如果将原理图编辑器中的各种工具栏都放在工作窗口的绘图区中，会妨碍绘制原理图，此时可以根据绘制原理图的需要和习惯关闭一些暂时不用的工具栏，并将其余的工具栏放置在适当的位置。

要想调整工具栏的布局，只需用鼠标左键单击工具栏上方并按住鼠标左键，当光标由箭头变成箭头＋字状时拖拽该工具栏，然后将其放置到合适的地方即可，如图 2-9 所示。

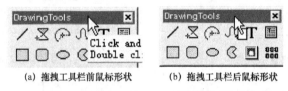

(a) 拖拽工具栏前鼠标形状　　　　　　(b) 拖拽工具栏后鼠标形状

图 2-9　拖拽该工具栏前后鼠标形状的对比

通过这种方法可以将原理图绘制过程中需要经常使用的工具栏调整到合适的状态，调整好的工具栏如图 2-10 所示。

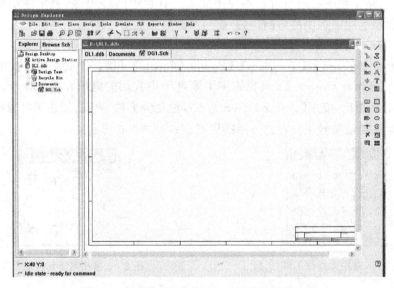

图 2-10　调整工具栏布局之后的原理图编辑器

4. 设计管理器

设计管理器包括文件管理器和元件管理器，可以通过执行菜单命令【View】/【Design Manager】来打开或者关闭。设计管理器上方有【Explorer】和【Browse Sch】两个选项卡，当单击【Explorer】选项卡时，打开的是文件管理器，如图 2-11(a)所示。单击【Browse Sch】选项卡时，打开的是元件管理器，如图 2-11(b)所示。

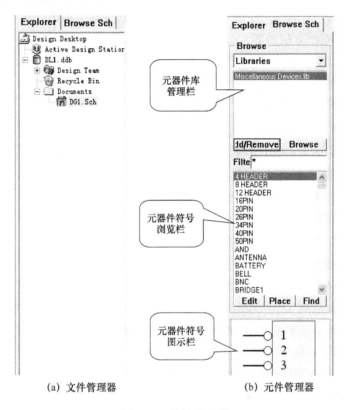

(a) 文件管理器   (b) 元件管理器

图 2-11　设计管理器

元件管理器窗口中各栏的意义如下。

(1) 元器件库管理栏：在该栏中可以浏览已经载入到原理图编辑器中的元器件库。

(2) 元器件符号浏览栏：该栏用于显示元器件库管理栏中所选元器件库里包含的元器件，并且可以通过【Filter】(过滤筛除)功能快速查找元器件库中的元器件。单击该栏下方的【Edit】按钮，可以打开元器件库编辑器编辑该元件的元器件符号，单击【Place】按钮可以将当前选中的元器件放置到原理图设计中，单击【Find】按钮即可打开查找元器件对话框。

(3) 元器件符号图示栏：该栏显示实际的元器件符号。

5. 状态栏和命令栏

状态栏和命令栏如图 2-12 所示。

图 2-12　状态栏和命令栏

（1）状态栏的作用是显示光标在工作窗口中的坐标位置。状态栏可通过执行菜单命令【View】/【Status Bar】来打开或者关闭。

（2）命令栏的作用是显示当前正在执行的命令。命令栏可通过执行菜单命令【View 】/【Command Status】来打开或者关闭。

6. 工作窗口

工作窗口上方为文件标签，中间的矩形区域为图纸，电路原理图就在此图纸上绘制。图纸显示管理方面的操作方法如下。

（1）放大图纸。放大图纸的操作方法很多，常用的有：

① 按键盘上的【Page Up】；

② 单击主工具栏中的 $\oplus$ 按钮；

③ 执行菜单命令【View】/【Zoom In】；

④ 在图纸上右击，在弹出的快捷菜单中执行命令【View】/【Zoom In】（该操作方式以下简称执行右键快捷菜单命令）。

（2）缩小图纸。常用的操作方法有：

① 按键盘上的【Page Down】键；

② 单击主工具栏中的 $\ominus$ 按钮；

③ 执行菜单命令【View】/【Zoom Out】。

在利用键盘快捷键对画面进行放大或缩小时，最好将鼠标置于工作平面上的适当位置，这样画面将以鼠标箭头为中心进行缩放。另外，既可以在空闲状态下利用快捷键对画面进行缩放，也可以在执行命令的过程中利用快捷键对画面进行缩放，这一点必须熟练掌握。

（3）显示整个电路图及边框。常用的操作方法有：

① 单击主工具栏中的 $\boxed{Q}$ 按钮；

② 执行菜单命令【View】/【Fit Document】；

③ 执行右键快捷菜单命令【View】/【Fit Document】。

（4）显示整个电路图，不含边框。常用的操作方法有：

① 执行菜单命令【View】/【Fit All Objects】；

② 执行右键快捷菜单命令【View】/【Fit All Objects】。

（5）放大指定区域。当原理图设计较大，设计者希望对局部区域的图纸进行观察、修改时，可以选定图纸区域进行放大。放大方式包括角对角放大和中心放大两种。

① 角对角放大

• 选取菜单命令【View】/【Area】，此时光标将会变成十字形状。

• 将鼠标光标移动到需要放大的线路图上，单击鼠标左键确定放大区域的另一个角，然后用鼠标光标拖出一个适当的虚线框，选定所要放大的区域，最后再单击鼠标左键确定放大区域的另一个角。

② 中心放大

• 选取菜单命令【View】/【Around Point】，此时光标将变成十字形状。

• 将鼠标光标移动到需要放大的线路图上,单击一点确定放大区域的中心,然后用鼠标光标拖出一个适当的虚线框,选定需要放大的区域,最后再单击鼠标左键确定放大区域的边界,即可放大选定的区域。

(6)按比例放大图纸。可以按 50%、100%、200%和 400%的比例放大图纸,操作方法是执行菜单命令【View】/【50%/100%/200%/400%】。

(7)刷新图纸。执行菜单命令【View】/【Refresh】或按键盘上的【End】键,就可以对图纸进行刷新,消除图纸上的显示残迹。

2.2 图纸的设置

设置合适的图纸有利于提高显示的清晰度和电路图的打印质量,还能节省磁盘的储存空间。进入图纸设置对话框的方法有以下两种。

(1)执行菜单命令【Design】/【Options】,弹出如图 2-13 所示的对话框。

(2)在工作窗口的图纸上右击,在弹出的快捷菜单中选择【Document Options】命令,也会弹出如图 2-13 所示的对话框。

2.2.1 设置标准尺寸的图纸

执行菜单命令【Design】/【Options】,弹出如图 2-13 所示的对话框。在此对话框中,可以在【Standard Style】选项组的下拉列表框中选择多种标准尺寸的图纸。当前图纸的尺寸为 B,【Standard Style】选项组中提供了 10 多种应用广泛的米制和英制规格的图纸供选择,这些规格见表 2-2。

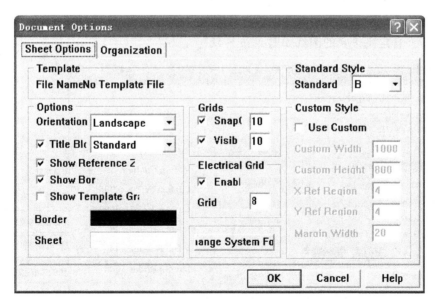

图 2-13 【Document Options】对话框

表 2-2　【Standard Style】选项组中提供的各种标准尺寸的图纸规格

尺　寸	宽度×高度	宽度×高度
A	9.50 inch×7.50 inch	241.3 mm×190.50 mm
B	15.00 inch×9.50 inch	381.00 mm×241.3 mm
C	20.00 inch×15.00 inch	508.00 mm×318.00 mm
D	32.00 inch×20.00 inch	812.80 mm×508.00 mm
E	42.00 inch×32.00 inch	1 066.80 mm×818.80 mm
A4	11.50 inch×7.60 inch	292.10 mm×193.00 mm
A3	15.50 inch×11.10 inch	393.70 mm×281.94 mm
A2	22.30 inch×15.70 inch	566.42 mm×398.78 mm
A1	31.50 inch×22.30 inch	800.10 mm×566.42 mm
A0	44.60 inch×31.50 inch	1 132.84 mm×800.10 mm
OrCAD A	9.90 inch×7.90 inch	251.15 mm×200.66 mm
OrCAD B	15.40 inch×9.90 inch	391.16 mm×251.15 mm
OrCAD C	20.60 inch×15.60 inch	523.24 mm×396.24 mm
OrCAD D	32.60 inch×20.60 inch	828.04 mm×523.24 mm
OrCAD E	42.80 inch×32.80 inch	1 087.12 mm×833.12 mm
Letter	11.00 inch×8.50 inch	279.4 mm×215.9 mm
legal	14.00 inch×8.50 inch	355.6 mm×215.9 mm
Tabloid	17.00 inch×11.00 inch	431.8 mm×279.4 mm

2.2.2　自定义图纸尺寸

　　如果想自己设置图纸的大小,可选中【Use Custom Style】(使用自定义尺寸)复选框,在复选框下面的几个文本框中输入各项数值,如图 2-14 所示。然后单击【OK】按钮,则图纸大小设置完毕。自定义设置的图纸如图 2-15 所示。

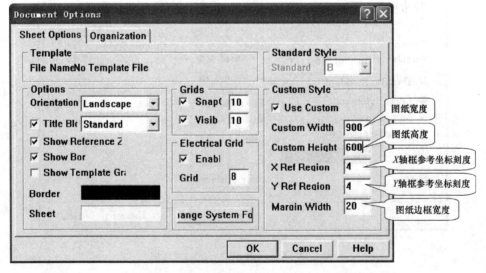

图 2-14　设置图纸大小

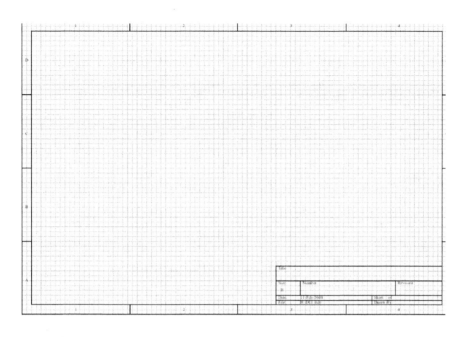

图 2-15　自定义尺寸的图纸

2.2.3　图纸的方向、标题栏、边框和颜色的设置

1. 图纸方向的设置

在图 2-14 中,【Orientation】(方位)用于设置图纸的方向。如图 2-16 所示,它有两个选项:"Landscape"(水平放置)和"Portrait"(垂直放置)。一般将图纸方向设为"Landscape"。

在设计电路图时,应根据图纸的最终布局来确定图纸的方向,通常将图纸方向设定为水平方向。

2. 图纸标题栏的设置

在图 2-14 中,【Title Block】(标题块)用于设置图纸的标题栏。如图 2-17 所示,选中【Title Block】选项前的复选框,当复选框中出现"√"符号时表示选中该项,此时即可显示出图纸标题栏。它有两个选项:"Standard"(标准型模式)和"ANSI"(美国国家标准协会模式)。两种不同模式的图纸标题栏显示效果如图 2-18 所示。

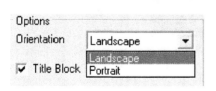

图 2-16　设置图纸方向

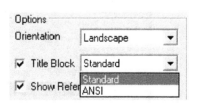

图 2-17　设置图纸的标题栏

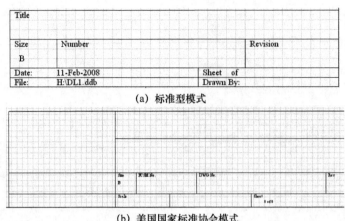

(a) 标准型模式

(b) 美国国家标准协会模式

图 2-18　图纸标题栏两种模式的显示效果

3．图纸边框的设置

在图 2-14 中，图纸的边框设置有 3 项供选择，具体如图 2-19 所示。

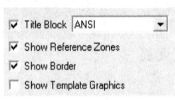

图 2-19　设置图纸的边框

（1）【Show Reference Zones】，设置是否显示图纸边框中窗口坐标，选中则显示窗口坐标。

（2）【Show Border】，设置是否显示图纸的边框，选中则显示边框。

（3）【Show Template Graphics 】，设置是否显示在样板内的图形、文字或专用字符。通常为了显示自定义的标题区块或公司的标志才选中该项，一般不选。

4．图纸颜色的设置

在图 2-14 中，图纸的颜色设置有两项供选择，具体如图 2-20 所示。

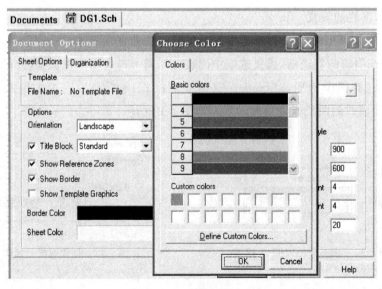

图 2-20　设置图纸的颜色

（1）【Border Color】，用来设置图纸边框的颜色，当在该项的颜色条上单击时，会弹出【Choose Color】（选择颜色）对话框，如图 2-20 所示，其中有 239 种颜色供选择，如果没有所需的颜色，单击【Define Custom Colors】按钮，会出现自定义颜色对话框，在其中可以自定义颜色。

设计者可以根据自己绘制电路图的习惯选择一种颜色作为图纸的边框，在缺省情况下图纸边框的颜色为黑色。

（2）【Sheet Color】，用来设置图纸的颜色，它与【Border Color】一样，可以进行颜色设置或自定义颜色。

2.3 栅格参数设置

栅格参数设置包括图纸栅格设置和电气栅格设置两部分。栅格参数设置的好坏直接影响原理图设计的效率和质量，如果电气栅格与捕捉栅格相差太大，则在原理图设计过程中将不容易捕捉到电气节点，这样会极大地影响绘图效率。

2.3.1 设置【Grids】（图纸栅格）

此项设置包括两个部分，即【Snap On】（捕捉栅格）的设置和【Visible】（可视栅格）的设置，如图 2-21 所示。具体的设置方法是：首先选中相应的复选框，然后在其后面的文本框中输入所要设定的值即可。图中将两项的值均设定为"10"。

1.【Snap On】

此项设置将影响到原理图设计过程中放置和拖动元器件、布线时鼠标在图纸上能够捕捉到的最小步长。系统默认的单位为 mil，即 1/1 000 英寸。例如当将【Snap On】设定为"20"后，用鼠标拖动元器件时，元器件将以 20 mil 为基本单位沿鼠标拖动方向移动。

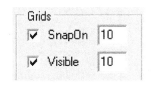

图 2-21 图纸栅格的设定图

2.【Visible】

设置图纸上实际显示的栅格距离，默认单位为 mil。

2.3.2 设置【Electrical Grid】（电气栅格）

1.【Electrical Grid】栏功能

选中该项后，系统在绘制导线时会以【Electrical Grid】栏中设定的值作为半径，以鼠标箭头为圆心，向周围搜索电气节点。如果找到了此范围内最近的节点，则将会把光标快速移动到该节点上。

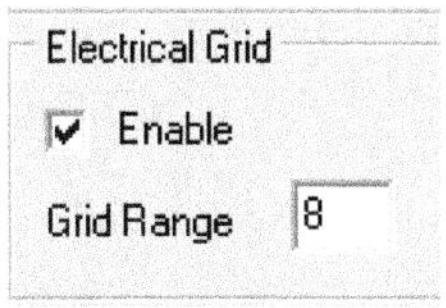

图 2-22 电气栅格的设定

2.【Electrical Grid】栏设置

设置方法是首先选中【Enable】前的复选框，然后在【Grid Range】后的文本框中输入所要设定的值，如"8"，单位为 mil，如图 2-22 所示。

电气栅格的设定值应该略小于捕捉栅格的设定值,只有这样才能准确地捕获电气节点。

2.4 其他信息设置

2.4.1 图纸文件信息的设置

如图 2-14 所示的对话框中,【Organization】选项卡用于设置图纸文件信息,单击该选项卡后会出现文件设置信息,如图 2-23 所示。在对话框中有以下选项。

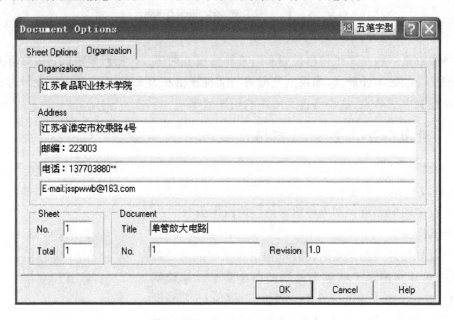

图 2-23 设置图纸文件信息

(1)【Organization】:用来填写公司或单位的名称。

(2)【Address】:用来填写公司或单位的地址和联系信息。

(3)【Sheet】:用来填写电路图的编号。其中,【No】文本框中填写的是本张电路图的编号,【Total】文本框中填写本设计文档的电路图总数量。

(4)【Document】:用来填写文件的其他信息。其中,【Title】文本框中填写本张电路图的标题,【No】文本框中填写本张电路图的编号,【Revision】文本框中填写电路图的版本号。

2.4.2 光标与网格形状的设置

1. 光标的设置

通过光标的设置可以改变光标的显示形式。进入光标设置的方法是:在工作窗口的图纸上右击,在弹出的快捷菜单中选择【Preferences】命令;也可以执行菜单【Tools】下的【Preferences】命令,出现【Preferences】对话框,如图 2-24 所示。单击其中的【Graphical Editing】选项卡,出现各种设置信息。

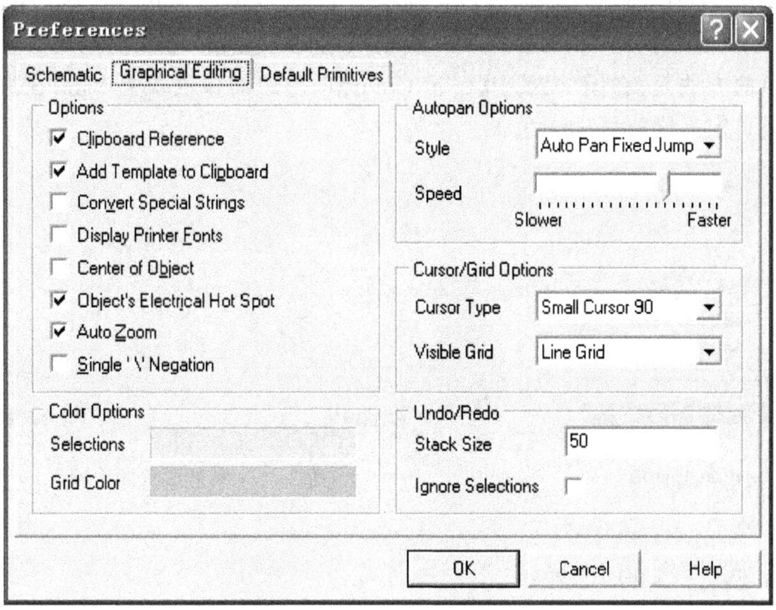

图 2-24 【Preferences】对话框

其中【Cursor Type】用来设置光标的类型,有 3 种光标类型可供选择,如图 2-25(a)所示,这 3 种光标分别是:

(1) Large Cursor 90,大十字形光标,如图 2-25(b)所示;

(2) Small Cursor 90,小十字形光标,如图 2-25(c)所示;

(3) Small Cursor 45,叉形光标,如图 2-25(d)所示。

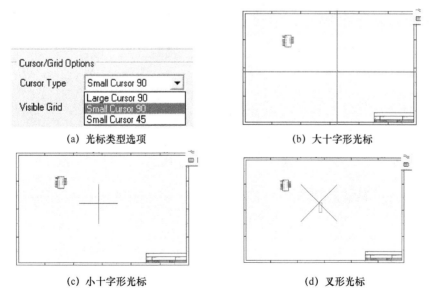

(a) 光标类型选项   (b) 大十字形光标

(c) 小十字形光标   (d) 叉形光标

图 2-25 3 种光标类型

2. 网格形状和颜色的设置

在图 2-24 中,【Visible Grid】用来设置网格的形状,有两个形状供选择,如图 2-26 所示,它们是 Dot Grid(点状网络)和 Line Grid(线状网格)。这两种形状的网格如图 2-27 所示。设置网格颜色的方法是:在图 2-24 中【Grid Color】项左边的颜色条上单击,在弹出的对话框中可以选择或自定义网格线的颜色。

(a) 线状网格　　　　　　　(b) 点状网格

图 2-26　网格类型选项　　　　　　　　　图 2-27　网格形状的比较

2.4.3　系统字体的设置

设计电路时,经常要在图纸上插入文字,如果不对这些文字的字体进行单独设置,则文字保持为默认字体,设置系统字体可以改变默认字体。

系统字体的设置方法是:执行菜单命令【Design】/【Options】,出现【Document Options】对话框,如图 2-28 所示。单击其中的【Change System Font】按钮,弹出设置字体对话框,在其中可以设置字体、字形、大小、效果和颜色等。

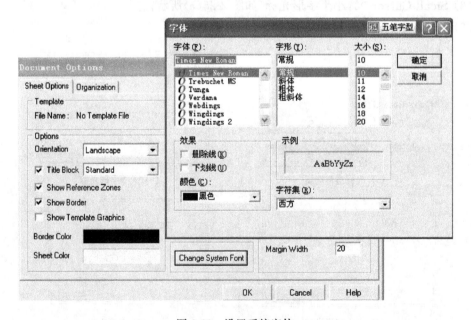

图 2-28　设置系统字体

2.5 实训辅导

实训 1 原理图工作环境参数设置

1. 实训目的

(1) 掌握 Protel 99 SE 的基本操作。

(2) 学会原理图工作环境参数设置。

2. 实训内容

(1) 新建一个以"实训辅导"为名的文件夹,并在该文件夹中建立一个以读者姓名的拼音字母命名的数据库,如"王昭"取名为"WZ.ddb"。

(2) 新建原理图文件,将文档名修改为"单管放大电路.Sch"。

(3) 参数设置。设置电路图大小为 A4、横向放置、标题栏选用标准标题栏,捕捉栅格和可视栅格均设置为 6 mil,电气栅格设置为 4 mil。

第一步:打开数据库文件,建立原理图文件"单管放大电路.Sch"并打开原理图,如图 2-29 所示。

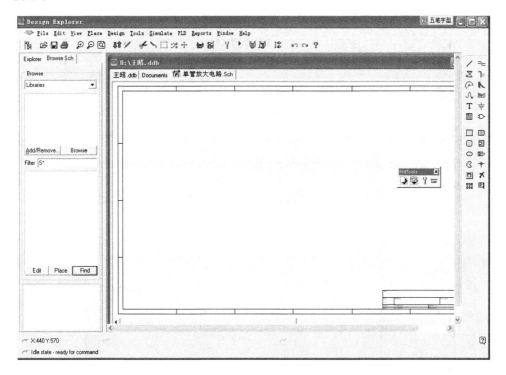

图 2-29 新建的原理图文件

第二步:在工作窗口的图纸上右击,在弹出的快捷菜单中选择【Document Options】命令,弹出如图 2-13 所示的对话框。

第三步:在【Standard styles】选项组的下拉列表框中选择 A4 尺寸的图纸。

第四步:在【Orientation】选项组的下拉列表框中选择【Landscape】(水平放置)。

第五步：在【Title Block】选项前的复选框，当复选框中出现"√"符号时表示选中该项，此时即可显示出图纸标题栏。在它的下拉列表框中选择"Standard"（标准型模式）。

第六步：在【Grids】选项组中，首先选中【Snap On】（捕捉栅格）和【Visible】（可视栅格）前的复选框，然后在其后面的文本框中输入所要设定的值即可。图中将两项的值均设定为"6"，单位为 mil。

第七步：在【Electrical Grid】选项中，首先选中【Enable】前的复选框，然后在【Grid Range】后的文本框中输入所要设定的值"4"，单位为 mil，如图 2-30 所示。

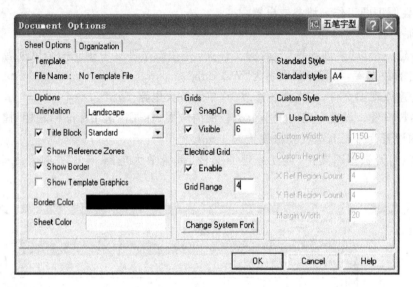

图 2-30　设置好的图纸参数

第八步：单击【OK】按钮，退出设置状态。设置好的图纸如图 2-31 所示。

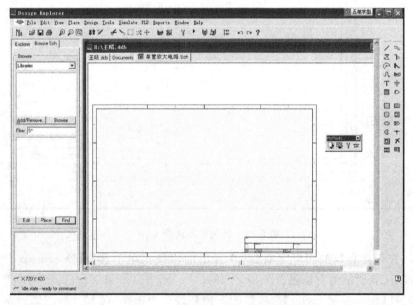

图 2-31　设置好的 A4 图纸

实训 2 用工具栏放置常用元器件和电源符号

1．实训目的

（1）掌握 Protel 99 SE 的基本操作。

（2）掌握工具栏的打开与关闭，并用工具栏放置简单的元器件。

2．实训内容

（1）调出常用元器件工具栏【Digital Objects】和电源及接地符号工具栏【Power Objects】。

（2）绘制电阻、电容、电源和接地符号，并对图纸做放大、缩小等操作。

第一步：打开"单管放大电路. Sch"原理图文件。

第二步：执行菜单命令【View】/【Toolbars】/【Digital Objects】打开常用元器件工具栏，执行菜单命令【View】/【Toolbars】/【Power Objects】打开电源及接地符号工具栏，如图 2-32 所示。

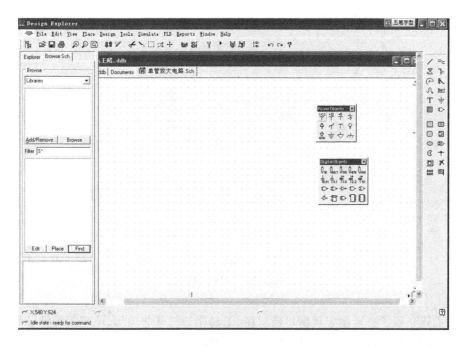

图 2-32 打开相应的工具栏

第三步：在【Digital Objects】工具栏上，用鼠标单击电阻并移动光标，此时光标上带着一个电阻符号，如图 2-33 所示，将光标移到合适的地方单击，就放了一个电阻元件。用同样的方法，可以放置好电容元件。同理，在【Power Objects】工具栏上，用鼠标可以放好电源和接地符号，元器件放置完毕如图 2-34 所示。

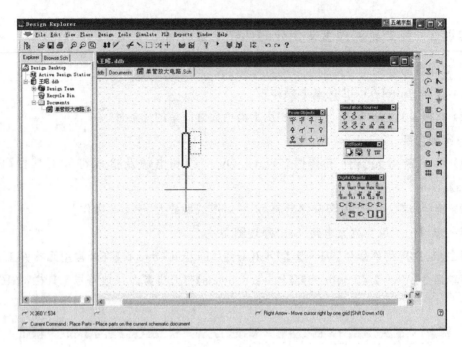

图 2-33　放置电阻

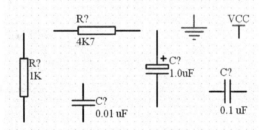

图 2-34　放置好的元器件

本 章 小 结

　　本章主要介绍了原理图管理窗口的运用、工具栏的打开与关闭、原理图编辑器的画面管理、图纸区域栅格参数的定义以及图纸文件信息等内容。

　　1. 原理图管理窗口：对原理图设计的管理是通过原理图管理窗口来实现的，在原理图管理窗口中可以实现载入/删除原理图库、浏览和查找元器件以及浏览原理图设计中的图件等功能。

　　2. 工具栏的管理：介绍了工具栏的打开、关闭以及布局调整等内容。

　　3. 画面的管理：介绍了原理图编辑器中窗口画面的放大、缩小、多种形式的显示操作。

　　4. 图纸区域栅格参数的定义：对原理图编辑器图纸区域中的 3 种栅格参数进行了定义。

　　5. 图纸其他信息的设置：主要包括系统字体的设置、光标与网格形状的设置、图纸文件信息的设置等。

思考与上机练习题

1. 如何启动原理图编辑器？
2. 在原理图管理窗口中查找名为"CAP"的元器件符号。
3. 上机练习工具栏的打开与关闭操作，并了解各个工具栏的功能。
4. 熟悉管理画面的方法。
5. 熟悉图纸属性的设置。
6. 新建一张原理图,设置图纸尺寸为 A4,图纸纵向放置,图纸标题栏采用标准型。

设计电路原理图

原理图设计的任务是将电路设计人员的设计思路用规范的电路语言描述出来,为电路板的设计提供元器件的封装和网络表连接。设计一张正确的原理图是完成具备指定功能的PCB电路板设计的前提条件,原理图正确与否直接关系到后面制作的电路板能否正常工作。此外,原理图设计还应本着整齐、美观、清晰、准确的原则,以方便交流。因此绘制原理图是非常重要的。

本章主要介绍电路原理图的设计基本流程、元器件库的载入、元器件的放置、元器件的连接、层次原理图的设计、原理图设计的技巧、原理图报表的生成和电路原理图存盘打印等。

本章重点和难点

本章学习重点包括通过具体的实例向读者介绍设计原理图的基本流程、元器件库的载入、元器件的放置、元器件属性的编辑、网络表文件、元器件之间的布线以及原理图设计的技巧。

本章学习难点是学会运用原理图管理窗口熟练掌握绘制技巧,学会一边放元器件,一边完成对元器件属性的编辑及位置的调整等,同时完成布线工作,为绘制复杂的原理图作准备。

3.1 原理图设计

为了对原理图设计有个大致的了解,首先介绍设计原理图的基本流程。

3.1.1 设计原理图的基本流程

电路板设计主要包括两个阶段,即原理图设计阶段和 PCB 设计阶段。原理图设计是在原理图编辑器中完成的,而 PCB 设计则是在 PCB 编辑器中进行的。只有原理图设计完成并根据需要添加注释,进行检查、修改无误之后,才能进行 PCB 设计。设计原理图的基本流程如图 3-1 所示。

1. 新建原理图设计文件

在前面的章节中提到过 Protel 99 SE 中文件的组织结构,所有的电路板设计文件都包含在设计数据库文件之中。因此在新建原理图设计之前,应当先创建一个设计数据库文件,然后再在该设计数据库文件下新建原理图设计文件。

2. 图纸参数设置

工作环境参数设置指的是图纸的大小、电气栅格、可视栅格和捕捉栅格等的设置，它们构成了设计者进行原理图设计时的工作环境。只有这些参数设置合理，才能提高原理图设计的质量和效率。

3. 载入元器件库

在绘制原理图的过程中，原理图设计中放置的元器件全部来自于载入原理图编辑器中的元器件库，如果元器件库没有被载入到原理图编辑器中，那么在绘制原理图时将无法找到所需的元器件。因此在绘制原理图之前，应当先将元器件库载入到原理图编辑器中。

需要注意的是，Protel 99 SE 的元器件库涵盖了众多厂商、种类齐全的元器件库，并非每一个元器件库在原理图的设计过程中都会用到，因此应根据电路图设计的需要将所需的元器件库载入到原理图编辑器中。

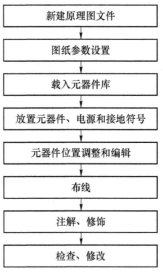

图 3-1 电路原理图设计流程

4. 放置元器件及位置调整

所谓放置元器件就是从载入编辑器的元器件库中选择所需的各种元器件，并将其逐一放置到原理图设计中，然后根据电气连接的设计要求和整体美观的原则，调整元器件的位置。一般来说，在放置元器件的过程中，需要同时完成对元器件的编号、添加封装形式和定义元器件的显示状态等操作，以便为下一步的布线工作打好基础。

5. 原理图布线

原理图布线指的是在放置完元器件后，用具有电气意义的导线、网络标号和端口等图件将元器件连接起来，使各元器件之间具有特定的连接关系，能够实现一定电气功能的过程。

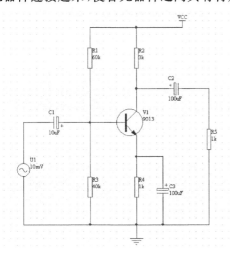

图 3-2 单管放大电路

6. 注解、修饰

在原理图设计基本完成之后，可以在原理图上作一些相应的说明、标注和修饰，以增强原理图的可读性和整齐美观性。

7. 校验、调整和修改

完成原理图的设计和调整之后，可以利用 Protel 99 SE 提供的各种校验工具，根据设定规则对原理图设计进行校验，然后再对其进行进一步的调整和修改，以保证原理图正确无误。

下面主要以如图 3-2 所示的单管放大电路为例，详细介绍原理图的基本设计流程。

3.1.2　新建原理图文件

设计数据库文件和原理图设计文件的创建已经介绍过了,现在作一个简要回顾。

(1)选取菜单命令【File】/【New】,打开【New Design Database】对话框,在【Database File Name】文本框中输入新建的设计数据库文件,取名为"单管放大电路.ddb",单击【Browse】按钮,选择保存路径,如图 3-3 所示,最后单击【OK】按钮确认。

图 3-3　新建设计数据库文件

(2)在新建的数据库中双击【Documents】文件夹,选取菜单命令【File】/【New】,在新建的设计数据库文件中新建一个原理图设计文件,取名为"单管放大电路.Sch"并打开,结果如图 3-4 所示。

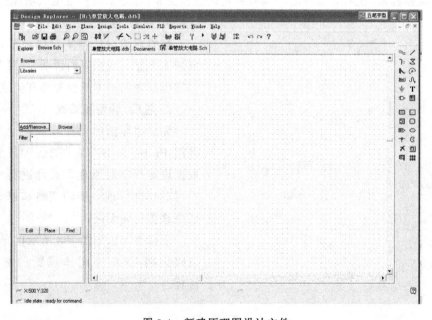

图 3-4　新建原理图设计文件

（3）选取菜单命令【File】/【Save】，保存原理图设计文件。这样，设计数据库文件和原理图设计文件就创建完成了。

3.1.3 图纸参数设置

工作环境参数的设置包括图纸选项和一些参数的设置。与设计电路原理图关系最为密切的参数包括图纸的大小和方向、电气栅格、可视栅格以及捕捉栅格等。

1.定义图纸外观

（1）打开"单管放大电路.Sch"文件，选取菜单命令【Design】/【Option...】，打开设置图纸属性对话框，如图 3-5 所示。

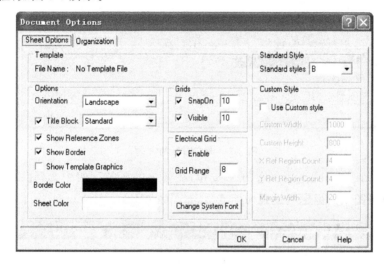

图 3-5　设置图纸属性对话框

（2）设置图纸尺寸（一般情况下，如果原理图设计不是太复杂，可以选择标准 A4 的图纸）。将鼠标光标移至对话框中的【Standard Style】（标准图纸格式）选项上，单击【Standard styles】文本框的 ▼ 按钮，在弹出的下拉列表中选择"A4"，如图 3-6 所示。

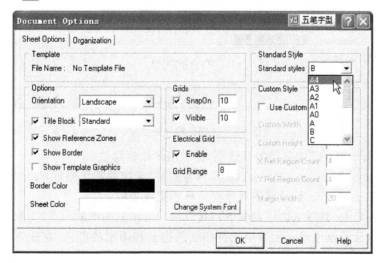

图 3-6　选择图纸大小

（3）在【Options】（选项）区域中，设定图纸的方向、标题栏及边框底色等。

① 单击【Orientation】（方向）选项右边的 ▼ 按钮，在弹出的下拉列表中选择【Landscape】（水平）选项，即可将图纸的方向设定为水平方向，如图3-7所示。

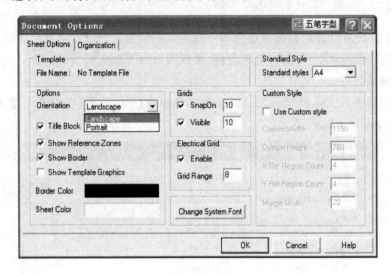

图 3-7　设定图纸的方向

② 单击【Title Block】选项右边的 ▼ 按钮，在弹出的下拉列表中选择【Standard】（标准型）选项，即可将图纸的标题栏设置为标准型，如图3-8所示。

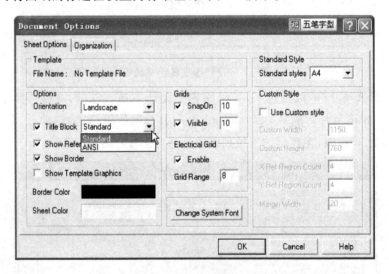

图 3-8　选择标题栏的类型

③ 选中【Title Block】选项前的复选框，显示出图纸标题栏。

④ 选中【Show Reference Zones】（显示参考边框）选项前的复选框，显示参考边框。

⑤ 选中【Show Border】（显示图纸边框），显示图纸边框。

⑥ 【Border Color】（图纸边框的颜色）和【Sheet Color】（图纸的颜色）为默认值。

可以根据自己绘制电路图的习惯选择图纸的边框和图纸的颜色，在缺省情况下图纸边框的颜色为黑色。

2. 栅格参数设置

(1) 设置【Grids】(图纸栅格)

首先选中相应的复选框,然后在其后面的文本框中输入所要设定的值即可。本例中将两项的值均设定为"10",单位为 mil,如图 3-9 所示。

图 3-9　图纸栅格的设定　　　　　　　　　图 3-10　电气栅格的设定

(2) 设置【Electrical Grid】(电气栅格)

首先选中【Enable】前的复选框,然后在【Grid Range】后的文本框中输入所要设定的值,本例设定为"8",单位为 mil,如图 3-10 所示。

3.1.4　装载元器件库

绘制原理图的过程就是将表示实际元器件的符号用具有电气特性的导线或者网络标号等连接起来的过程。具有实际元器件电气关系的图件在 Protel 设计系统中一般被称为元器件符号,这些符号是代表二维空间内元器件引脚电气分布关系的符号。为了便于对元器件符号的管理,Protel 将所有元器件按制造厂商和元器件的功能进行分类,将具有相同特性的元器件符号存放在一个文件中。元器件库文件就是存储元器件符号的文件。

绘制原理图时首先要做的就是放置元器件的符号,常用的元器件符号可在 Protel 99 SE 的元器件库中找到。在放置元器件时只需在元器件库中调用所需的元器件符号即可,而不需要逐个绘制元器件符号。这些元器件库文件放在 C:\Program Files\Design Explorer 99 SE\Library\Sch 文件夹下(这里指 Protel 99 SE 的安装目录为 C:\Program Files\)。在该文件夹中,"Protel DOS Schematic Libraries. ddb"文件中含有早期采用的元件符号,"Miscellaneous Devices. ddb"文件中含有常用的元件符号。各种元件库文件如图 3-11 所示。

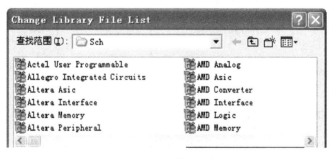

图 3-11　元件库文件

1. 装载元器件库

装载元器件库是指将需要的元器件库文件装载到电路原理图编辑器的元件管理器中。装载元器件库的方法有 3 种。

(1) 打开电路原理图文件"单管放大电路. Sch",单击【Browse Sch】标签,即可切换到元器件库管理窗口。单击【Add/Remove】按钮,打开【Change Library File List】(载入元器件库)对话框,如图 3-12 所示。

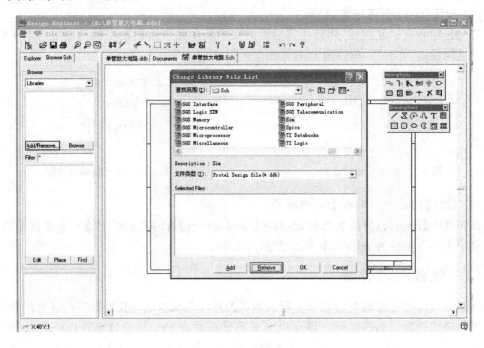

图 3-12　载入元器件库对话框

在【查找范围】下方的元器件库列表中选择元器件库文件"Miscellaneous Devices. ddb"
和"Protel DOS Schematic Libraries. ddb",然后分别单击【Add】按钮,将这两个库文件添加
到【Selected Files】(选中的元器件库文件)栏中,结果如图 3-13 所示。单击【OK】按钮结束
添加库文件操作,添加元器件库后的元器件管理窗口如图 3-14 所示。

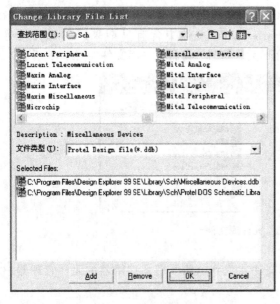

图 3-13　添加库文件

图 3-14　载入图库后的元器件管理窗口

（2）执行菜单命令【Design】/【Add/Remove Library】，弹出如图 3-12 所示的【Change Library File List】对话框，以后的操作过程同上。

（3）单击主工具栏的 按钮，也会弹出如图 3-12 所示的对话框，后续操作过程同上。

2．移除元器件库

移除元器件库就是将不需要的元器件库从元件管理器中移出。与装载元器件库相同，移除元器件库的方法也有 3 种，这里只介绍其中的一种。

移除元器件库的方法是：单击元件管理器中的【Add/Remove】按钮，弹出【Change Library File List】对话框，如图 3-15 所示，从下面的列表中选择需要移除的元器件库文件，再单击【Remove】按钮，选中的文件便从列表中消失，再单击【OK】按钮，就可以将选中的元器件库文件从元件管理器中移除。

图 3-15　移除元器件库文件

3.1.5　查找元件

在设计电路原理图时，必须首先找到需要的元件。查找元件的工作一般在元件管理器中进行，具体操作如下。

1．通过元器件的字母查找

（1）打开"单管放大电路. Sch"文件，在设计管理器元件库文件列表区选择要查找的元器件库文件，如图 3-16 所示。

（2）在元件过滤区内输入查找条件，如果查找以"D"开头的元件名，可在元件过滤区输入"D＊"，再按【Enter】键，元件列表内即出现以"D"开头的所有元件。

（3）用鼠标或键盘的"↓"、"↑"键在元件列表区内选择元件，同时在元件显示区显示出选中元件的符号。

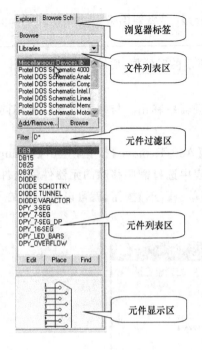

图 3-16 元件管理器

如果不知道元件名，可在元件过滤区输入"＊"，再按【Enter】键，元件列表区将显示文件列表区内选中的元器件库文件中的所有文件，这时可以用鼠标或键盘上的"↓"、"↑"键在元件列表区内选择需要的元件。

2. 通过【Find】功能按钮查找

（1）单击【Find】按钮，可以打开【Find Schematic Component】对话框，如图 3-17 所示。

（2）在该对话框中可以对查找元器件的属性进行设置。本例中以元器件的名称作为查找条件，为了扩大搜索范围，在【By Library Reference】选项后的文本框中将搜索的名称设置为"RES ＊"，并选中该选项前的复选框，如图 3-18 所示。

（3）单击【Path】文本框后的 ⋯ 按钮，打开【浏览文件夹】对话框，如图 3-19 所示，在该对话框中指定查找元器件的路径。本例是在系统提供的所有元器件库文件中查找元器件，因此应当将其定位到系统安装位置"⋯\. \Design Explorer 99 SE\Library\Sch\⋯\"。

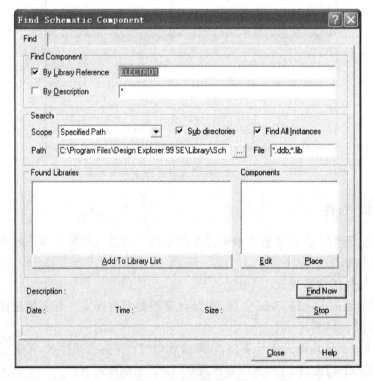

图 3-17 查找元器件对话框

图 3-18　设置查找范围

（4）设置好查找元器件的路径后单击【确定】按钮，回到查找元器件对话框，然后单击【Find Now】按钮开始查找元器件，系统将会自动在指定路径下的库文件中查找元器件，查找结果如图 3-20 所示，在对话框中单击【Place】按钮，即可将当前选中的元器件放置到原理图中。

图 3-19　设置查找路径

图 3-20　输入"RES＊"后的查找结果

关于在【Find Schematic Component】对话框中查找其他元器件的具体操作,读者可以在今后的实践中不断学习,这里就不再介绍了。

3.1.6 放置元器件、电源和接地符号

当将元器件库载入到原理图编辑器中后,就可以从元器件库中调用元器件,并将其放置到图纸上了。放置元器件的方法主要有以下几种。

1. 通过元器件库浏览器放置元器件

装入所需的元器件库后,就可以在元件管理器中看到元器件库、元件列表及元件外观,如图 3-16 所示。选中所需元器件库,该元器件库中的元件将出现在浏览器下方的元件列表中,双击元件名称(如 RES2)或单击元件名称后按【Place】按钮,将光标移到工作区中,此时元件以虚线框的形式粘在光标上,按键盘上的【Tab】键,弹出如图 3-21 所示的元件属性对话框,其中:

(1) 设置元件的标号【Designator】,本例将电阻的序号设定为"R1";

(2) 设置封装形式【Footprint】,本例将电阻的封装设置为"AXIAL0.4";

(3) 设置标称值或型号【Part Type】等,本例 R1 的标称值为"60K"。

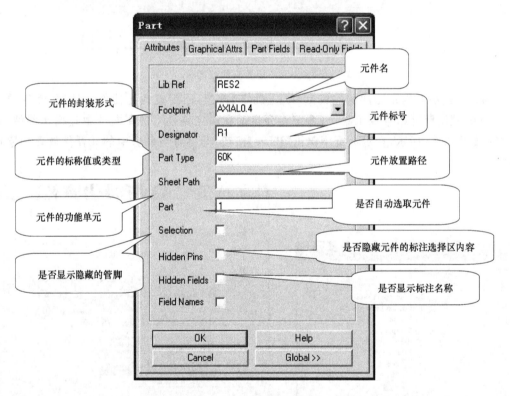

图 3-21　元件属性对话框

对于初学者来说,关键是掌握对【Footprint】选项的设置。元器件封装的设置正确与否直接关系到由原理图向 PCB 电路板设计转化的过程中,元器件和网络表能否成功地被载入到 PCB 编辑器中。具体操作将在后面的章节中详细介绍。常用元件的封装形式如表 3-1 所示。

表 3-1 常用元件的封装形式

元件封装型号	元件类型	元件封装型号	元件类型
AXIAL0.3～AXIAL1.0	插针式电阻或无极性双端子元件等	TO-3～TO-220	插针式晶体管、FET 与 UJT
RAD0.1～RAD0.4	插针式无极性电容、电感	DIP6～DIP64	双列直插式集成块
RB.2/.4～RB.5/1.0	插针式电解电容等	SIP2～SIP20、FLY4	单列封装的元件或连接头
0402～7257	贴片电阻、电容等	IDC10～IDC50P、DBX 等	接插件、连接头等
DIODE0.4～DIODE0.7	插针式二极管	VR1～VR5	可变电阻器
XTAL1	石英晶体振荡器	POWER4、POWER6、SIPX	电源连接头
SO-X、SOJ-X、SOL-X	贴片双排元件		

设置好元件属性后,将元件移动到合适位置,再次单击鼠标,元件就放到图纸上,此时系统仍处于放置元件状态,可继续放置该类元件,单击鼠标右键退出放置状态。

元件放置好后,双击元件也可以修改元件属性,屏幕弹出如图 3-21 所示的元件属性对话框,可以设置元件的标号【Designator】、封装形式【Footprint】及标称值或型号【Part Type】等。

关于元件的封装【Footprint】,通常应该给每个元件设置封装,而且封装名必须正确,否则在载入网络表时会显示错误,自动布局时会丢失元件。

放置元件的过程如图 3-22 所示。依次放置好 5 个电阻后如图 3-23 所示。

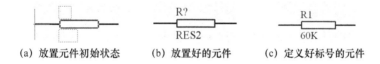

(a) 放置元件初始状态　　(b) 放置好的元件　　(c) 定义好标号的元件

图 3-22 放置元件

在图 3-2 中的元器件均能在"Miscellaneous Devices.ddb"元件库中找到,其中电阻选择"RES2",电解电容选择"ELECTRO1",三极管选择"NPN",信号源选择"SOURCE VOLTAGE"。

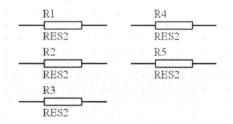

图 3-23 放置好电阻后画面

2. 通过菜单放置元件

执行菜单【Place】/【Part】,屏幕弹出如图 3-24(a)所示的放置元件对话框,其中:

(1)【Lib Ref】框中输入需要放置的元件名称,本例中电容为"ELECTRO1";

(2)【Designator】框中输入元件标号,本例为"C1";

(3)【Part Type】栏中输入标称值或元件型号,本例为"10uF";

(4)【Footprint】框中输入设置元件的封装形式,本例为"RB.2/.4"。结果如图 3-24(b)所示。

所有内容输入完毕,单击【OK】按钮确认,此时元件便出现光标处,在适当的位置单击鼠标左键,即可在当前位置放置一个电容,此时系统仍处于放置电容的命令状态,如图 3-25(a)所示,单击鼠标左键共放置 3 个电容,然后单击鼠标右键退出放置元器件命令状态,结果如

图 3-25(b)所示。

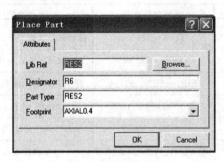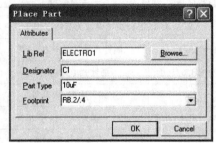

(a) 输入内容前　　　　　　　　(b) 输入内容后

图 3-24　菜单放置电容对话框

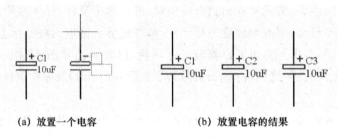

(a) 放置一个电容　　　　　　(b) 放置电容的结果

图 3-25　用菜单放置电容

3. 利用右键快捷菜单命令放置元件

还可以利用右键快捷菜单命令放置元件,具体操作过程如下。

在工作窗口的图纸上右击,弹出快捷菜单,如图 3-26 所示。选择其中的【Place Part】命令,出现如图 3-24 所示的【Place Part】对话框。其中:

(1)【Lib Ref】框中输入需要放置的元件名称,本例中三极管为"NPN";

(2)【Designator】框中输入元件标号,本例为"V1";

(3)【Part Type】栏中输入标称值或元件型号,本例为"9013";

(4)【Footprint】框中输入设置元件的封装形式,本例为"TO-92A"。结果如图 3-27 所示。

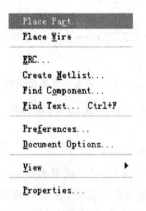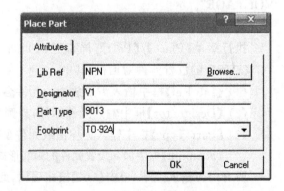

图 3-26　选择右键快捷菜单　　　　　　图 3-27　放置三极管对话框

单击【OK】按钮就可以将选择的三极管放置在图纸上。

同理可放置信号源 U1,其中:【Lib Ref】框中输入"SOURCE VOLTAGE",【Designator】框中输入"U1",【Part Type】栏中输入"10 mV",【Footprint】框中输入"SIP2"。单击【OK】按钮就可以将选择的信号源放置在图纸上。三极管和信号源放置好后如图 3-28 所示。

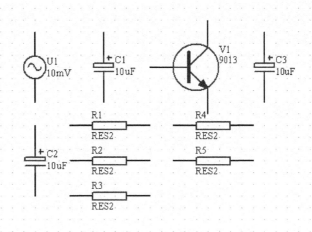

图 3-28　放置好信号源后的画面

4. 利用常用工具栏放置电源和接地符号

单击放置工具栏中的 ÷ 按钮,进入放置电源和接地符号的状态,此时光标上带着一个电源符号,按下【Tab】键,出现如图 3-29 所示的属性设置对话框,对话框说明如下。

(1)【Net】(网络标号):设定该符号所具有的电气连接点的网络标号名称,本例输入"VCC"。

(2)【Style】(外形):设定电源和接地符号的外形。单击 ▼ 按钮将会弹出电源及接地符号样式下拉列表,如图 3-30 所示。本例放置的是电源符号,因此应在下拉列表中选择"Bar"作为电源的外形。

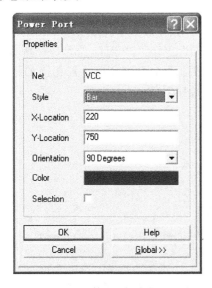

图 3-29　电源符号属性设置对话框

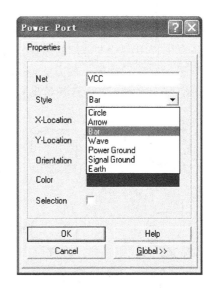

图 3-30　电源及接地符号样式下拉列表

（3）【X-Location】、【Y-Location】（符号位置坐标）：确定符号插入点的位置坐标。该项可以不必设置，电源及接地符号的插入点可以通过拖动鼠标光标来确定或改变。

（4）【Orientation】（方向）：设置电源及接地符号的放置方向，本例选取"90 Degrees"。

（5）【Color】（颜色）：单击【Color】右边的颜色框，可以重新设置电源及接地符号的颜色。本例将电源和接地符号的颜色设为紫色。

设置完电源及接地符号的属性后单击【OK】按钮确认，返回放置电源符号的状态。拖动鼠标光标，将电源符号放置在原理图中的相应位置。

采用相同方法可完成接地符号 GND 的放置，结果如图 3-31 所示。

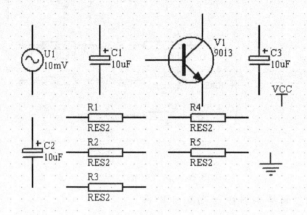

图 3-31　电源及接地符号放置后画面

如果要对电源及接地符号的属性进行修改，也可以在放置完成后双击电源或接地符号，再次打开编辑电源及接地符号属性对话框，对其属性进行修改。

利用放置工具栏中的 ⏚ 按钮放置电源符号或接地符号具有记忆功能，例如上次放置的电源符号，再次放置时仍然为电源符号。

5. 复式元件的放置

如果元件由多个部件组成，如元件 74LS00 包含有 4 个与非门、14 个引脚且各不相同，若元件标号命名为"U1"，则 4 个与非门的标号分别为"U1A"、"U1B"、"U1C"、"U1D"，如图 3-32 所示。

如果采用放置元件的一般方法，只能是在图纸中放置两个引脚和标号都相同的运算放大器，如图 3-33 所示。对于这种情况可采用复式方式放置元件。

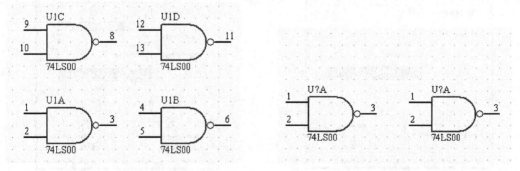

图 3-32　复式元器件　　　　　　　　　　图 3-33　普通放置

复式元件放置的操作过程如下。

（1）在元件管理器文件列表区中找到"74xx. Lib"库文件,再用鼠标在下方的元件列表区中找到 74LS00 元件,选中后再单击列表下方的【Place】按钮,鼠标马上变成十字形光标,要放置的元件处于悬浮状并随光标移动。这时按下键盘上的【Tab】键,弹出元件属性设置对话框。将其中的【Designator】(元件符号)文本框设为"U1",因为放置的是第一个运算放大器,故将【Part】文本框设为"1",再单击【OK】按钮,设置完毕,将光标移到图纸合适的位置单击,74LS00 的第一个运算放大器即放置完毕,该运算放大器的标号自动变为"U1A"。

（2）再将光标移到图纸另一处单击,可放置 74LS00 的第二个运算放大器,该运算放大器引脚自动变化,而标号也变为"U1B"。依次放好"U1C"、"U1D",运算放大器的标号会自动增加,引脚也作相应变化,如图 3-32 所示。

3.1.7 元件的编辑

1. 元件位置的调整

（1）元件的选取

要对元件进行各种操作,首先需要选中它。选取元件的方法很多,常用的方法有以下几种。

① 直接选取元件。直接选取元件就是在图纸上按住鼠标左键不放拉出一个矩形选框,将选取对象包含在内部,如图 3-34(a)所示。再松开鼠标,选框内的对象便处于选中状态,此时被选中元件周围的标注隐藏起来,无法看见,如图 3-34(b)所示。

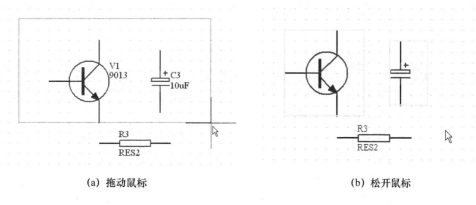

(a) 拖动鼠标　　　　　　　　　　　　　　(b) 松开鼠标

图 3-34　直接选取元件

② 利用主工具栏的选取工具来选取元件。在主工具栏中有两个与元件选取有关的工具:区域选取工具 ⬚ 和取消选取工具 ✖ 。

利用区域选取工具 ⬚ 选取元件的过程是:单击主工具栏中的区域选取工具 ⬚ 按钮,鼠标旁边出现十字形光标,然后在图纸合适的位置(即矩形框的起点)处单击,此时不用按下鼠标左键就可以拉出一个矩形框,再在合适的位置(即矩形框的终点)处单击,矩形框内的元件处于选中状态。

取消选取工具的作用是取消图纸上所有元件的选取状态。单击主工具栏取消选取 ✖ 按钮后,图纸上所有被选取元件的选取状态被取消,这些元件周围被隐藏的标注又会显示出来。

③ 利用菜单命令选取元件。利用【Edit】菜单下几个与选取有关的命令也可以对元件进行选取和取消,这些命令如图 3-35 所示。

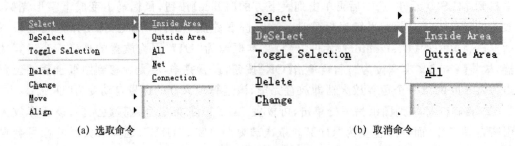

(a) 选取命令   (b) 取消命令

图 3-35　各种选取和取消选取命令

• 选取命令

【Inside Area】表示选取矩形区内的所有对象。

【Outside Area】表示选取矩形区外的所有对象。

【All】表示选取当前图纸上的所有对象。

【Net】表示选取某网络所属的导线。

【Connection】表示选取一个物理连接。

• 取消命令

【Inside Area】表示取消矩形区内的所有选取状态。

【Outside Area】表示取消矩形区外的所有选取状态。

【All】表示取消当前图纸上的所有选取状态。

(2) 元件的移动

① 单个元件的移动。单个元件的移动方法有以下几种。

• 将鼠标移到元件上,再按住左键不放,鼠标旁出现十字形光标,同时在元件周围出现虚线框,表示元件已被选中,如图 3-36(a)所示,仍保持按住鼠标左键不放,拖动鼠标就可以移动元件,拖动合适的位置松开左键即可。

• 用鼠标在图纸上拉出一个矩形选框,将需移动的元件选中,然后将鼠标移到选中的元件上,按住左键不放拖动鼠标就可以移动元件,直到合适的位置松开左键即可。

② 多个元件的移动。多个元件的拖动方法与单个元件的基本相同,其过程是:用鼠标在图纸上拉出一个矩形选取框,将需移动的元件选中,然后将鼠标移到其中一个元件上,按住左键不放拖动鼠标移动该元件,其他元件也随之移动,如图 3-36(b)所示。

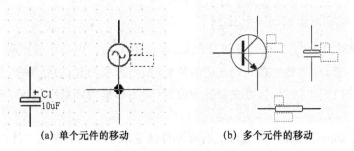

(a) 单个元件的移动   (b) 多个元件的移动

图 3-36　元件的移动

③ 特殊的移动。用前面的方法可以移动单个或多个元件,但如果元件已经连接了导线,这用前面的方法进行移动就会造成元件与导线脱开,如图 3-37(a)所示。为了解决这个问题,可以用特殊的方法移动,用特殊方法移动元件时,导线也会随着元件移动,如图 3-37(b)所示。

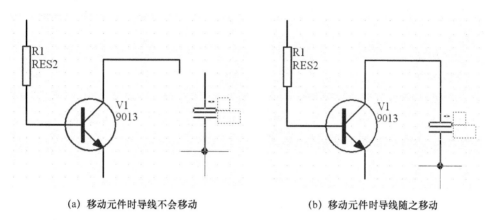

(a) 移动元件时导线不会移动　　　　　　　(b) 移动元件时导线随之移动

图 3-37　移动元件比较

要进行这种特殊的移动可采用以下几种方法。

• 执行菜单命令【Edit】/【Move】/【Drag】,如图 3-38 所示。鼠标旁出现十字形光标,将光标移动到要移动的元件上再单击,元件周围出现虚线框,此时移动光标(不需要按鼠标左键)、元件及与其相连的导线也随之移动,移到合适的位置单击,元件便不再移动,此时,右击鼠标取消移动操作。

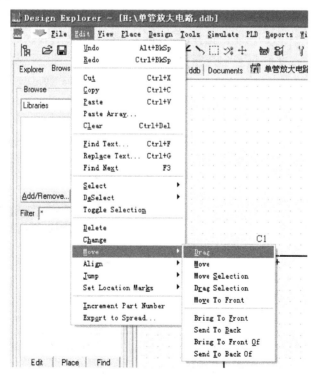

图 3-38　执行菜单【Drag】命令

• 按住【Ctrl】键不放,将鼠标移到待移动的元件上单击,元件周围出现虚线框,此时再松开【Ctrl】键并移动光标,元件及与其相连的导线也随之移动,移到合适的位置再单击,元件与导线便不再移动。

(3) 元件的旋转

如果想改变图纸上元件放置的方向,就要对元件进行旋转操作。常用的元件旋转操作方法如下。

① 元件旋转

• 将鼠标移到需要旋转的元件上,再按住左键不放,鼠标旁即出现十字形光标,十字形中心有一个焦点并自动移到元件的一个引脚上,同时在元件周围有小虚线框出现,如图 3-39(a)所示。这时按空格键,元件会以十字形中心为轴旋转 90°,如图 3-39(b)所示。每按一次空格键,元件就会在前面的基础上旋转 90°。

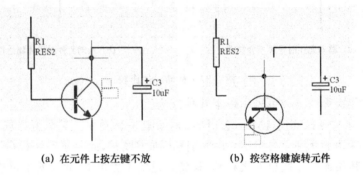

(a) 在元件上按左键不放　　　　　(b) 按空格键旋转元件

图 3-39　旋转元件

• 在元件上单击鼠标右键,弹出的快捷菜单如图 3-40(a)所示,选择【Properties】命令,出现【Part】对话框,如图 3-40(b)所示。选择【Graphical】选项卡,然后在【Orientation】的下拉列表框中选择"90 Degrees",再单击【OK】按钮,被选中的元件便以元件中心为轴旋转 90°。

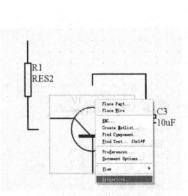

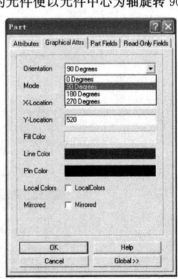

(a) 执行【Properties】命令　　　　　(b) 在对话框中设置旋转角度

图 3-40　通过设置属性来旋转元件

- 在元件上双击,同样也可弹出【Part】对话框,旋转操作同上。

② 水平翻转元件

将鼠标光标移动到三极管"9013"上并按住鼠标左键不放,选中该三极管,按【X】键即可将该三极管水平翻转一次。注意,翻转的过程中应该按住鼠标左键不放。将元器件方向调整到位后松开鼠标左键即可,结果如图 3-41 所示。

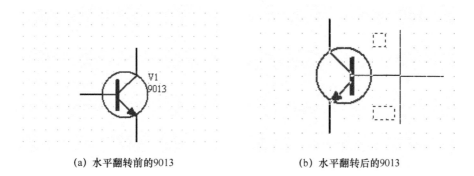

(a) 水平翻转前的9013　　　　　　　　(b) 水平翻转后的9013

图 3-41　水平翻转元件

③ 上下翻转元件

将鼠标光标移动到三极管"9013"上并按住鼠标左键不放,选中该三极管,按【Y】键即可将该三极管上下翻转一次。注意,翻转的过程中应按住鼠标左键不放。将元器件方向调整到位后松开鼠标左键即可,结果如图 3-42 所示。

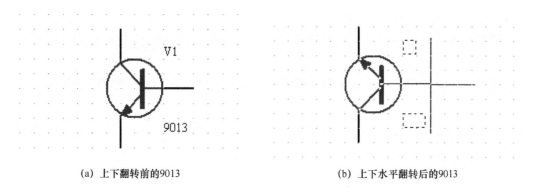

(a) 上下翻转前的9013　　　　　　　　(b) 上下水平翻转后的9013

图 3-42　上下翻转元件

(4) 元件的排列

为了使绘制出来的电路图中的元件排列整齐美观,掌握元件排列规律十分必要。元件的对齐方式有:左对齐、右对齐、按水平中心线对齐、水平平铺对齐、顶部对齐、底部对齐、按垂直中心线对齐和垂直均分对齐。

① 元件的左对齐排列。如图 3-31 所示的元件还没有进行过对齐排列,如果要对它们进行左对齐排列,可这样操作:首先用鼠标拉出矩形选框,将需要对齐排列的元件选中,再执行菜单命令【Edit】/【Align】/【Align Left】,如图 3-43 所示,选中的元件就进行了左对齐排列。

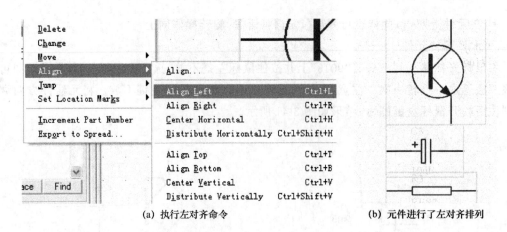

(a) 执行左对齐命令　　　　　　　　(b) 元件进行了左对齐排列

图 3-43　元件左对齐排列

　　② 其他方式的排列。如果要对元件进行右对齐、按水平中心线对齐、水平平铺对齐、顶部对齐、底部对齐、按垂直中心线对齐和垂直均分对齐排列,可先选中需排列的元件,再执行菜单命令【Edit】/【Align】下相应命令即可。元件的各种排列方式示例如图 3-44 所示。

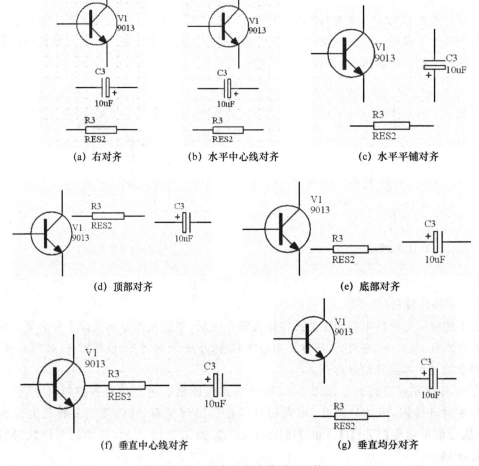

(a) 右对齐　　　　　　(b) 水平中心线对齐　　　　　(c) 水平平铺对齐

(d) 顶部对齐　　　　　　　　　　　(e) 底部对齐

(f) 垂直中心线对齐　　　　　　　　(g) 垂直均分对齐

图 3-44　按各种方式排列的元件

③ 综合方式排列。前面的排列操作一次只能进行一种,如果要同时进行水平和垂直对齐排列,可使用【Align】命令。

综合方式排列的操作过程如下。

- 首先用鼠标拉出矩形选框,将需要对齐排列的元件选中。
- 执行菜单命令【Edit】/【Align】/【Align】,弹出【Align objects】对话框,如图 3-45 所示。【Horizontal Alignment】选项组为水平排列项,下面包括 4 个选项;【Vertical Alignment】选项组为垂直排列项,也有 4 个选项。

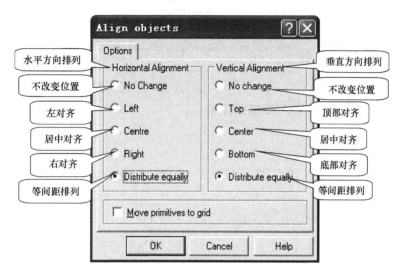

图 3-45　综合方式排列设置对话框

- 在对话框中将水平和垂直排列都选为【Distribute equally】(平均分布)。
- 单击【OK】按钮,被选中的各个元件在水平和垂直方向以平均分布的方式在图纸上排列出来,即排列后的各元件水平间隔和垂直间隔都相同。

2. 元件的删除、复制、剪切与粘贴

(1) 元件的删除

如果想删除图纸上的元件,可进行元件删除操作。删除元件的常用方法如下。

① 删除一个元件。用鼠标在要删除的元件上单击,元件周围出现虚线框,说明此元件被选中,如图 3-46 所示。再按下键盘上的【Delete】键,选中的元件便会被删除。

② 一次删除多个元件。用鼠标在图纸上拉出一个矩形选框,将要删除的元件选中,然后执行菜单命令【Edit】/【Clear】,选中的元件就会被删除,也可以同时按下键盘上的【Ctrl】键和【Delete】键,选中的元件同样能被删除。用此种方法可一次删除多个元件。

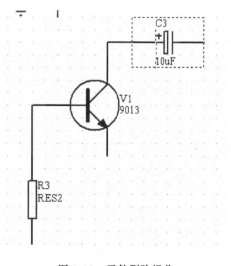

图 3-46　元件删除操作

③ 删除多种元器件。执行菜单命令【Edit】/【Delete】,鼠标旁出现十字形光标,将光标移到要删除的元件上单击,元件即可被删除。采用这种方法删除元件、导线和节点等非常方便。

（2）元件的复制、剪切与粘贴

① 元件的复制操作:首先用鼠标在图纸上拉出一个矩形选框,将要复制的元件选中,然后执行菜单命令【Edit】/【Copy】,如图 3-47 所示,选中的元件就会被复制到剪贴板上。剪贴板是在计算机内部中分出的一个存储空间,它是看不见的,复制的各种对象被临时存放在该空间中,可以通过粘贴操作将剪贴板中的对象取出来。

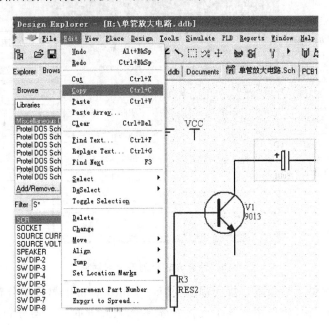

图 3-47　元件复制命令

复制的快捷键操作:先选中要复制的元件,再同时按下键盘上的【Ctrl】键和【C】键,选中的元件就被复制到剪贴板上。

② 元件的粘贴操作:进行复制操作后,再执行菜单命令【Edit】/【Paste】,鼠标旁便会出现复制的元件,并且随鼠标一起移动,将鼠标移到合适的位置单击,元件便被放置下来。不断执行粘贴操作,就可以在图纸上放置很多相同的元件。

粘贴的快捷键操作:在进行复制操作后,同时按下键盘上的【Ctrl】键和【V】键,被复制的元件就会出现在图纸上。

③ 元件的剪切操作:首先用鼠标在图纸上拉出一个矩形选框,将要剪切的元件选中,然后执行菜单命令【Edit】/【Cut】,当鼠标在图纸上单击时该元件消失(复制操作时元件不会消失)。进行剪切操作后,再进行粘贴操作就可以在图纸上放置刚才被剪切的元件。

剪切的快捷键操作:先选中要剪切的元件,再同时按下键盘上的【Ctrl】键和【X】键,选中的元件就被剪切到剪贴板上。

（3）阵列式粘贴元件

阵列式粘贴是一种特殊的粘贴方式,可以一次性粘贴多个相同的元件。

阵列式粘贴的操作:首先用鼠标在图纸上拉出一个矩形选框,将要复制的元件选中,如复制图 3-46 中的电容 C3,选中 C3 后执行菜单命令【Edit】/【Copy】,再执行菜单命令【Edit】/【Paste Array】,弹出如图 3-48 所示的对话框。在对话框中进行各项设置后单击【OK】按钮,将鼠标移到合适的位置单击,元件便按设置的方式粘贴到图纸上,如图 3-49 所示。图中同时粘贴了 5 个电容,电容的标注自动增加。

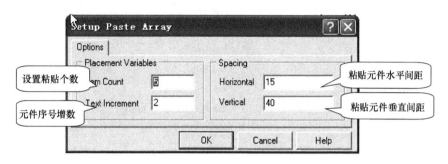

图 3-48　阵列式粘贴设置

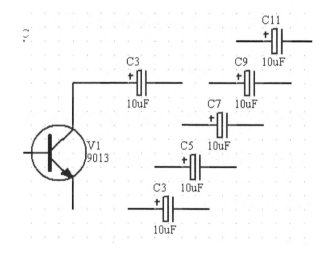

图 3-49　阵列式粘贴元件

3. 元件属性设置

（1）元件属性设置

前面介绍的主要是针对元件的一些操作方法,而元件本身也有一些属性需要设置。进入元件属性设置的方法有下面几种。

① 在放置元件时,按下键盘上的【Tab】键,弹出【Part】（元件属性设置）对话框,如图 3-21 所示。

② 如果元件已经放置在图纸上,可在元件上双击,会弹出如图 3-21 所示的对话框。

③ 在元件上单击鼠标右键,弹出快捷菜单,选择其中【Properties】命令,会弹出如图 3-21 所示的对话框。

④ 执行菜单命令【Edit】/【Change】,鼠标旁出现十字形光标,将光标移到元件上再单击,同样会弹出如图 3-21 所示的对话框。

在如图 3-21 所示的对话框中可以对元件的各种属性进行设置,如果想进行更详细的设置,可单击【Global】按钮出现更详细的设置内容,如图 3-50 所示。

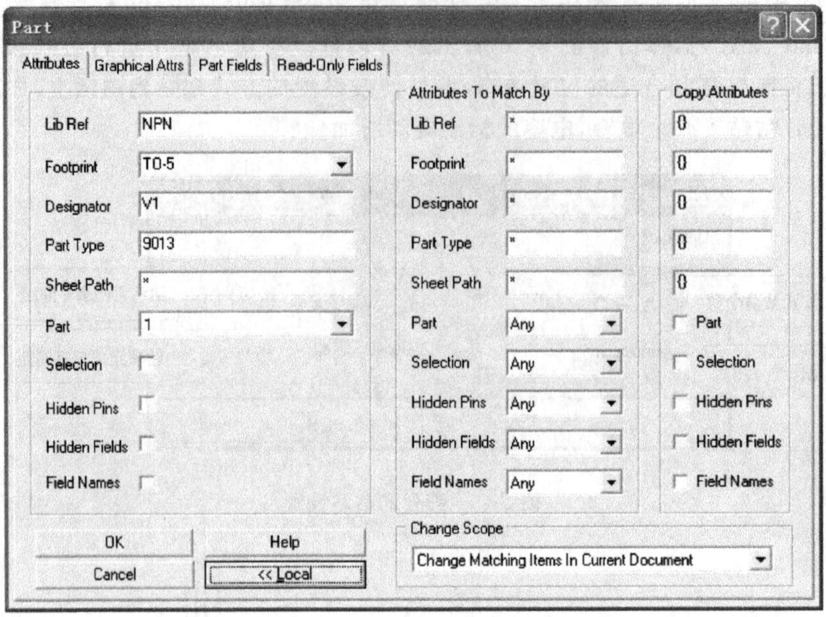

图 3-50 元件属性详细设置对话框

在如图 3-50 所示的对话框上部有 4 个选项卡:【Attributes】、【Graphical Attrs】、【Part Fields】和【Read-Only Fields】。选择不同的选项卡,对话框中的设置内容就会发生变化。在这 4 个选项卡中,【Attributes】和【Graphical Attrs】选项卡的内容设置较为常用,其他选项卡一般较少设置。下面重点介绍【Graphical Attrs】选项卡的内容。【Graphical Attrs】选项卡的设置内容如图 3-51 所示。其中:

- 【Orientation】设置元件放置方向;
- 【Mode】设置元件图形显示模式;
- 【X-Location】设置元件水平位置坐标;
- 【Y-Location】设置元件垂直位置坐标;
- 【Fill Color】设置元件填充颜色;
- 【Line Color】设置元件边框颜色;
- 【Pin Color】设置元件引脚颜色;
- 【Local Colors】设置选择是否启用上面 3 种颜色的设置;
- 【Mirrored】设置选择是否让元件左右翻转。

(2) 元件标注属性的设置

在元件旁往往还有一些标注,也可以对这些标注进行单独的设置。

标注的设置方法是:在元件标注上双击,如在三极管的"9013"标注上双击,会出现如图 3-52 所示的标注设置对话框。在该对话框中可以对标注进行各种设置,其中:

- 【Type】设置元件标注或类型;
- 【X-Location】设置元件水平位置坐标;
- 【Y-Location】设置元件垂直位置坐标;

- 【Orientation】设置元件标注方向；
- 【Color】设置元件标注的颜色；
- 【Font】设置元件标注的字体；
- 【Selection】选择设置完成后元件是否处于选中状态；
- 【Hide】选择是否隐藏元件标注。

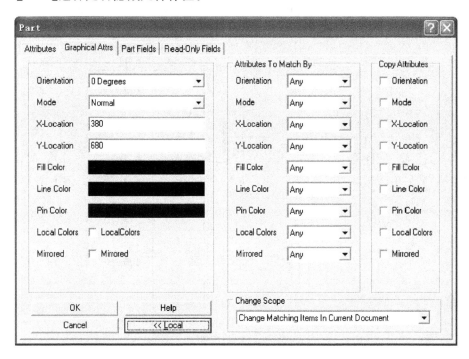

图 3-51　【Graphical Attrs】设置内容

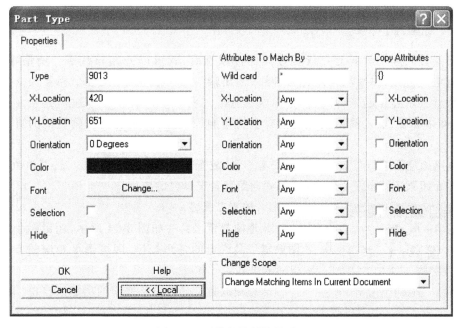

图 3-52　元件标注属性的设置

完成元器件编辑和位置调整后的单管放大电路如图 3-53 所示。

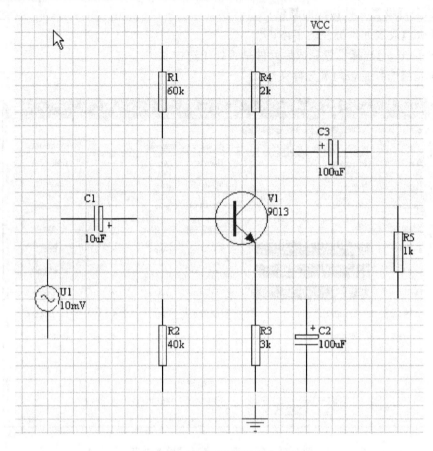

图 3-53　未布线的单管放大电路

3.1.8　原理图布线

　　将元器件放置在图纸上并设置好元器件属性后,就可以开始布线了。所谓布线,就是用具有电气连接的导线、网络标号、输入输出端口等将放置好的、各个相互独立的元器件按原设计要求连接起来,从而建立电气连接的过程。在 Protel 99 SE 中,连接元件的导线、节点网络标号、输入输出端口都具有电气性能,不能用普通绘图工具栏中的直线和圆点代替。

　　对电路原理图进行布线的方法主要有 3 种:放置工具栏【Wiring Tools】、菜单命令和快捷键。在介绍原理图布线操作之前,首先介绍放置工具栏的应用。

图 3-54　原理图放置工具栏

1. 放置工具栏

　　原理图放置工具栏如图 3-54 所示,用鼠标单击原理图放置工具栏上的各个按钮,即可选择相应的布线工具进行布线。

　　原理图放置工具栏中各按钮的功能如表 3-2 所示。

表 3-2　原理图放置工具栏按钮功能

按　钮	功　　能	按　钮	功　　能
≈	绘制导线	▣	制作方块电路盘
⊐	绘制总线	◲	制作方块电路盘输入输出端口
K	绘制总线分支线	D▷	制作电路输入输出端口
Net1	放置网络标号	⊤	放置电路接点
⟂	放置电源及接地符号	✗	设置忽略电路法则测试
▷	放置元器件	🄿	设置 PCB 布线规则

　　下面以单管放大电路的布线为例,对放置工具栏中的主要工具进行详细介绍。如图 3-53所示为放置好元器件后未连接线路的单管放大电路。

　　(1) 绘制导线

　　① 用工具栏绘制导线

　　• 单击放置工具栏的 ≈ 按钮,执行绘制导线命令。

　　• 将出现的十字光标移到电容引脚的电气节点上,单击鼠标左键确定导线的起始点,如图 3-55(a)所示。导线的起始点一定要设置在元器件引脚的电气节点上,否则导线与元器件并没有电气连接关系。图 3-55(a)中鼠标指针处出现的小圆点标志就是当前系统捕获的电气节点,此时绘制的导线将以该处作为起点。

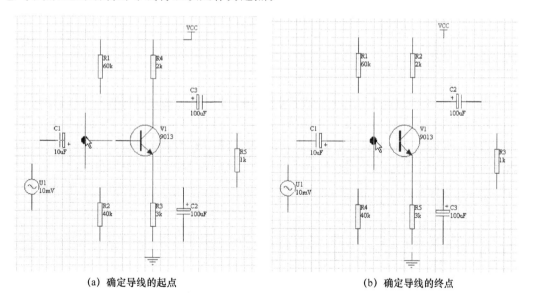

(a) 确定导线的起点　　　　　　　　　　　(b) 确定导线的终点

图 3-55　绘制导线

　　• 确定导线的起点后移动鼠标光标,开始绘制导线。将线头拖动到三极管基极的引脚上,单击鼠标确定该段导线的终点,如图 3-55(b)所示。同样,导线的终点也一定要设置在元器件引脚的电气节点上。

　　• 单击鼠标右键或按【Esc】键完成一条导线的绘制,此时系统仍处于绘制导线命令状态。重复上述操作即可继续绘制其他导线。

　　• 绘制一段折线。执行绘制导线命令,首先确定导线的起点,然后移动鼠标光标开始绘制导线,在适当的位置单击鼠标左键改变导线的方向,如图 3-56 所示。最后再在适当的位置单击鼠标左键,即可确定导线的终点。

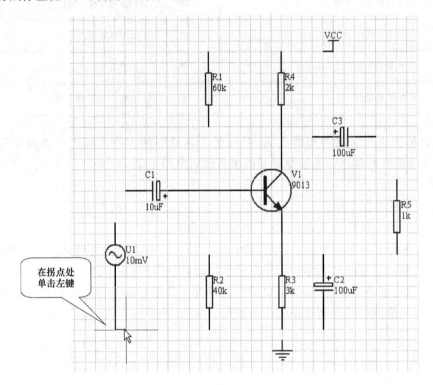

图 3-56　绘制一段折线

　　• 导线绘制完毕后单击鼠标右键或按【Esc】键,即可退出绘制导线的命令状态。

　　如果要调整已经画好的导线长度,可用鼠标在导线上单击,导线上就会出现方形控制点,如图 3-57 所示。将鼠标移到控制点上,再按住左键不放拖动鼠标,就可以调整导线的长度或方向。另外,在导线上出现控制点时,按键盘上的【Del】键可以将导线删除。

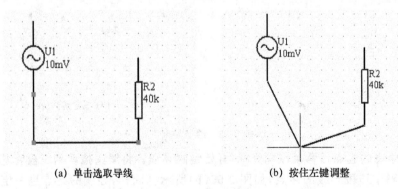

(a) 单击选取导线　　　　　　　　　　　　(b) 按住左键调整

图 3-57　导线的调整

② 利用菜单命令绘制导线

利用菜单命令绘制导线与利用放置工具栏绘制导线的操作过程大致相同,不同之处在于用菜单命令绘制导线时要先执行菜单命令【Place】/【Wire】,以后的操作过程与用放置工具栏绘制导线完全相同。

③ 导线属性的设置

如果要设置导线的宽度、颜色等,可进行导线属性设置。

进入导线属性设置的方法有两种:一种方法是在绘制导线时按键盘上的【Tab】键,会弹出如图 3-58 所示的【Wire】(导线属性设置)对话框;另一种方法是在需要设置属性的导线上双击,也将出现如图 3-58 所示的对话框。该对话框中各选项的意义如下。

图 3-58 编辑导线属性对话框

• 【Wire Width】选项设置导线的宽度。单击该选项后的 ▼ 按钮,弹出如图 3-59(a)所示的菜单选项,它有最细、细、中和粗 4 种选择项。

• 【Color】选项设置导线的颜色。单击该选项后面的颜色框即可弹出如图 3-59(b)所示的选择导线颜色对话框,可以根据需要选择一种颜色,然后单击【OK】按钮即可。

(a) 导线宽度下拉菜单

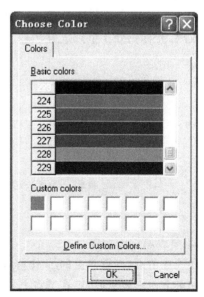

(b) 选择导线颜色

图 3-59 导线属性对话框

• 【Selection】选项用来选择设置完导线属性后,该导线是否处于被选中状态。

• 【Global】按钮,单击它可对对话框进行更详细的属性设置。

（2）放置线路节点

常见的导线交叉可以分为 3 种形式，如图 3-60 所示。

在 T 形导线交叉处，系统将自动添加上一个线路节点。但是，当两条导线在原理图中成十字交叉时，系统将不会自动生成线路节点。两条导线在电气上是否相连接是由交叉点处有无线路节点来决定的。如果在交叉点处有线路节点，则认为两条导线在电气上是相连的，否则认为它们在电气上是不相连的。因此，如果导线确实相交的话，则应当在导线交叉处放置线路节点，使其具有电气上的连接关系。

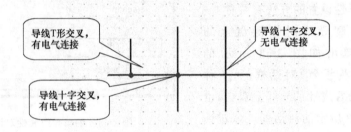

图 3-60　导线交叉的 3 种形式

① 节点的放置

• 单击放置工具栏中的 ┳ 按钮，也可以执行菜单命令【Place】/【junction】，鼠标旁出现十字形光标，光标中心有个节点。

• 将光标节点移到导线交叉处，如图 3-61 所示，再单击，节点就被放置下来。节点放置完成后，光标仍处于节点放置状态，可以继续放置节点。右击可退出节点放置状态。

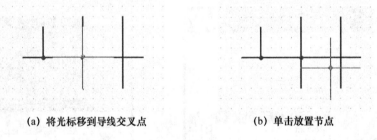

(a) 将光标移到导线交叉点　　　　　(b) 单击放置节点

图 3-61　放置节点

② 节点属性的设置

在放置节点，按键盘上的【Tab】键，将出现如图 3-62 所示的对话框。

如果节点已放置好，可在节点上单击，出现一个多项选单，选择其中的【Junction】项，节点被选中，周围出现虚线框，同时鼠标自动移到节点上，在节点上双击，同样弹出如图 3-62 所示的节点属性设置对话框。

在节点属性设置的对话框中，可以设置节点在图纸上的坐标位置、大小、颜色、放置后是否处于选中状态、是否锁定节点等内容，如果要进行更详细的设置，可单击【Global】按钮，将出现更详细的设置对话框。

（3）放置网络标号

除了通过绘制导线外，还可以通过设置网络标号来实现元器件之间的电气连接。在一些复杂的电路图中，如果直接使用画导线的方式，则会使图纸显得杂乱无章，而使用网络标号则可以使整张图纸变得清晰易读。

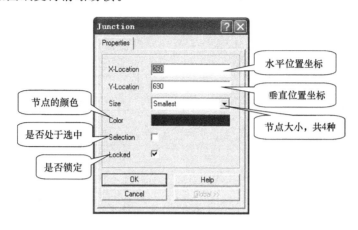

图 3-62　节点属性对话框

网络标号【Net Label】具有实际的电气连接意义。连接在一起的电源、接地符号、元器件引脚及导线等导电图件具有相同的网络标号。需要注意的是，网络标号同元器件的引脚一样具有一个电气节点，网络标号的电气节点只有捕捉到导线或元器件引脚的电气节点，才能真正实现元器件的电气连接。如图 3-63 所示电路为采用网络标号绘制出来的电路。

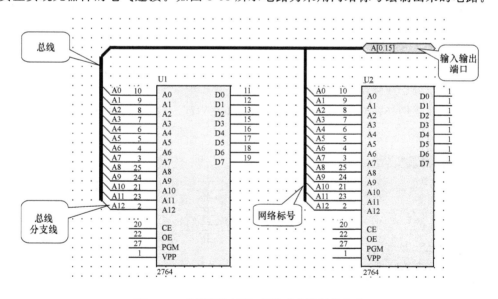

图 3-63　采用网络标号、总线形式绘制的电路

图 3-63 中的粗线称为总线，总线上的许多小分支称为总线分支线，分支线旁边的标注（A0，A1…\）称为网络标号。利用总线、网络标号绘制电路非常方便，又能清楚地表示出各电路之间的连接关系。如图中 U1 的 10 脚有网络标号 A0，而 U2 的 10 脚也有网络标号 A0，表明 U1 的 10 脚和 U2 的 10 脚是相连的。

① 放置网络标号

- 为了便于放置网络标号,首先在相应的元器件引脚处画上导线,结果如图 3-64(a)所示。
- 执行放置网络标号命令。单击放置工具栏的 Net 按钮,使光标变为十字形状,并出现一个随光标移动而移动的带虚线方框的网络标号,如图 3-64(b)所示。

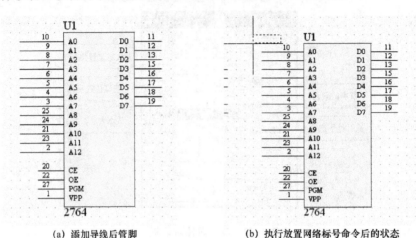

(a) 添加导线后管脚　　　　　　　　(b) 执行放置网络标号命令后的状态

图 3-64　放置网络标号

- 设置网络标号的属性。按【Tab】键即可弹出设置网络标号属性对话框,设置结果如图 3-65(a)所示。设置好网络标号的属性后单击【OK】按钮,即可回到放置网络标号的命令状态。修改网络标号属性的方法与修改电源及接地符号属性的方法一样。这里仅修改网络标号的名称,修改后的网络标号其名称为"A0"。
- 放置网络标号。将鼠标指针移动到接插件 U1 的 10 引脚的引出导线上,当小圆点电气捕捉标志出现在导线上时单击鼠标左键确认,即可将网络标号放置到导线上去。

此时系统仍处于放置网络标号的命令状态,重复步骤 3、步骤 4 的操作,在 U2 的 10 号引出导线上也放置网络标号"A0",表明这两点连接在一起。放置好网络标号后的结果如图 3-65(b)所示。

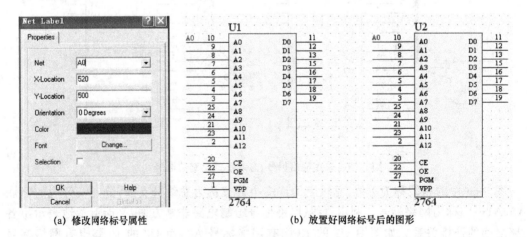

(a) 修改网络标号属性　　　　　　　　(b) 放置好网络标号后的图形

图 3-65　放置网络标号

如果网络标号以数字结尾,那么在放置过程中数字将会递增。

② 网络标号属性的设置

进入网络标号属性设置的方法有两种:一种是在放置网络标号时,按下【Tab】键即可弹出设置网络标号属性对话框,如图 3-65(a)所示;另一种是在已经放置好的网络标号上双击,也会弹出如图 3-65(a)所示的对话框。其中:

- 【Net】设置网络标号名称;
- 【X-Location】设置网络标号的水平位置,可不设置;
- 【Y-Location】设置网络标号的垂直位置,可不设置;
- 【Orientation】设置网络标号方向;
- 【Color】设置网络标号的颜色;
- 【Font】设置网络标号的字体。

（4）绘制总线

为多条并行导线设置好网络标号后,具有相同网络标号的导线之间已经具备了实际的电气连接关系,但是为了便于读图、引导读者看清不同元器件间的电气连接关系,设计者可以绘制总线。当使用总线来代替一组导线的连接关系时,通常需要总线分支线的配合。

所谓总线,就是代表多条并行导线———对应连接在一起的一条线。总线常常用在元器件数据总线或地址总线的连接上,其本身并没有任何电气连接意义,电气连接关系还是靠元器件引脚或导线上的网络标号来定义。利用总线和网络标号进行元器件之间的电气连接,不仅可以减少图中的导线、简化原理图,而且还可以使原理图清晰直观。

① 绘制总线

- 单击放置工具栏中的 ⿰ 按钮,执行绘制总线命令,或者执行菜单命令【Place】/【Bus】,当鼠标上出现十字光标后,就可以开始绘制总线了。绘制总线的操作方法与绘制导线的操作方法完全相同。
- 在适当位置单击鼠标左键以确定总线的起点,然后移动鼠标光标,开始绘制总线。
- 在每一个转折点处单击鼠标左键确认绘制的这一段总线,在末尾处单击鼠标左键确认总线的终点。
- 单击鼠标右键即可结束一条总线的绘制工作,绘制好的总线如图 3-66 所示。

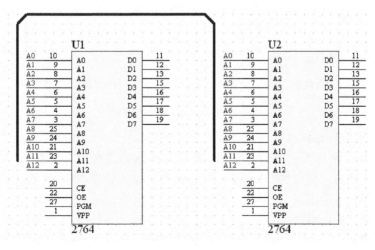

图 3-66　绘制好的总线

· 绘制完一条总线后,系统仍处于绘制总线的命令状态,可以按照上述方法继续绘制其他总线,也可以双击鼠标右键或按【Esc】键退出绘制总线的命令状态。

② 总线属性设置

如果对绘制出的总线不满意,还可以用鼠标左键双击总线,在弹出的【Bus】(总线属性)对话框中对总线的宽度、颜色及选中状态进行设置,如图3-67所示。

图3-67　总线属性设置

（5）绘制总线分支线

总线分支线通常用来连接导线与总线。下面介绍总线分支线的操作、步骤。

① 绘制总线分支线

· 单击放置工具栏中的 按钮,执行绘制总线分支线命令,或者执行菜单命令【Place】/【Bus Entry】,此时鼠标上将出现十字光标并带着总线分支线"/"或"\",如图3-68(a)所示。由于具体位置不同,有时需要用总线分支线"/",有时又需要用"\"。要想改变总线分支线的方向,只要在命令状态下按【Space】键即可。

· 放置总线分支线时,只要将光标移动到适当位置并单击鼠标左键,即可将分支线放置在当前位置,随后可以放置其他分支线。放置好总线分支线后的结果如图3-68(b)所示。

· 放置完所有的总线分支线后,单击鼠标右键或按【Esc】键,即可退出命令状态。

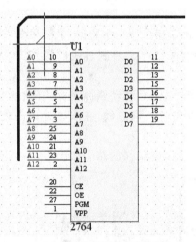

（a）执行绘制总线分支线命令

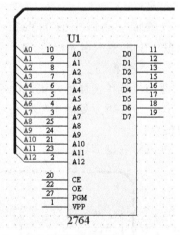

（b）放置好的总线分支线

图3-68　绘制总线分支线

② 总线分支线属性设置

如果对绘制出的总线分支线不满意,还可以用鼠标左键双击总线分支线,在弹出的【Bus Entry】(总线分支线属性)对话框中对总线分支线的位置坐标、宽度、颜色及选中状态进行设置,如图3-69所示。

（6）放置输入输出端口

在设计电路时,一个电路与另一个电路既可以用导线直接连接,也可以用总线的形式连接,还可以用输入输出端口表示连接。

在设计电路时,灵活使用这 3 种连接方式,可以使设计出来的电路图整齐美观。一般地,当电路之间的连接点少并且连接电路均在一张图纸上时,采用导线直接连接;当电路之间的连接点很多并且连接电路在一张图纸上时,采用总线连接;当要连接的电路处于不同的图纸上时,采用输入输出端口更方便。

① 放置输入输出端口

• 单击布线工具栏中的 按钮,或执行菜单命令【Place】/【Port】,鼠标旁出现带输入输出端口的十字形光标。

• 将光标移到要放置端口的位置,此时光标中心出现一个黑圆点,如图 3-70(a)所示,在该处单击,端口的起点便被放置下来。

• 再将光标移到另一处单击,如图 3-70(b)所示,端口的终点也被确定下来,右击或按【Esc】键,可取消端口的放置操作。

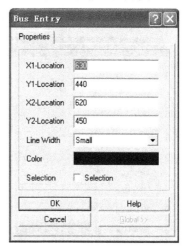

图 3-69　总线分支线属性对话框

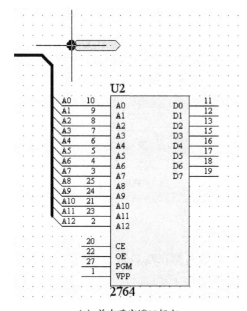

(a) 单击确定端口起点

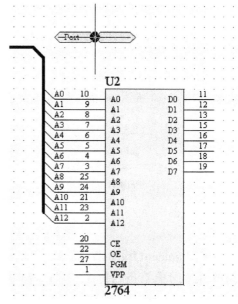

(b) 单击确定端口终点

图 3-70　绘制输入输出端口

② 输入输出端口属性的设置

设置输入输出端口属性的方法有两种:一种是在放置输入输出端口时,按下【Tab】键,弹出如图 3-71 所示的输入输出端口属性设置对话框;另一种是在已经放置好的输入输出端口上双击,也会弹出如图 3-71 所示的对话框。对话框选项功能如下:

• 【Name】用于设置端口名称,本例设置为"A【0..15】";

• 【Style】用于选择端口的样式,实际上就是 I/O 端口的箭头方向,共有 8 种样式供选择,各种样式如图 3-72 所示,本例设置为"Left";

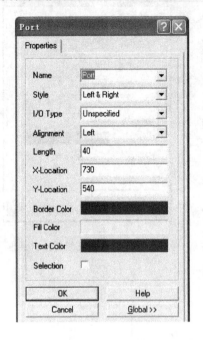

图 3-71　输入输出端口属性设置对话框

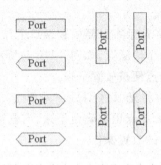

图 3-72　I/O 端口外形

• 【I/O Type】设置端口的电气特性,也就是对端口的输入输出类型进行设定,共有 4 种类型,如图 3-73 所示,本例设置电气类型为"Output";

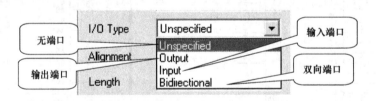

图 3-73　I/O 端口的电气特性设置

• 【Alignment】设置端口形式,用来确定 I/O 端口的名称在端口符号中的位置,共有 3 种类型,它们不具有电气特性,如图 3-74 所示,本例设置为"Left";

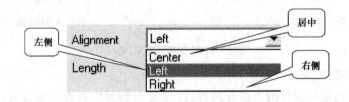

图 3-74　端口名称显示位置

• 其他属性设置包括 I/O 端口的【Length】(长度)、【X/Y-Location】(位置坐标)、【Border Color】(边线颜色)、【Fill Color】(填充颜色)、【Text Color】(文字标注)和【Selection】(选

中状态)等设置,可以根据自己的需要进行设定,这里不作详细介绍。

设置好后单击【OK】按钮即可。

2. 原理图布线

在同一原理图设计中,两种最简单的布线方法是绘制导线和放置网络标号。

绘制导线的布线方法适用于元器件之间连线较短且导线之间交叉较少的情况。该方法直观适用,便于对原理图进行浏览。但是,当原理图设计比较复杂、元器件较多、导线之间的交叉较多或者距离太远时,如果还用这种方法的话,势必会降低整张原理图的可读性和美观性。在这种情况下,往往采用放置网络标号和输入输出端口的方法来替代导线连接。同时为了读图方便,对于并行的多条导线还可以采用总线的方式来连接。

总之,具体采用哪种方法对原理图进行布线,应当以原理图布局整齐、布线美观为原则,对原理图设计进行合理布线。

布线后的单管放大电路如图 3-75 所示。

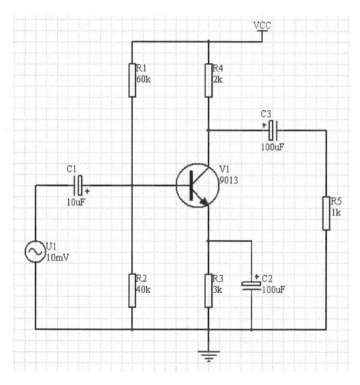

图 3-75　布线后的单管放大电路

3.2　层次原理图的设计

在进行电路设计时,一些简单的电路可以设计在一张图纸上。当电路图比较复杂时,用一张原理图来绘制显得比较困难,解决这个问题的方法是将复杂的电路分成多个电路,再分别绘制在不同的图纸上,这种方法称为层次原理图设计。层次型电路的设计可采取自上而下或自下而上的设计方法。

3.2.1 层次原理图的概述

1. 层次原理图的设计思路

层次原理图的设计思路是：首先把一个复杂的电路切分成几个功能模块，然后将这几个功能模块电路分别绘制在不同的图纸上，再以方块电路的形式将各功能模块电路的连接关系绘制在一张图纸上。这里的功能模块电路称为子电路，表示功能模块电路连接关系的方块电路称为主电路。下面用 Protel 99 SE 自带的范例文件"Amplified Modulator.ddb"来说明主电路和子电路。该文件存放的位置是 C:\Program Files\Design Explorer 99 SE\Examples\Circuit Simulation。

2. 主电路与子电路的关系

打开"Amplified Modulator.ddb"数据库文件后，在设计管理器的文件管理器中可以看到一个文件"Amplified Modulator.prj"，它处于该项目的最上方，如图 3-76 所示。

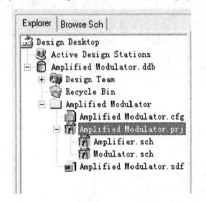

图 3-76 "Amplified Modulator.ddb"数据结构

该文件即为主电路文件，又称项目文件，其扩展名为".prj"。单击该文件前的"＋"号后展开该文件，可以看到它包含两个子电路文件，子电路文件的扩展名是".sch"。

3. 主电路图构成

单击文件管理器中的主电路文件"Amplified Modulator.prj"，可以在右边的工作窗口中看到该电路，如图 3-77 所示。从主电路可以看出，它由两个方块构成，每个方块表示一个子电路；主电路还通过端口和导线将子电路之间的连接关系表示出来。

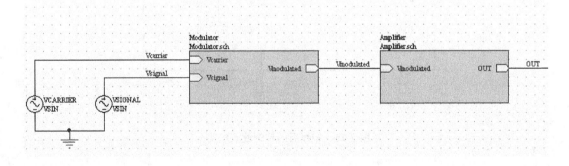

图 3-77 主电路"Amplified Modulator.prj"

4. 子电路图构成

单击文件管理器中的主电路文件"Amplified Modulator.prj"下的子电路文件"Amplifier.sch"可以看到该电路，如图 3-78 所示。从图中可以看出，子电路实际上就是电路原理图，它通过两个端口与其他子电路进行连接，在主电路的该子电路方块上也有这两个端口。

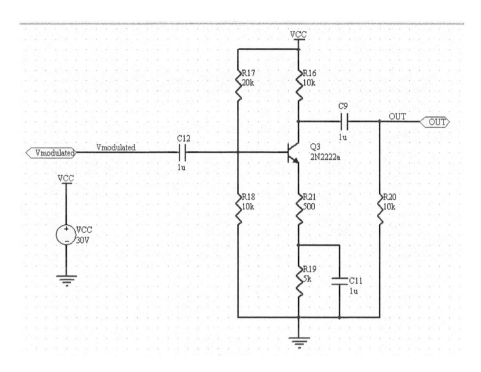

图 3-78　子电路"Amplifier. sch"

5．层次电路的切换

在层次电路中,经常要在各层电路图之间相互切换,切换的方法主要有两种。

(1) 利用设计管理器,鼠标左键单击所需文档,便可在右边工作区中显示该电路图。

(2) 执行菜单【Tools】/【Up/Down Hierarchy】或单击主工具栏中██按钮,将光标移至需要切换的子图符号上,单击鼠标左键,即可将上层电路切换至下一层的子图;若是从下层电路切换至上层电路,则是将光标移至下层电路的 I/O 端口上,单击鼠标左键进行切换。

综上所述,主电路以方块和端口的形式表示复杂电路的整体组成机构和各子电路的连接关系,如果需要,子电路下面还可以有子电路,各个子电路由下到上连接起来即构成整个复杂电路,主电路与子电路可以任意切换。

3.2.2　由上到下设计层次原理图

由上到下的层次原理图设计思路是:先设计主电路,然后根据主电路图设计子电路。设计时要求主电路文件和子电路文件都放在一个文件夹中。

1．设计主电路

设计主电路的步骤如下。

(1) 建立项目文件夹

首先建立一个数据库文件"CZ1. ddb",然后在该数据库文件中建立一个项目文件夹。

建立项目文件夹的过程是:打开 CZ1. ddb 数据库文件,再执行菜单命令【File】/【New】,弹出【New Document】(新建文档)对话框,如图 3-79 所示,选择其中的"Document Folder"

（文件夹）图标，再单击【OK】按钮，就建立了一个默认文件名的"Folder1"的文件夹，将该文件夹改名为"Amplified Modulator"。

图 3-79　新建文档对话框

（2）建立主电路文件

建立主电路文件的过程如下：打开"Amplified Modulator"文件夹，再执行菜单命令

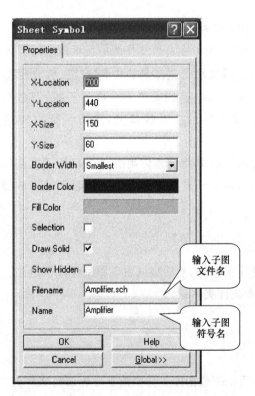

图 3-80　方块属性设置

【File】/【New】，弹出新建文档对话框，选择其中的"Schematic Document"图标，再单击【OK】按钮，就建立了一个默认文件名为"Sheet1. Sch"的文件，将该文件名改为"Amplified Modulator. prj"。

（3）绘制方块电路图

绘制方块电路图的过程如下。

① 打开"Amplified Modulator. prj"文件，再单击绘图工具栏中的□按钮，或者执行菜单命令【Place】/【Sheet Symbol】，鼠标旁出现十字光标，并且旁边跟随着一个方块。

② 设置方块的属性。按键盘上的【Tab】键，弹出【Sheet Symbol】（方块属性设置）对话框，如图 3-80 所示，在对话框中将：

• 【Filename】文本框设为"Amplifier. sch"；

• 【Name】文本框设为"Amplifier"，

其他项保持默认值,再单击【OK】按钮。

③ 将光标移动到图纸上适当位置,单击确定方块的左上角,然后将光标移到适合位置,单击确定方块的右下角,图纸上就绘制了一个方块,如图 3-81 所示,在方块旁出现刚才设置的文件名"Amplifier. sch"和方块名"Amplifier"。

④ 再用同样的方法绘制"Modulator. sch"方块,两个方块绘制完成后的效果如图 3-82 所示。

（4）放置方块电路端口

放置方块电路端口的过程如下。

① 单击绘图工具栏中的 ▣ 按钮,或者执行菜单命令【Place】/【Add Sheet Entry】,鼠标旁出现十字光标。

② 将光标移到方块上单击,出现一个浮动的方块电路端口随光标移动,如图3-83所示。

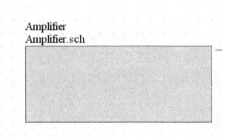

图 3-81　绘制完成一个方块

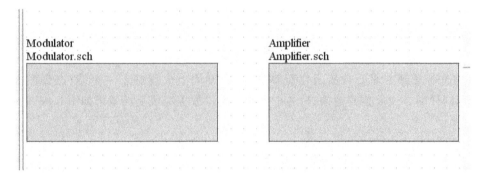

图 3-82　完成方块绘制

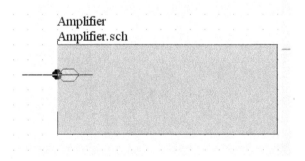

图 3-83　随光标移动的方块电路端口

③ 设置方块电路端口的属性。按键盘上的【Tab】键,弹出【Sheet Entry】（方块电路端口属性设置）对话框,如图 3-84 所示。在对话框中将:

- 【Name】选项设置为"OUT";
- 【I/O Type】（输入/输出类型）选项设为"Output ";

- 【Side】(端口放置位置)选项设为"Right";
- 【Style】(端口的样式)选项设为"Right",其他项保持默认值,再单击【OK】按钮即可。

图 3-84　方块电路端口属性设置

④ 将光标移到方块上合适的位置单击,即在方块上放置好了一个端口,如图 3-85 所示。再用同样的方式放置其他端口,各个方块的端口放置完成后的效果如图 3-86 所示。

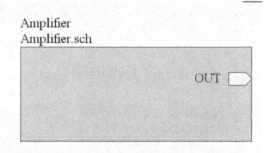

图 3-85　放置完一个端口

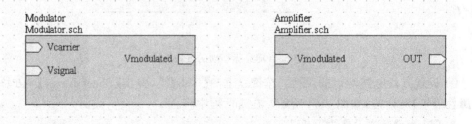

图 3-86　放置完所有端口

（5）连接方块电路

将所有方块电路的端口放置好后,再放置电源和接地符号,然后用导线和总线将方块电路的端口连接起来,将主电路的各个端口连接好后就完成了主电路的设计,设计完成的主电路如图 3-87 所示。

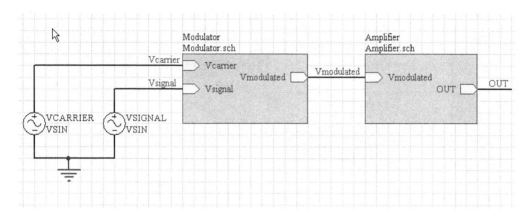

图 3-87　设计完成的主电路

2. 设计子电路

主电路设计完成后,利用主电路中的方块可以自动生成相应的子电路文件,而不需要重新建立。子电路的具体设计过程如下。

（1）在主电路中执行菜单命令【Design】/【Create Sheet From Symbol】,鼠标旁出现十字形光标。

（2）将光标移到需要生成子电路的方块"Amplifier"上单击,如图 3-88（a）所示,弹出如图 3-88（b）所示的对话框,询问是否改变生成子电路中端口的方向。如果选择【Yes】,生成的子电路中的端口方向与主电路方块中的端口方向相反,即若主电路的方块中端口为输出,子电路相应的端口将变为输入;如果选择【No】,两者方向相同。这里单击【No】按钮。

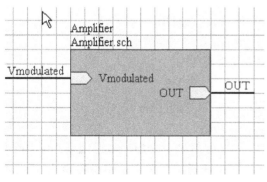

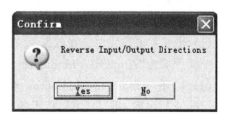

（a）在方块上单击　　　　　　　（b）询问是否改变生成子电路中端口的方向

图 3-88　由主电路生成子电路操作

（3）选择对话框中的【No】后，文件管理器的主电路文件下自动生成"Amplifier.sch"子电路文件，同时在右边的工作窗口中可以看到图纸上有主电路的"Amplifier"方块上的所有端口，如图 3-89 所示。

（4）用绘制电路原理图的方法，在子电路端口的基础上绘制出具体的子电路。

重复上述过程，设计出"Modulator.sch"子电路，这样就完成了复杂电路的层次原理图设计。

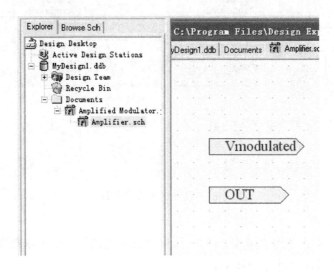

图 3-89　自动生成子电路文件

3.2.3　由下向上设计层次原理图

由下向上的层次原理图设计思路是：先设计好各个子电路，然后根据子电路图生成主电路。设计时同样要求主电路文件和子电路文件都放在一个文件夹中。

1. 设计子电路

（1）建立子电路文件。首先建立一个数据库文件"CZ2.ddb"，然后在该数据库文件中建立一个项目文件夹"Amplified Modulator"，再在"Amplified Modulator"文件夹中建立一个默认文件名为"Sheet1.sch"的文件，将该文件改名为"Amplifier.sch"。

（2）用设计电路原理图的方法绘制出"Amplifier.sch"文件的电路图。

再用同样的方法设计出"Modulator.sch"子电路原理图。

2. 设计主电路

（1）建立主电路文件。在数据库文件"CZ2.ddb"的"Amplified Modulator"文件夹中建立一个文件名为"Amplified Modulator.prj"。

（2）打开"Amplified Modulator.prj"文件。执行菜单命令【Design】/【Create Symbol From Sheet】，出现如图 3-90（a）所示的对话框。从中选择需要在主电路中转换成方块的电路，再单击【OK】按钮，弹出一个对话框，如图 3-90（b）所示，询问是否改变生成主电路中方块端口的方向，这里选择【Yes】，鼠标旁出现十字形光标，并且旁边跟随一个方块。

（3）在图纸上合适的位置单击，方块便被放置到图纸上，并带有子电路中所有的端口，如图 3-91 所示。

(4) 用同样的方法在主电路上放置"Modulator. sch"子电路的方块图,将所有方块放置完后,在用导线和总线将各方块连接好。这样,一个由下向上的层次原理图就设计完了。

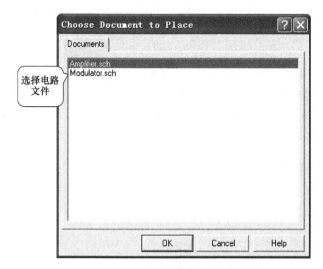
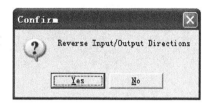

(a) 选择生成方块的电子电路　　　　　　　　(b) 询问对话框

图 3-90　由子电路生成主电路操作

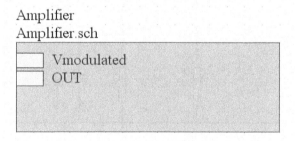

图 3-91　主电路上生成一个子电路方块

3.3　原理图报表文件

在原理图设计完成之后,应当生成一些必要的报表文件,以便更好地进行下一步的设计工作,例如生成 ERC 电气法则设计校验报告,对原理图正确性进行检查,生成元器件报表清单,以方便采购元器件和准备元器件封装,生成网络表文件,为 PCB 电路板设计作准备等。如果原理图设计更改了,则还应当输出元器件自动编号的报表文件。

3.3.1　电气法则测试(ERC)

电气法则测试就是通常所说的 ERC(Electrical Rules Check),在用 Protel 99 SE 生成网络表之前,设计者通常会进行电气法则测试。电气法则测试是利用电路设计软件对用户设计好的电路进行测试,以便检查人为的错误或疏忽,例如空的管脚、没有连接的网络标号、没有连接的电源以及重复的元器件编号等。执行测试后,程序会自动生成电路中可能存在的各种错误的报表,并且会在电路图中有错误的地方印上特殊的符号,以便提醒设计人员进行检查和修改。设计人员在执行电气法则之前还可以人为地在原理图中放置"No ERC"符号,以避开 ERC 测试。

1. 电气法则测试

下面以绘制完成的"单管放大电路.Sch"原理图为例,介绍电气法则测试的具体操作步骤。为了方便后面的叙述,这里特意在原理图设计中稍作修改,在进行 ERC 设计校验之前,首先人为制造两个错误:将电源的引脚悬空、电阻名重号,如图 3-92 所示。

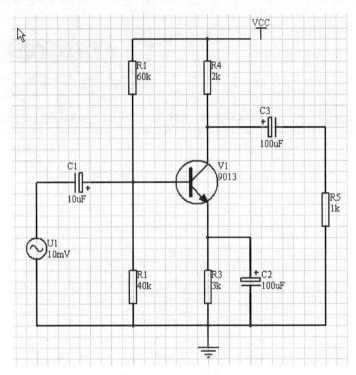

图 3-92　修改后的单管放大电路

（1）打开"单管放大电路.ddb"设计数据库文件,然后再打开"单管放大电路.Sch"原理图文件。

（2）在原理图编辑器中选取菜单命令【Tools】/【ERC...】,即可打开【Setup Electrical Rule Check】(设置电气法则测试)对话框,如图 3-93 所示。在该对话框中对电气法则测试的各项测试规则进行设置。

①【ERC Options】(电气法则测试选项)区域中各选项的具体意义如下。

• 【Multiple net names on net】(多网络名称):选中该选项,则检测同一网络连接是否具有多个网络名称。

• 【Unconnected net labels】(未连接的网络标号):选中该选项,则检测是否有未实际连接的网络标号。所谓未实际连接的网络标号是指实际上有网络标号"Labels"存在,但是该网络未接到其他引脚或"Part"上,而处于悬浮状态。

• 【Unconnected power objects】(未实际连接的电源图件):选中该选项,则检测是否有未连接任一电气对象的电源对象。

- 【Duplicate sheet numbers】(图纸编号重号):选中该选项,则检测项目中是否有页码相同的图纸。
- 【Duplicate component designators】(元器件编号重号):选中该选项,则检测项中将包含标号相同的元件。
- 【Bus label format errors】(总线标号格式错误):选中该选项,则检测总线标号是否非法。
- 【Floating input pins】(输入引脚悬浮):选中该选项,则检测输入引脚悬空。所谓引脚悬空是指未连接。
- 【Suppress warnings】(忽略警告):选中该选项,则检测项将忽略所有的警告性检测项,不会显示具有警告性错误的测试报告。

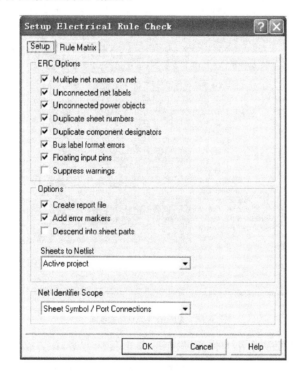

图 3-93　ERC 设置对话框

在电气法则测试中,Protel 99 SE 将所有出现的问题归为两类:一是"Error"(错误),例如输入与输入相连接,这属于比较严重的错误;二是"Warning"(警告),例如引脚浮接,这属于不严重的错误。选中【Suppress warnings】选项后,警告性错误将被忽略并且不作显示。

② 【Options】(选项)区域中各选项的具体意义如下。

【Create report file】(创建测试报告):选中该选项,则在执行完 ERC 测试后系统会自动列出 ERC 信息并产生错误报告,将结果保存到报告文件"＊.ERC"中,该报告的文件名与原理图的文件名相同。

【Add error markers】(放置错误符号):选中该选项,则在测试后系统会自动在错误位置放置错误的符号。

【Descend into sheet parts】（分解到每个原理图）：选中该选项，进行 ERC 时进入电路原理图元件内部检查，这主要是针对层次原理图而言的。

【Sheets to Netlist】（原理图设计文件范围）：设置检查范围。

【Net Identifier Scope】（网络识别器范围）：设置网络标号的工作范围。

（3）单击如图 3-93 中所示的【Rule Matrix】选项，打开电气法则测试选项阵列设置对话框，如图 3-94 所示。

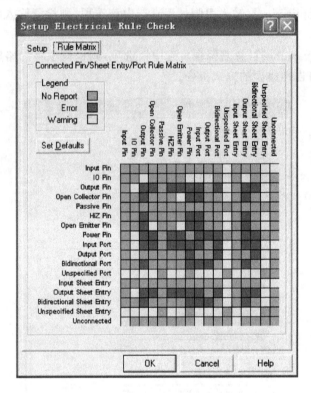

图 3-94　【Rule Matrix】选项卡

该对话框阵列中的每一个小方格都是按钮，单击目标方格，该方格就会被切换成其他设置模式并且改变颜色。对话框左上角【Legend】区域中的选项说明了各种颜色所代表的意义。

• 【No Report】（不测试）：绿色，表示对该项不作测试。

• 【Error】（错误）：红色，表示发生这种情况时，以"Error"为测试报告列表的前导字符串。

• 【Warning】（警告）：黄色，表示发生这种情况时，以"Warning"为测试报告列表的前导字符串。

在图 3-94 中有一个正方形区域，称为电气规则矩阵。矩阵中以彩色方块表示检查结果，绿色方块表示这种连接方式不会产生错误或警告信息（如某一个输入引脚与另一个输出引脚相连接），黄色方块表示这种连接会产生警告信息（如输入引脚未连接），红色方块表示这种连接方式会产生错误信息（如两个输出引脚相连接）。

这里的错误是指电路中有严重违反电路原理的连线情况，例如电源 VCC 与接地 GND 相连；而警告是指某些轻度违反电路原理的连线情况，因为系统无法确定它们是否真正有错误，所以用警告表示。

彩色方块矩阵是以交叉接触的形式读入的,例如要查看输入引脚与输出引脚的检查条件,观察矩阵左边的"Input Pin"这一行和矩阵上方的"Output Pin"这一列之间的交叉点即可,交叉点的彩色方块表示检查结果。

交叉点的检查条件可以修改,在矩阵中的方块上单击可在绿、黄、红3种颜色中切换。

如果想要恢复系统报表的缺省设置,可单击【Set Defaults】按钮。

（4）在该对话框中设置对本例中的原理图进行同一网络连接多个网络名称检测、未连接的网络标号检测、未连接的电源检测、电路编号重号检测、元器件编号检测、总线网络标号格式错误检测以及输入引脚虚接检测等,单击【OK】按钮确认,系统将会按照设置的规则开始对原理图设计进行电气法则测试,测试完毕后将自动进入 Protel 99 SE 的文本编辑器中并生成相应的测试报表,结果如图 3-95 所示。

图 3-95　执行电气法则测试后的结果

（5）此时系统会在被测试的原理图设计中发生错误的位置放置红色符号,以便于设计者进行修改,结果如图 3-96 所示。

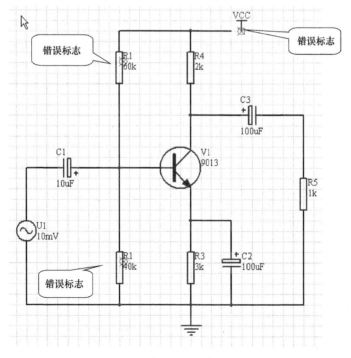

图 3-96　放置错误或警告符号

2. 使用 No ERC

如果测试报告中的警告不是由于原理图设计和绘制中产生实质性错误而造成的,那设计者可以在测试规则设置中忽略有的警告性测试项,或在原理图设计上出现警告符号的位置放置 No ERC 符号,这样可以避开 ERC 测试。使用 No ERC 符号的步骤如下。

(1) 单击放置工具栏中的 ✗ 按钮,或者选取菜单命令【Place】/【Directives】/【No ERC】,此时十字光标上将会带着一个 No ERC 符号出现在工作区中,如图 3-97(a)所示。

(2) 如将 No ERC 符号依次放置到警告曾经出现的位置上,然后单击鼠标右键,即可退出命令状态。放置好 No ERC 符号并修改电阻名称后的原理图如图 3-97(b)所示。

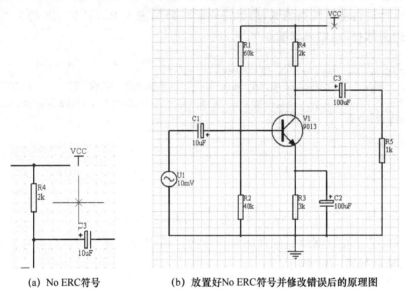

(a) No ERC符号   (b) 放置好No ERC符号并修改错误后的原理图

图 3-97　放置 No ERC 符号

(3) 再次对该原理图执行电气法则测试,这次所有的警告都没有出现,测试报告如图 3-98所示。

图 3-98　放置 No ERC 符号后的电气法则测试报告

在放置 No ERC 符号之前,应当先将上次测试产生的原理图警告符号删除。

3.3.2 创建网络表

在 Protel 99 SE 中,网络表文件是连接原理图设计和 PCB 设计的桥梁和纽带,是 PCB 自动布线的根据。在根据电路原理图生成的各种报表中,网络表是最重要的一个报表。

1. 网络表的作用

网络表是根据电路原理图生成的,它将电路原理图中各个元件及元件之间的连接关系以文字的形式说明出来。网络表的主要作用如下。

(1) 根据网络表,系统可形成相应的印制板电路,并能自动布局和布线。

(2) 将电路原理图生成的网络表与印制板电路形成的网络表进行比较,可以检查电路原理图和印制板电路是否一致。

(3) 根据网络表,电路仿真程序可对电路进行仿真。

2. 创建网络表

这里以生成电路原理图文件"单管放大电路.Sch"的网络表为例,说明生成网络表的操作过程。

网络表生成的操作过程如下。

(1) 打开电路原理图文件"单管放大电路.Sch"。

(2) 执行菜单命令【Design】/【Create Netlist】,弹出如图 3-99 所示对话框。该对话框包括【Preferences】和【Trace Options】两个选项卡,其内容分别如图 3-99 和图 3-100 所示。

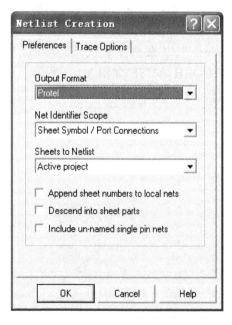

图 3-99 【Preferences】选项卡

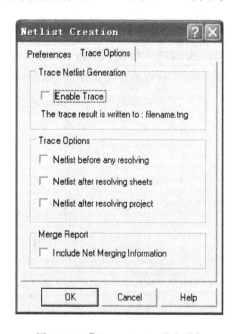

图 3-100 【Trace Options】选项卡

其中【Preferences】选项卡各项具体意义如下。

① 【Output Format】选项用来设置生成网络表的格式,其中有多种格式,这里选择"Protel"。

②【Net Identifier Scope】选项用来设置层次电路图网络标识符作用范围,只对层次电路有效,有 3 种选择。

- Sheet Symbol…\：子电路的端口与主电路内相应方块电路中的同名端口是相互连接的。
- Only Ports Global：端口在整个层次电路中有效。
- Net Labels…\：网络标号与端口在整个层次电路中有效。

③【Sheets to Netlist】选项用来设置生成网络表的电路范围,有以下 3 项。

- Active sheet：只产生当前打开电路的网络表。
- Active project：产生当前打开电路所在项目中所有电路的网络表。
- Active sheet plus sub sheets：产生当前电路及子电路的网络表。

④【Append sheet numbers to local nets】：选中该选项生成网络表时,自动将电路原理图编号附加到网络名称上。

⑤【Descend into sheet parts】：选中该选项,处理电路图式电路元件。

⑥【Include un-named single pin nets】：选中该选项,确定对电路中没有命名的单个元件是否转换成网络表。

【Trace Options】选项卡各项具体意义如下。

①【Enable Trace】：选中该选项,将产生网络表的过程记录下来,并存入"＊.tng"跟踪文件中。

②【Netlist before any resolving】：选中该选项,在分解电路之前就产生网络表。

③【Netlist after resolving sheets】：选中该选项,在分解电路后才产生网络表。

④【Netlist after resolving project】：选中该选项,在分解整个项目后才产生网络表。

⑤【Include Net Merging Information】：选中该选项,将合并网络的数据也加入跟踪文件中。

(3) 本例只将【Output Format】选项设置为"Protel",其余选择默认,设置好后单击【OK】按钮,系统就会生成网络表"单管放大电路.NET"并自动打开,如图 3-101 所示。

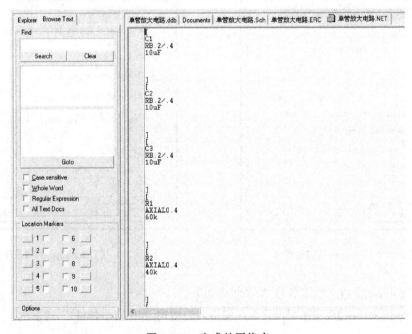

图 3-101　生成的网络表

详细的网络表文件如下：

〔
C1
RB.2/.4
10uF
〕

〔
C2
RB.2/.4
10uF
〕

〔
C3
RB.2/.4
10uF
〕

〔
R1
AXIAL0.4
60k
〕

〔
R2
AXIAL0.4
40k
〕

〔
R3
AXIAL0.4
3k
〕

〔
R4

AXIAL0.4

2k

]

[

R5

AXIAL0.4

1k

]

[

U1

SIP2

10mV

]

[

V1

TO-5

9013

]

(

GND

C2-2

R2-1

R3-1

R5-2

U1-2

)

(

NetC1_1

C1-1

R1-2

R2-2

V1-1

)

(

NetC3_2

C3-2

R5-1

)

(

NetR3_2

C2-1

R3-2

V1-3

)

(

NetR4_1

C3-1

R4-1

V1-2

)

(

NetU1_1

C1-2

U1-1

)

(

VCC

R1-1

R4-2

)

3．网络表的格式说明

从图 3-101 所示的网络表中可以看出，网络表文件的内容主要有两种形式：一种是元件描述，另一种是网络连接描述。

（1）元件描述

网络表中的元件描述一般采用下面的格式：

[　　　　　　　　开始声明元件

R1　　　　　　　元件标号

AXIAL0.4　　　　元件封装形式

60k　　　　　　　元件注释

]　　　　　　　　元件声明结束

上面的元件描述的内容是：电阻 R1 采用 AXIAL0.4 封装形式，标注为 60k（这里指阻值为 60k）。电路原理图中的所有元件形式都必须有声明。

（2）网络连接描述

网络表中的网络连接描述采用下面的格式：

（　　　　　　　　开始声明网络连接

NetC1_1	网络名称(C1 的 1 脚)
C1-1	与网络连接的第一个元件标号及引脚号(C1 的 1 脚)
R1-2	与网络连接的第二个元件标号及引脚号(R1 的 2 脚)
R2-2	与网络连接的第三个元件标号及引脚号(R2 的 2 脚)
V1-1	与网络连接的第四个元件标号及引脚号(V1 的 1 脚)
)	网络连接声明结束

上面的网络连接描述的内容是:电容 C1 的 1 脚与 R1 的 2 脚、R2 的 2 脚、V1 的 1 脚同时连接。

3.3.3 创建元器件报表清单

当原理图设计完成之后,接下来就要进行元器件的采购,只有元器件完全采购到位后,才能开始进行 PCB 电路板的设计。采购元器件时必须要有一个元器件清单,对于比较大的设计项目来说,其元器件种类很多、数目庞大,同一类元器件的封装形式可能还会有所不同,单靠人工很难将设计项目所要用到的元器件信息统计准确。不过,利用 Protel 99 SE 提供的工具就可以轻松地完成这一工作。

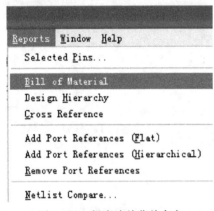

图 3-102 报表清单菜单命令

这里以生成电路原理图"单管放大电路.Sch"的清单表为例,来说明如何生成元件清单表。

元器件清单表的生成操作过程如下。

(1)打开"单管放大电路.Sch"原理图设计文件。

(2)选取菜单命令【Reports】/【Bill of Material】(元器件报表清单),如图 3-102 所示。

(3)执行该命令后,打开【BOM Wizard】(元器件报表清单)对话框,如图 3-103 所示。

选中【Sheet】单选框,为当前打开的原理图设计文件生成元器件报表清单。

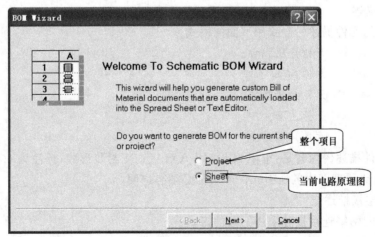

图 3-103 设置产生元件列表的范围

（4）单击【Next】按钮打开如图 3-104 所示的对话框,选中复选框中的【Footprint】和【Description】选项。在该对话框中,无论设计者选中什么选项,元器件的类型【Part Type】和元器件的序号【Designator】都会被包括在元器件报表清单中。

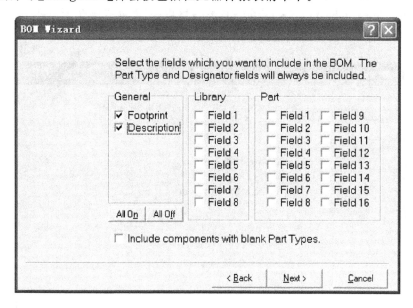

图 3-104　设置报表内容

（5）设置完元器件报表中的内容后单击【Next】按钮,打开如图 3-105 所示的对话框,在该对话框中定义元器件报表中各列的名称。

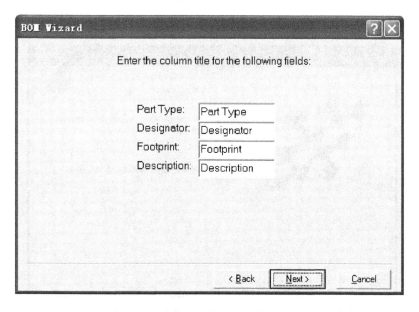

图 3-105　定义报表各列的名称

（6）设置完成后,单击【Next】按钮,打开如图 3-106 所示的对话框。在该对话框中可以选择元器件报表文件的存储类型。

在该对话框中,Protel 99 SE 提供了 3 种元器件报表文件的存储格式:

- 【Protel Format】:Protel 格式,文件后缀名为".bom";
- 【CSV Format】:电子表格可调用格式,文件后缀名为".csv";
- 【Client Spreadsheet】:Protel 99 SE 的表格格式,文件后缀名为".xls"。

将复选框中的 3 种类型选项全部选中,如图 3-106 所示。

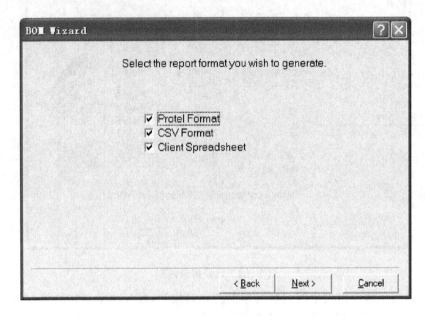

图 3-106　选择报表存储类型

(7) 选择完文件类型后,单击【Next】按钮,打开如图 3-107 所示的对话框。

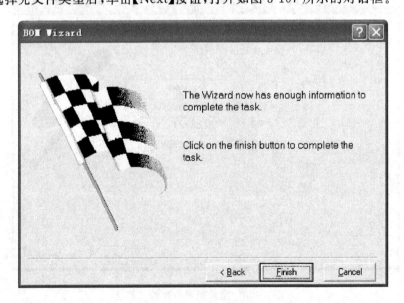

图 3-107　单击【Finish】结束

(8) 单击【Finish】按钮,系统将会自动生成 3 种类型的元器件报表文件,并自动进入表格编辑器。3 种元器件报表文件分别如图 3-108、图 3-109 和图 3-110 所示。它们的文件名与原理图设计文件名相同,后缀名分别为".bom"、".csv"、".xls"。

```
单管放大电路.ddb | Documents | 单管放大电路.Sch | 📄 单管放大电路.Bom | 单管放大电路.CSV | 单管放
──────────────────────────────────────────────────────────────────
Bill of Material for 单管放大电路.Bom

Used Part Type      Designator Footprint   Description
==== =============  ========== =========   ========================
1    1k             R5         AXIAL0.4
1    2k             R4         AXIAL0.4
1    3k             R3         AXIAL0.4
1    10mV           U1         SIP2
1    10uF           C1         RB.2/.4     Electrolytic Capacitor
1    40k            R2         AXIAL0.4
1    60k            R1      ⌶   AXIAL0.4
2    100uF          C2 C3      RB.2/.4     Electrolytic Capacitor
1    9013           V1         TO-5        NPN Transistor
```

图 3-108　Protel 格式的元器件报表

```
单管放大电路.ddb | Documents | 单管放大电路.Sch | 单管放大电路.Bom | 📄 单管放大电路.CSV
──────────────────────────────────────────────────────────────────
"Part Type","Designator","Footprint","Description"
"1k","R5","AXIAL0.4",""
"2k","R4","AXIAL0.4",""
"3k","R3","AXIAL0.4",""
"10mV","U1","SIP2",""
"10uF","C1","RB.2/.4","Electrolytic Capacitor"
"40k","R2","AXIAL0.4",""
"60k","R1","AXIAL0.4",""
"100uF","C3","RB.2/.4","Electrolytic Capacitor"
"100uF","C2","RB.2/.4","Electrolytic Capacitor"
"9013","V1","TO-5","NPN Transistor"
```

图 3-109　电子表格可调用格式元器件报表

单管放大电路.ddb | Documents | 单管放大电路.Sch | 单管放大电路.Bom | 单管放大电路.CSV

A1		Part Type				
	A	**B**	**C**	**D**	**E**	**F**
1	Part Type	Designator	Footprint	Description		
2	1k	R5	AXIAL0.4			
3	2k	R4	AXIAL0.4			
4	3k	R3	AXIAL0.4			
5	10mV	U1	SIP2			
6	10uF	C1	RB.2/.4	Electrolytic Capacitor		
7	40k	R2	AXIAL0.4			
8	60k	R1	AXIAL0.4			
9	100uF	C3	RB.2/.4	Electrolytic Capacitor		
10	100uF	C2	RB.2/.4	Electrolytic Capacitor		
11	9013	V1	TO-5	NPN Transistor		

图 3-110　Protel 99 SE 表格格式元器件报表

（9）选取菜单命令【File】/【Save All】，将生成的元器件报表文件全部保存。

3.3.4 生成元器件自动编号报表文件

当原理图设计完成后，由于设计的原因对原理图进行修改，结果会将电路中的某些冗余功能删除，同时相应的元器件也会被删除，从而导致电路图中元器件的编号不连续，当出现这种情况时，通常需要对原理图设计进行重新编号。

利用系统提供的元器件自动编号功能对整个原理图设计中的元器件进行重新编号，既省时，又省力，尤其适用于元器件数目众多的电路设计。在对原理图设计文件进行自动编号的同时，系统将会生成元器件自动编号报表文件。下面继续用"单管放大电路. Sch"来介绍元器件自动编号报表文件的生成。

（1）打开"单管放大电路. Sch"原理图设计文件。

（2）选取菜单命令【Tool】/【Annotate Options】，打开元器件自动编号设置对话框，如图3-111 所示。

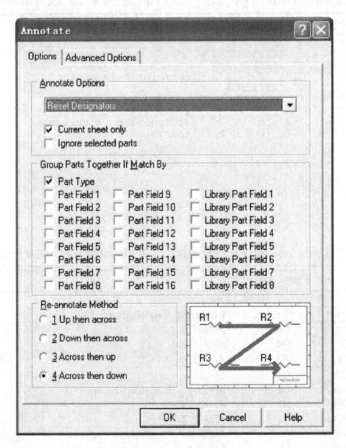

图 3-111　自动编号设置

（3）单击【Annotate Options】区域中文本框后的 ▼ 按钮，选择【Reset Designators】选项，复位原理图设计中所有元器件的编号，系统将会把原理图设计中的所有元器件的编号复位为"＊?"，如图 3-112 所示。

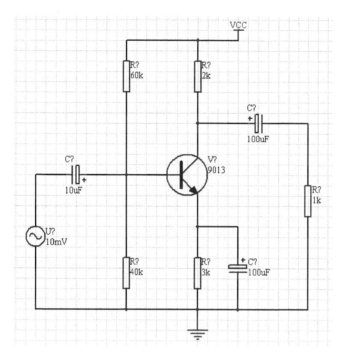

图 3-112　复位元器件编号

（4）再次选取菜单命令【Tool】/【Annotate...】，打开元器件自动编号设置对话框，单击【Annotate Options】区域中文本框后的 ▼ 按钮，选择【? Parts】选项，结果如图 3-113 所示。

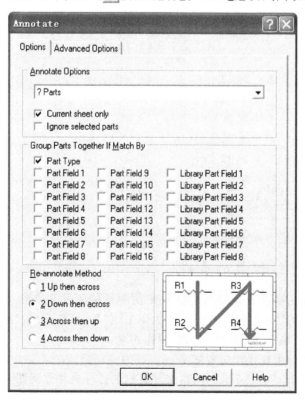

图 3-113　元器件自动编号选项

（5）单击【OK】按钮执行元器件自动编号操作，结果如图 3-114 所示，同时，系统将会自动生成如下所示的元器件自动编号后的变更报告。

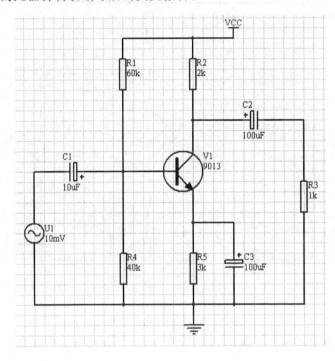

图 3-114　元器件自动编号

Protel Advanced Schematic Annotation Report for"单管放大电路.Sch"，21：38：15
19-Feb-2008

C?	＝＞ C1
C?	＝＞ C2
C?	＝＞ C3
U?	＝＞ U1
R?	＝＞ R1
R?	＝＞ R2
V?	＝＞ V1
R?	＝＞ R3
R?	＝＞ R4
R?	＝＞ R5

3.3.5　层次项目组织表的生成

层次项目组织表主要用于说明指定文件中所包括的各种文件名及它们之间的层次关系。层次项目组织表的扩展名是".rep"。下面以生成"Amplified Modulator"项目文件的层次项目组织表为例，来说明如何生成层次项目组织表。

层次项目组织表的生成操作过程如下。

（1）打开"Amplified Modulator"项目文件夹中的任一电路原理图文件，如打开"Amplified Modulator.prj"文件。

（2）执行菜单命令【Reports】/【Design Hierarchy】，系统开始自动生成层次项目组织表，生成的层次项目组织表如图 3-115 所示。从图中可以看出，该表列出了项目文件存放的路径、项目中各个文件的名称及各文件互相间的层次关系。

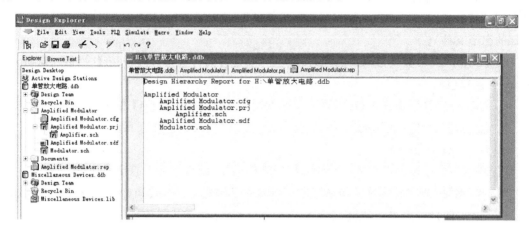

图 3-115　生成的层次项目组织表

3.3.6　电路原理图的打印输出

设计出的电路原理图不仅要在计算机上显示，往往还需要用打印机输出。在打印电路原理图时要对打印机进行各种设置，其操作过程如下。

（1）打开要打印的电路原理图文件，然后执行菜单命令【File】/【Setup Printer】，弹出【Schematic Printer Setup】（电路原理图打印设置）对话框，如图 3-116 所示。该对话框中有关设置说明如下。

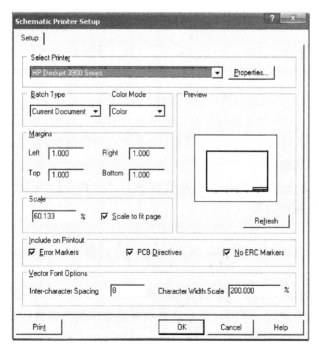

图 3-116　打印设置对话框

①【Select Printer】(选择打印机)。当 Windows 操作系统中安装了多台打印机时,可以在该下拉列表中选择打印机的类型及输出接口。

②【Batch Type】(选择输出的目标图形文件)。在下拉列表中有两种目标图形文件可供选择,即【Current Document】(当前正在编辑的图形文件)和【All Document】(整个项目中全部的图形文件)。

③【Color Mode】(设置输出颜色)。颜色的设置有两种选择,即【Color】(彩色)和【Monochrome】(单色)。

④【Margins】(设置页边距)。页边距的设置包括【Left】、【Right】、【Top】和【Bottom】。

⑤【Scale】(设置缩放比例)。缩放比例可以是 10%~500%的任意值。

⑥【Preview】(预览)。

⑦ 其他项目包括设置字体、分辨率、打印纸的类型、纸张方向及打印品质等。

单击【OK】按钮完成设置。如果想进一步设置打印机,可单击【Properties】按钮,弹出如图 3-117 所示的打印设置对话框。

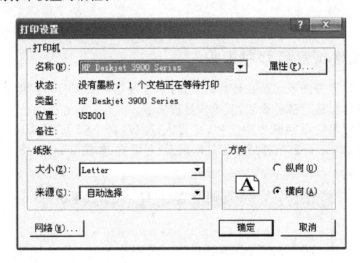

图 3-117 打印设置对话框

(2) 在如图 3-117 所示的打印设置对话框中进行有关设置后,单击【确定】按钮,返回到如图 3-116 所示电路原理图打印设置对话框,单击其中的【OK】按钮完成设置,就会按设置的要求开始打印电路原理图。

(3) 如果之前已经进行了打印设置,可直接执行菜单命令【File】/【Print】,打印机就会按以前的设置打印电路原理图。

3.4 实 训 辅 导

本节实训将系统介绍电路原理图的绘制步骤,同时为了提高原理图设计效率和质量,还将介绍原理图全局编辑功能。下面以指示灯显示电路原理图为例进行介绍。指示灯显示电路如图 3-118 所示。

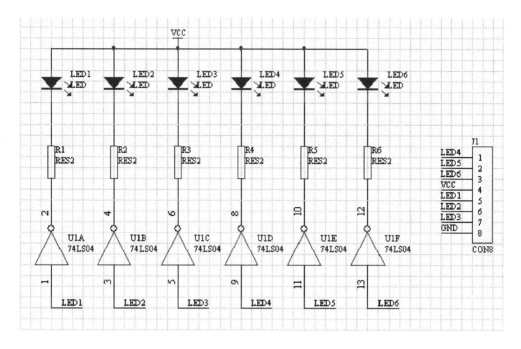

图 3-118 指示灯显示电路

实训 1 绘制指示灯显示电路

1. 实训目的

(1) 掌握 Protel 99 SE 原理图绘制基本方法。

(2) 学会完成图纸参数和栅格参数的设置以及载入元器件库。

2. 实训内容

(1) 新建原理图文件

首先创建一个设计数据库文件"ZS. ddb",并在该文件下的【Document】文件夹中新建一个原理图设计文件"ZS. Sch"。然后完成图纸参数和栅格参数的设置等准备工作。本例中图纸大小设置为 A4,将图纸的方向设定为水平方向。在图纸栅格中,首先选中相应的复选框,然后在其后面的文本框中输入所要设定的值即可,本例中将两项的值均设定为"10"。在电气栅格中,首先选中【Enable】前的复选框,然后在后面的文本框中输入 "8",其他项选择默认。

(2) 载入元器件库

将原理图编辑器管理窗口切换到浏览元器件符号管理窗口。单击【Add/Remove】按钮,打开载入元器件库对话框,在【查找范围】下方的元器件库列表中选择元器件库文件 "Miscellaneous Devices. ddb" 和 "Protel DOS Schematic Libraries. ddb",然后分别单击 【Add】按钮,将这两个库文件添加到【Selected Files】(选中的元器件库文件)栏中,单击 【OK】按钮结束添加库文件操作,结果如图 3-119 所示。

(3) 放置元器件

如果原理图设计中的元器件数目不是特别多,则可以在放置元器件时将元器件分类,一次放置同一类元器件,其序号会自动递增。当原理图设计比较复杂时,放置元器件的原则是先放置核心元器件,再放置与核心元器件相关的外围元器件。通常在放置元器件的同时修改元器件的属性。本例电路比较简单,因此对元器件进行分类放置,操作过程如下。

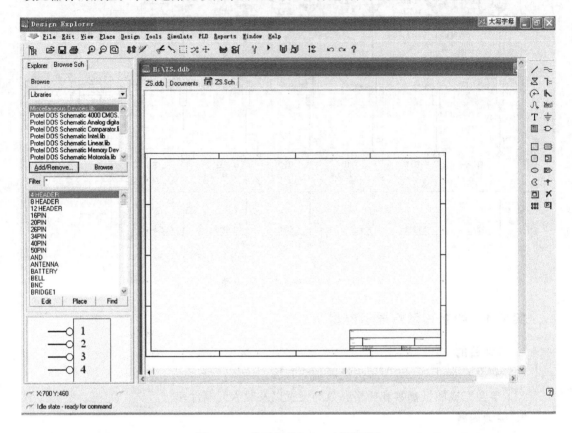

图 3-119　设置好的"ZS.Sch"原理图

① 放置电阻。执行菜单【Place】/【Part】,屏幕弹出放置元件对话框,在对话框中:

- 【Lib Ref】框中输入元件名称 "RES2";
- 【Designator】框中输入元件标号 "R1";
- 【Part Type】栏中输入元件标称值 "RES2";
- 【Footprint】框输入元件封装 "AXIAL0.4"。

内容输入完毕,单击【OK】按钮确认,此时电阻便出现在光标处,在适当的位置单击鼠标左键,即可在当前位置放置电阻 R1,此时系统仍处于放置电阻的命令状态,连续单击鼠标左键即可放置好其他电阻。

② 放置二极管指示灯。单击放置工具栏中的 ⊃ 按钮,进入放置元件符号的状态,此时屏幕弹放置元件对话框,在对话框中:

- 【Lib Ref】框中输入元件名称 "LED";
- 【Designator】框中输入元件标号 "D1";
- 【Part Type】栏中输入标称值或元件型号,本例为"LED";
- 【Footprint】框输入设置元件的封装形式,本例为"LEDQ"。

内容输入完毕，单击【OK】按钮确认，可放置好 D1。用同样的方法可放置好 D2～D6。

③ 放置集成电路芯片 74LS04。在工作窗口的图纸上右击，弹出快捷菜单，选择其中的【Place Part】命令，出现【Place Part】对话框。在对话框中输入集成元件的序号为"U1"，注释文字为"74LS04"，元器件封装为"DIP-14"。单击【OK】按钮确认，连续单击鼠标左键即可放置好 U1A、U1B、U1C、U1D、U1E、U1F。

④ 放置接插件。在元器件管理器中选中"Miscellaneous Devices. lib"，该元器件库中的元件将出现在浏览器下方的元件列表中，双击元件名称"CON-8"或单击"CON-8"后按【Place】按钮，将光标移到工作区中，此时接插件以虚线框的形式粘在光标上，按键盘上的【Tab】键，弹出元件属性对话框，在对话框中：

- 【Lib Ref】框中输入元件名称"CON-8"；
- 【Footprint】框输入元件封装"SIP-8"；
- 【Designator】框中输入元件标号"J1"；
- 【Part Type】栏中输入元件标称值"CON-8"。

内容输入完毕，单击【OK】按钮确认，可放置好接插件 J1。

（4）按照上述分类放置好所有元器件后，按图 3-118 所示调整好元器件的位置。元器件的放置应当以保证原理图美观和方便布线为原则。调整元器件位置后的结果如图 3-120 所示。

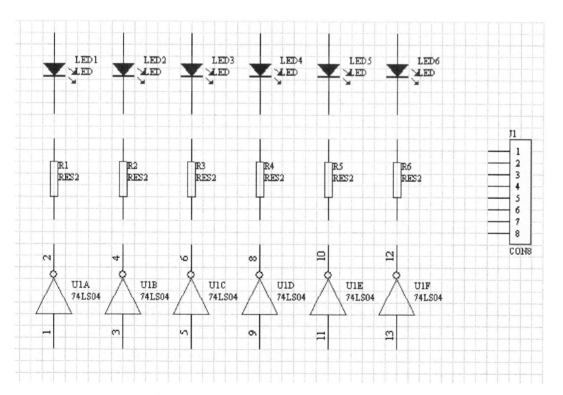

图 3-120　调整元器件位置后的结果

(5)布线。根据电气连接要求,采用画导线布线、放置网络标号的方法对已调整好的元器件进行布线。为了保证原理图的美观,接插件与元器件 74LS04 的信号连接采用放置网络标号的方法进行布线,布线结果如图 3-121 所示。

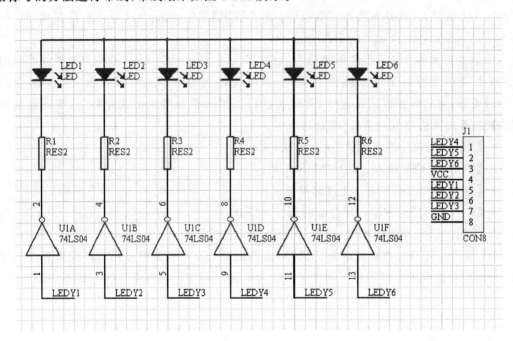

图 3-121　布线后的原理图

(6)放置电源和接地符号,结果如图 3-118 所示。

这样,电路图就基本绘制完了,读者可以根据自己的习惯,从整体角度对电路图进行修改,并根据需要添加注释。

实训 2　修改线路节点大小

1.实训目的
(1)掌握数据库设计文件全局编辑功能。
(2)学会利用全局编辑功能修改线路节点(Junction)的大小。

2.实训内容
在原理图编辑器中不仅可以对单个图件进行编辑,而且还可以同时对当前文档或整个数据库设计文件中具有相同属性的图件进行编辑。

还以指示灯显示电路为例,学习如何利用全局编辑功能修改线路节点(Junction)的大小。

(1)将鼠标光标移动到线路节点上,然后双击鼠标左键,系统将会弹出选择图件快捷菜单,如图 3-122 所示。

(2)在选择图件快捷菜单中选择【Junction】选项,打开修改线路节点属性对话框,如图 3-123 所示。

在该对话框中,单击【Size】选项中的 ▼ 按钮,系统提供了 4 种型号的线路节点供设计者选择,如图 3-124 所示。本例选择"Small"型号的线路节点。

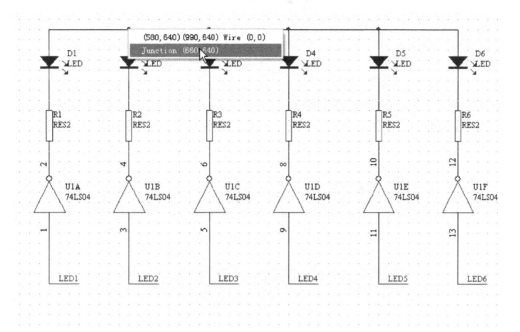

图 3-122 选择图件快捷菜单

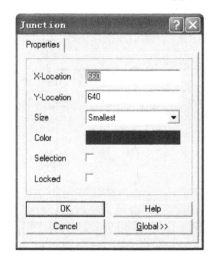

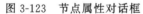

图 3-123 节点属性对话框

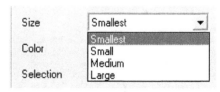

图 3-124 线路节点的型号

(3) 单击【Global】按钮,打开全局编辑功能选项设置对话框,如图 3-125 所示。本例要对原理图设计中的所有线路节点大小进行编辑,因此选中【Copy Attributes】区域中的【Size】复选框即可。

(4) 设置好后单击【OK】按钮,系统会弹出如图 3-126 所示的确认对话框。

(5) 在确认修改线路节点大小对话框中单击【Yes】按钮,继续本次修改线路节点的操作,系统会自动将原理图设计中线路节点的大小修改为"Small",结果如图 3-127 所示。

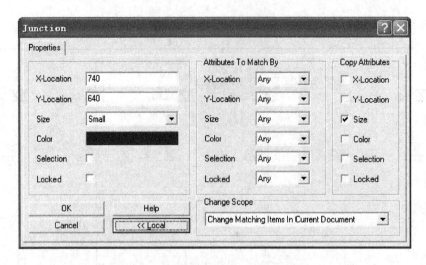

图 3-125　全局编辑功能选项设置对话框

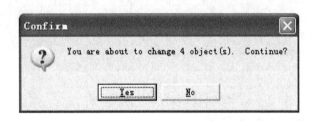

图 3-126　确认修改线路节点

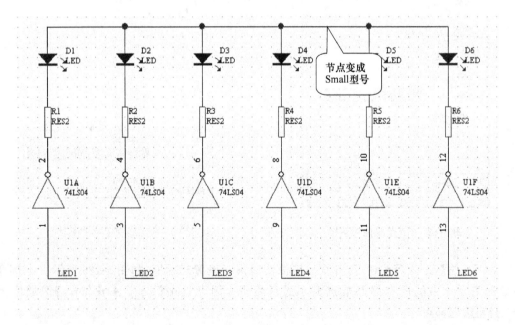

图 3-127　修改线路节点大小的结果

读者还可利用全局编辑功能对节点的颜色进行统一设置,这里不再详细叙述。

实训 3 修改网络标号

1. 实训目的

(1) 进一步掌握数据库设计文件全局编辑功能。

(2) 学会利用全局编辑功能修改网络标号。

2. 实训内容

为了巩固全局编辑功能的应用,下面利用全局编辑功能将"ZS.Sch"电路中的"LED＊"(＊代表 1～6)修改为"LEDY＊",修改步骤如下。

(1) 将鼠标光标移动到任一个名称为"LED ＊"的网络标号上,然后双击鼠标左键,即可打开修改网络标号属性对话框,如图 3-128 所示。

(2) 单击【Global】按钮,打开全局编辑功能选项设置对话框,如图 3-129 所示。在该对话框中可以通过【Attributes To Match By】区域配置需要修改的网络标号的共性:本例在【Wild card】文本框中将网络标号的共同属性配置为"LED ＊";在【Copy Attributes】区域中可以设置网络标号的改动,本例将改动设置为"LED = LEDY"。设置完成后的结果如图 3-130 所示。

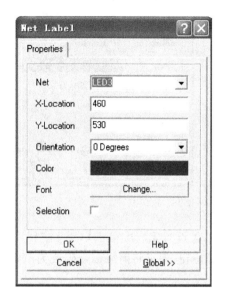

图 3-128 网络标号属性对话框

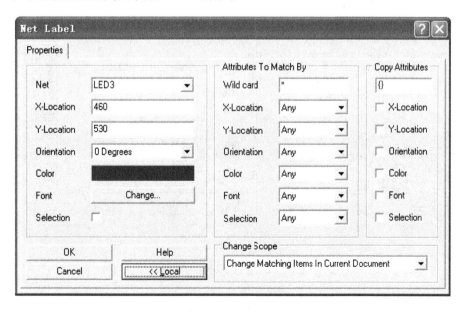

图 3-129 全局编辑功能选项设置对话框

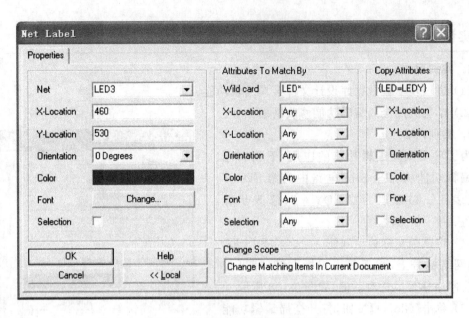

图 3-130　设置全局编辑功能选项

（3）设置完成后单击【OK】按钮，系统将会弹出确认修改网络标号的对话框。单击【Yes】按钮，即可将网络标号修改为"LEDY＊"，结果如图 3-131 所示。

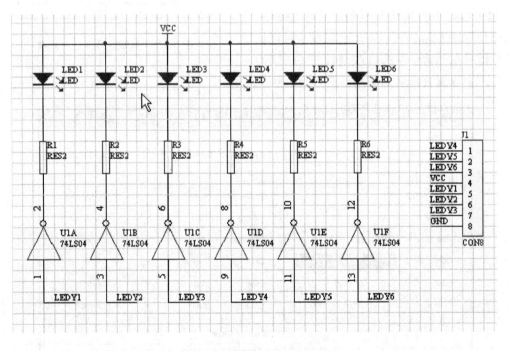

图 3-131　修改标号后的电路

本 章 小 结

本章以"单管放大电路"为例，介绍了原理图设计的基本流程、元器件的放置操作及原理图的布线等内容。

1. 原理图设计的基本流程包括：建立原理图文件、设置工作环境、载入元器件库、放置元器件、布线和校验等。

2. 设置工作环境参数包括对图纸外观、栅格参数等进行设置，以提高工作效率。

3. 载入元器件库：元器件库是存储元器件符号的文件，只有载入了元器件库之后，设计者才能在原理图管理器中找到需要放置的元器件。

4. 放置元器件：介绍了如何放置元器件以及元器件的删除、复制、移动、旋转等操作。

5. 原理图布线：介绍了绘制导线、总线、放置网络标号、放置电路端口等。

6. 层次原理图设计：介绍层次原理图的基本概念、建立层次原理图的步骤和方法以及不同层次之间实现电路文件的切换等。

7. ERC 设计校验：通过系统提供的电气法则测试功能可以查出原理图设计中的错误，并且凭借系统提供的错误信息可以快速查找与修改。

8. 创建网络表文件：介绍了网络表文件的生成方法，为设计 PCB 电路板文件作好准备。

思考与上机练习题

1. 简述设计原理图的基本流程。

2. 可视栅格、捕捉栅格和电气栅格各有什么作用？试设定不同值，观看绘图效果。

3. 放置元器件的方法有哪几种？

4. 对本章例题中原理图进行自动编号。

5. 利用全局编辑功能隐藏"ZS.Sch"原理图设计中元器件的注释文字。

6. 上机绘制如图 3-132 所示的电路。

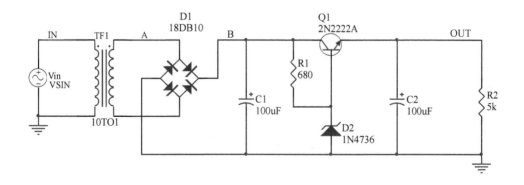

图 3-132　一种稳压源电路

7. 上机绘制如图 3-133 所示的电路。

8. 说明一般连线与总线的区别在哪里？

9. 什么叫层次原理图？说明层次原理图的设计步骤。

10. 了解 ERC 设计校验功能,并掌握基本操作。

11. 熟悉网络表文件的构成,它有什么用途?

12. 如何从原理图生成网络表文件?

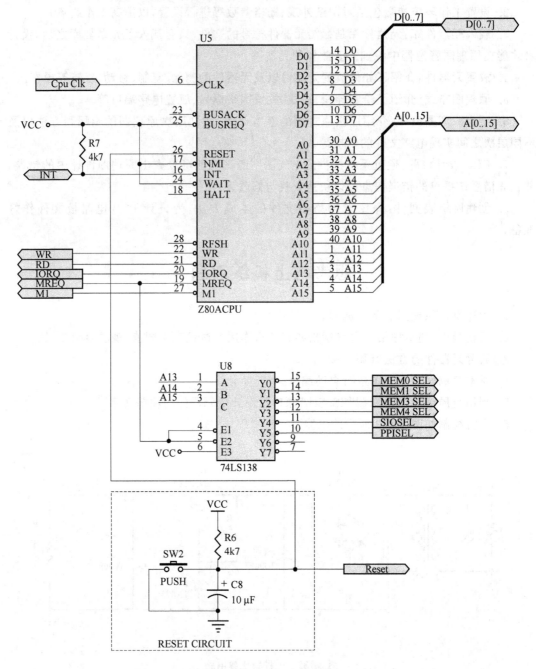

图 3-133 一种 CPU 电路

制作元器件符号

通过前面几章的学习,应该可以绘制一些简单的电路原理图了。在绘制原理图的过程中,会发现 Protel 99 SE 自带很多元器件库,在其中可以找到常用的元器件。但随着电子技术的飞速发展,一些新元器件不断出现,这些新元器件在 Protel 99 SE 自带的元器件库中无法找到,解决这个问题的方法就是利用 Protel 99 SE 的元器件库编辑器制作新元器件。

本章重点和难点

本章学习重点是介绍如何在元器件库编辑器中制作元器件符号,主要内容包括元器件库编辑器管理窗口的使用、绘图工具栏的使用和元器件符号的绘制。

本章学习难点是如何正确、快捷地绘制出一个有效的元器件符号。

4.1 元器件库编辑器概述

4.1.1 元器件库编辑器的启动

在制作元器件符号之前,应当首先创建一个元器件库文件,以便放置即将制作的元器件符号。

创建一个元器件库文件的步骤如下。

(1) 选取菜单命令【File】/【New】,打开新建设计数据库文件对话框,单击【Browse...】按钮将该设计数据库文件保存到指定的位置,并将该文件命名为"Yqjsch.ddb"。

(2) 在新生成的"Yqjsch.ddb"设计数据库文件下双击【Documents】图标,打开该文件夹。

(3) 选取菜单命令【File】/【New】,打开选择创建设计文件类型对话框。在该对话框中选择【Schematic Library Document】(创建元器件库文件)图标,如图 4-1 所示。

单击【OK】按钮,即可新建一个元器件库,默认的库文件名为"Schlib1.Lib",如图 4-2 所示。

(4) 将新生成的元器件库文件改名为"Yqjsch1.Lib",然后双击该文件即可打开,同时也启动了元器库编辑器,如图 4-3 所示。

在如图 4-3 的界面中,左边是元器件库浏览器,右边是工作窗口,浮动的绘图工具栏和 IEEE 工具栏可以在窗口中四处移动,也可以放置到画面中任何合适位置。这时的库文件浏览器中有一个名为"Component_1"的新元器件,右边工作窗口中央的十字线表示图的"Origin"(坐标原点)。这时的工作窗口可以用快捷键【Page Up】或连续单击主工具栏中的放大镜🔍按钮将窗口放大,直到工作窗口中可以显示清晰的网格为止。

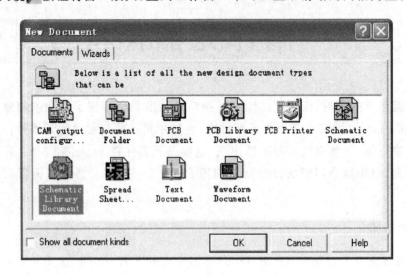

图 4-1 创建元器件库文件

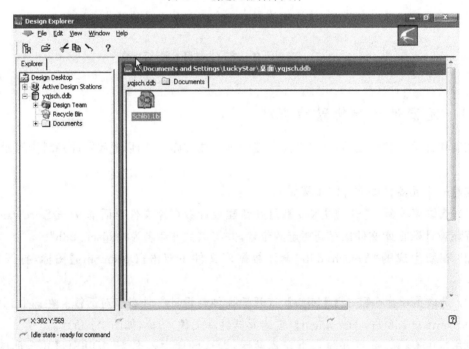

图 4-2 创建的新元器件库图标

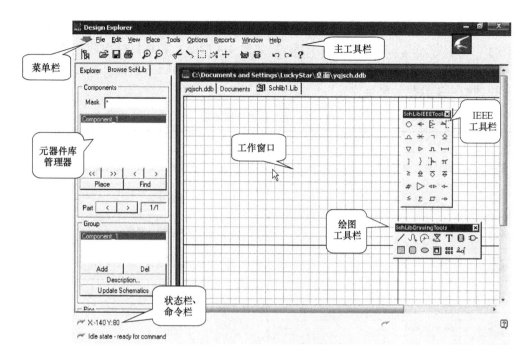

图 4-3 元器件库编辑器

4.1.2 元器件库编辑器介绍

在如图 4-3 所示的元器件库编辑器中,浏览器管理栏中有两个选项,单击【Browse SchLib】选项卡,打开元器件库管理器。从图中可以看出,元器件库管理器与电路原理图编辑器界面相似,主要由菜单栏、主工具栏、常用工具栏、元器件库管理器、工作窗口和状态栏、命令栏等组成。下面主要介绍菜单栏,主工具栏、浮动工具栏、元器件库管理器窗口。

1. 菜单栏

元器件库编辑器的菜单栏如图 4-3 所示,每个菜单下均有相应的子菜单,某些子菜单下还有子菜单,简单说明如下。

【File】包括新建、打开、保存、另存为等与文件操作有关的菜单命令。

【Edit】包括选择对象、剪切、复制、粘贴、移动、查找、对齐、撤销、重复等与文件编辑有关的菜单命令。

【View】包括放大或缩小显示、切换各工具栏显示与否、切换栅格点状态与电路或元器件显示有关的菜单命令。

【Place】包括放置各种绘图对象的菜单命令。

【Tools】包括新建、复制、移动、查找元器件等与元器件库操作有关的菜单命令。

【Options】包括一些与环境设置、编辑区设置有关的菜单命令。

【Reports】包括一些与生成元器件表、元器件库表、元器件规则检查表有关的菜单命令。

【Window】包括打开窗口的排列、切换当前工作窗口等与窗口操作有关的菜单命令。

【Help】提供帮助信息的菜单命令。

2. 主工具栏

主工具栏提供了与一般常用功能对应的图标按钮,如图 4-3 所示,功能如表 4-1 所示。

如果在主窗口中没有显示主工具栏,那是因为工具栏处于关闭状态,要打开它,可以执行菜单命令【View】/【Toolbars】/【Main Toolbar】,如图 4-4 所示。若将鼠标指针移到主工具栏中的任一按钮上,单击鼠标右键,则会弹出一个快捷菜单,如图 4-5 所示。执行快捷菜单命令,可以调整主工具栏的放置位置。

表 4-1　主工具栏按钮功能

按　钮	功　　能	按　钮	功　　能
	设计管理器开关		选取某区域所有对象
	打开文件		取消选取
	保存		移动所选对象
	打印		切换绘图工具栏显示
	放大显示		切换 IEEE 工具栏显示
	缩小显示		撤销
	剪切		重复
	粘贴		帮助

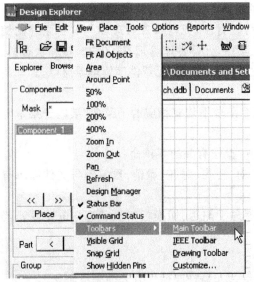

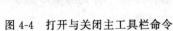

图 4-4　打开与关闭主工具栏命令

图 4-5　调整主工具栏位置的命令

3. 浮动工具栏

元器件库编辑器中的浮动工具栏主要有两个:绘图工具栏(SchLib Drawing Tools)和IEEE 工具栏(SchLib IEEE Tools)。

（1）绘图工具栏

绘图工具栏默认情况下处于打开状态，如果窗口中没有该工具栏，可单击主工具栏上的 按钮，或者执行菜单命令【View】/【Toolbars】/【Drawing Toolbar】将该工具栏打开，悬浮在工作窗口中。元器件绘图工具栏如图 4-3 所示，该工具栏中各个工具的功能说明如表 4-2 所示。

表 4-2　绘图工具栏功能

按　钮	功　　能	按　钮	功　　能
/	绘制直线	□	直角矩形工具
∿	绘制贝塞尔曲线	○	圆角矩形工具
◠	绘制椭圆弧线	○	椭圆工具
⬡	绘制多边形	▣	插入图片工具
T	插入文字	▦	阵列式粘贴工具
▯	新建元器件工具	⊸	引脚放置工具
⊱	添加复式元器件子件		

（2）IEEE 工具栏

IEEE 工具栏主要用于放置一些工程符号，打开或关闭 IEEE 工具栏可单击主工具栏中的 按钮，或执行菜单命令【View】/【Toolbars】/【IEEE Toolbar】。IEEE 工具栏如图 4-3 所示，该工具栏中各个工具的功能说明如表 4-3 所示。

表 4-3　IEEE 工具栏功能

按　钮	功　　能	按　钮	功　　能
○	放置低态符号	⊦	放置输出低电平有效信号
←	放置信号左向流动符号	π	放置 π 符号
▷	放置上升沿触发时钟脉冲符号	≥	放置 ≥ 符号
⊥	放置低电平触发符号	⊻	放置有上拉电阻的集电极开路符号
⊼	放置模拟信号输入符号	◇	放置发射极开路符号
⸭	放置无逻辑性连接符号	◇	放置有下拉电阻的发射极开路符号
⌐	放置延迟输出特性符号	#	放置数字输入信号符号
⊻	放置集电极开路符号	▷	放置反相器符号
▽	放置高阻态符号	◁▷	放置双向输入/输出符号
▷	放置大电流输出符号	⟵	放置左移符号
⊓	放置脉冲符号	≤	放置 ≤ 符号
⊢⊣	放置延迟符号	Σ	放置求和符号
]	放置多条输入和输出线的组合符号	⊐	放置具有施密特功能的符号
}	放置多位二进制符号	⟶	放置右移符号

4. 元器件库管理器窗口

单击设计管理器上方的【Browse SchLib】选项,将设计管理器切换到如图 4-6 所示的元器件库管理器。从图中可以看出,元器件库管理器有 4 个选项组:【Components】(元器件)选项组、【Group】(组)选项组、【Pins】(引脚)选项组和【Mode】(模式)选项组。各选项组功能如下。

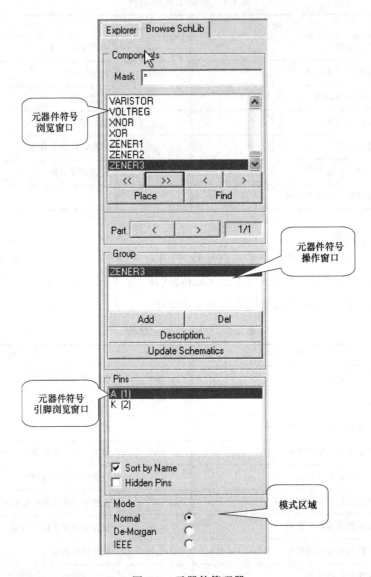

图 4-6　元器件管理器

(1)【Components】(元器件)选项组。其主要功能是查找、显示、选择和放置元器件。当设计人员打开一个元器件库时,该元器件库中的元器件名称会在元器件列表区显示出来。

① 浏览元器件符号

[<<]:单击该按钮可以直接回到元器件符号列表的顶端,此时编辑器工作窗口中将会显

示出该元器件符号,如图 4-7 所示。

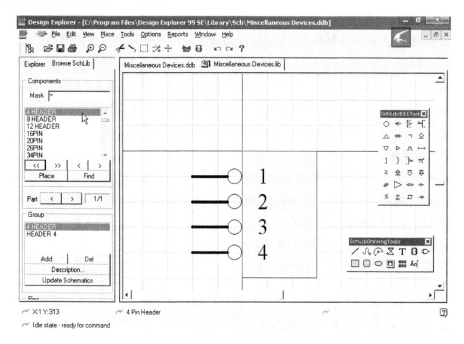

图 4-7　显示列表顶端的元器件符号

>> :单击该按钮可以直接回到元器件符号列表的底端,此时编辑器工作窗口中将会显示出该元器件符号,如图 4-8 所示。

< :单击该按钮可以在元器件符号列表中从下往上逐个浏览元器件符号。

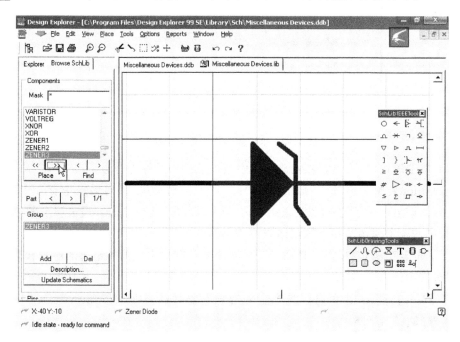

图 4-8　显示列表底端的元器件符号

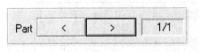：单击该按钮可以在元器件符号列表中从上往下逐个浏览元器件符号。

② 浏览元器件子件

当一个元器件的元器件符号有子件时，在元器件符号列表栏中只能浏览其中一个子件。如果要浏览所有的子件，则应当通过浏览子件来切换该元器件的子件，如图 4-9 所示。

图 4-9　浏览子件按钮

< ：浏览当前子件之前的那一个子件。

> ：浏览当前子件之后的那一个子件。

③ 放置元器件

【Place】：单击该按钮，即可将当前选中的元器件符号放置到原理图设计中。如果当前没有被激活的原理图设计文件，则系统将会在库文件所属设计数据库文件中新建并打开一个原理图设计文件，以放置该元器件。

【Find】：单击该按钮，即可打开查找元器件符号对话框，在元器件库编辑器中通过【Find】按钮查找元器件的方法与在原理图编辑器中的操作方法相同，这里不再赘述。

（2）【Group】（组）选项组。其主要功能是查找、显示、选择和放置元器件集。元器件集是指共用元器件符号的元器件，例如 74 ＊ ＊ 的元器件集有 74LS ＊ ＊ 、74F ＊ ＊ 等，它们都是非门，引脚名称与编号都相同，可以共用元器件符号。

单击【Add】按钮，出现如图 4-10 所示的对话框，在其中输入要加入元器件组的元器件名称，再单击【OK】按钮就可以将该元器件加入元器件组中。

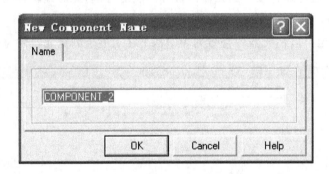

图 4-10　添加元器件名称对话框

【Del】：单击该按钮，可以删除元器件库中当前选中的元器件符号。

【Description】：单击该按钮，弹出如图 4-11 所示的对话框，该对话框中有 3 个选项卡，【Designator】、【Library Fields】和【Part Field Names】，其中【Designator】选项卡的内容设置较为常用，该选项卡中各项功能说明如图 4-11 所示。

（3）【Pins】（引脚）选项组。其功能是将当前工作窗口中元器件引脚的序号和名称显示在引脚列表区中。

（4）【Mode】（模式）选项组。其功能是指定元器件的模式，有 Normal、De-Morgan 和 IEEE 3 种模式。

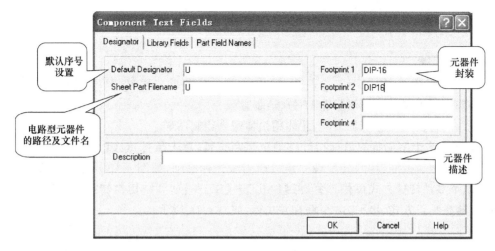

图 4-11　修改元器件符号属性对话框

5. 用【Tools】菜单下的各种命令来管理元器件库

管理元器件库除了可以使用元器件库管理器外，还可以采用【Tools】菜单下的各种命令。【Tools】菜单下的有些命令与元器件库管理器中按钮的功能相同，但有一些命令是特有的，这些命令如下。

- 【New Component】：在编辑的元器件库中建立新的元器件。
- 【Remove Component】：删除在元器件库管理器中选中的元器件。
- 【Rename Component】：修改所选中元器件的名称。
- 【Copy Component】：复制元器件。
- 【Move Component】：将选中的元器件移动到目标元器件库中。
- 【New Part】：给当前的选中的元器件增加一个新的功能单元（子件）。
- 【Remove Part】：删除当前元器件的某个功能单元（子件）。
- 【Remove Duplicates】：删除元器件库中的同名元器件。

4.2　绘图工具栏

在元器件库文件创建完成之后，就可以在元器件库编辑器中制作元器件符号了。不过在正式制作元器件符号之前，读者还要熟练掌握绘图工具栏使用。

Protel 99 SE 提供了功能强大的绘图工具栏（SchLib Drawing Tools）。使用绘图工具栏不仅可以方便地在图纸上绘制直线、曲线、圆弧和矩形等图形，而且还可以放置元器件的引脚、添加元器件和元器件的子件等。总之，利用绘图工具栏可以方便地执行绘制元器件符号的命令，大大简化了元器件符号制作过程。

需要注意的是，利用绘图工具绘制的图形主要起标注作用，不含有任何电气含义（除元器件库编辑器中的放置元器件引脚工具外），这是绘图工具与放置工具（Wiring）的根本区别。

图 4-12　绘图工具栏

绘图工具栏如图 4-12 所示，其中按钮的功能如表 4-2 所示。

4.2.1　直线的绘制

1. 绘制直线

（1）单击绘图工具栏中的 ╱ 按钮，执行绘制直线命令。此外，还可以选取菜单命令【Place】/【Line】或者按快捷键【P】/【L】来绘制直线。

注意：只有在英文输入状态下，才能用快捷键来绘制图形。

（2）将变为十字形状的鼠标指针移动至适当位置，单击鼠标或按【Enter】键，确定直线的起点，然后移动鼠标指针，会发现一条线段随着光标移动，如图 4-13 所示。绘制直线时，系统提供了多种转折方式可供选择，按【Shift】+【Space】键可以切换转折方式，包括 45°倾斜方式、随意倾斜方式、水平方式、垂直方式等，如图 4-14 所示。

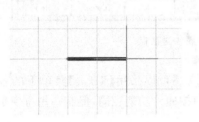

图 4-13　绘制直线起点

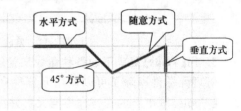

图 4-14　直线多种转折方式

（3）在直线转折的位置单击鼠标，确定直线的转折点，然后移动鼠标指针到适当的位置再次单击鼠标，确定第一条线段的终点，即可完成这条折线的绘制。此时系统仍处于绘制直线命令状态，单击鼠标右键或【Esc】键即可退出该命令状态。

2. 修改直线的属性

（1）在绘制直线的过程中，按【Tab】键打开如图 4-15 所示的【Poly Line】（直线属性）对话框，在该对话框中可以设置直线的线型、粗细和颜色等属性。设置完成后单击【OK】按钮即可。【Poly Line】（直线属性）对话框中各选项的功能如下。

①【Line】：设定线宽。单击 ▼ 按钮，即可在下拉菜单中选择【Smallest】（很细）、【Small】（细）、【Medium】（中）和【Large】（宽）等不同粗细的直线，如图 4-16 所示。

图 4-15　直线属性对话框

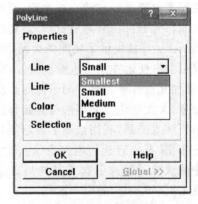

图 4-16　直线宽度选择

②【Line】：设定线型。单击 ▼ 按钮，即可在下拉菜单中选择【Solid】(实线)、【Dashed】(虚线)和【Dotted】(点线)等线型，如图 4-17 所示。

③【Color】：设定颜色。单击该选项后的颜色框，将会弹出如图 4-18 所示的对话框，用鼠标左键单击所需的颜色，然后单击【OK】按钮，即可选中需要的颜色。

图 4-17　直线样式

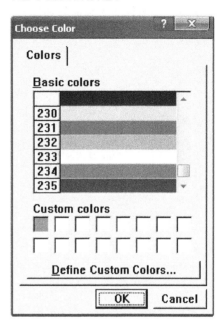

图 4-18　直线颜色设定

（2）在已经画好的直线上双击，也会弹出直线属性对话框。

3．直线的编辑

如果要改变直线的长度，可在直线上单击，直线上会出现控制点。拖动控制点能调整直线的长度和方向，拖动整条直线移动则可以改变直线的位置。

4.2.2　绘制贝塞尔曲线

利用 Protel 99 SE 的 Beziers(贝塞尔曲线)工具可以绘制任意形状的曲线图形。该工具应用较灵活，下面以绘制一条正弦波曲线为例来说明该工具的使用方法。

1．绘制一条正弦波曲线

（1）单击绘图工具栏中的 ∿ 按钮，此外，还有可以选取菜单命令【Place】/【Beziers】或者按快捷键【P】/【B】来执行绘制贝塞尔曲线命令。

（2）此时鼠标旁出现十字形光标，将光标移动到图纸上适当处，单击确定曲线的起点，如图 4-19(a)所示。

（3）确定曲线的起点后，将光标移到合适的位置，单击鼠标确定与曲线相切的两条切线交点的位置，如图 4-19(b)所示。

（4）确定切线交点后，再移动光标，此时可看到一条随光标移动而改变形状的曲线。移动光标到合适的位置，双击鼠标可以将当前绘制的一条曲线固定下来，该位置同时也是下一条曲线的起点,这样就绘制完成了正弦曲线的一个半周,如图 4-19(c)所示。

（5）用同样的方法绘制正弦曲线的另一个半周,绘制过程如图 4-19(d)、图 4-19(e)所示。

（6）右击鼠标可以结束当前曲线的绘制而开始绘制下一个曲线,双击鼠标右键则结束曲线的绘制。绘制好的正弦曲线如图 4-19(f)所示。

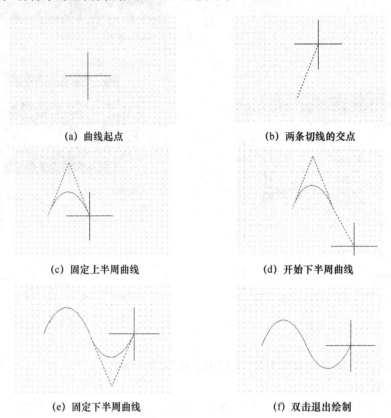

(a) 曲线起点　　　　　　　　　　(b) 两条切线的交点

(c) 固定上半周曲线　　　　　　　(d) 开始下半周曲线

(e) 固定下半周曲线　　　　　　　(f) 双击退出绘制

图 4-19　绘制正弦曲线

2. 曲线属性的设置

（1）在绘制曲线的过程中按下键盘上的【Tab】键,弹出如图 4-20 所示的 Bezier(曲线属性设置)对话框。在对话框中可以设置曲线的线宽和颜色等。设置好各项参数后单击【OK】按钮即可。

（2）在已经画好的曲线上双击,也会弹出曲线属性设置对话框。

3. 曲线的编辑

如果要调整曲线,可在曲线上单击,曲线周围会出现控制点。拖动控制点可以对曲线进行调整,拖动整个曲线则可以改变曲线的位置。

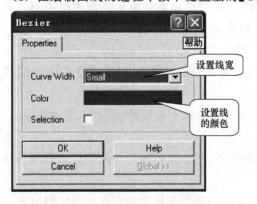

图 4-20　曲线属性设置对话框

4.2.3 绘制椭圆弧

1. 绘制一个横轴长 120 mil、纵轴长 80 mil 的椭圆弧

（1）单击绘图工具栏中的 按钮，执行绘制椭圆弧命令。此外，还有可以选取菜单命令【Place】/【Elliptical Arcs】或者按快捷键【P】/【I】来绘制。

（2）此时鼠标旁出现十字形光标，并有一个圆弧随光标而移动，将光标移到图纸上适当处，如图 4-21 所示。

（3）按【Tab】键打开椭圆弧参数设置对话框，如图 4-22 所示。该对话框中各选项的功能如下。

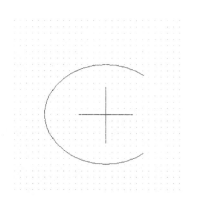

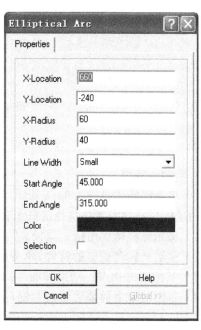

图 4-21　开始绘制圆弧　　　　　　图 4-22　圆弧参数设置

【X-Location】：用于设置椭圆弧圆心的横轴坐标。

【Y-Location】：用于设置椭圆弧圆心的纵轴坐标。

【X-Radius】：X 方向半径，横轴长的一半，在本例中应设置为"60"（单位为 mil）。

【Y-Radius】：Y 方向半径，纵轴长的一半，在本例中应设置为"40"（单位为 mil）。

【Line Width】：设置线宽，这里设为"Small"（中等）。

【Start Angle】：用于设置椭圆弧的起始角度，本例设置为"45"。

【End Angle】：用于设置椭圆弧的终止角度，本例设置为"315"。

（4）设置完成后单击【OK】按钮，将其移动到图中适当位置，连续单击 5 次（注意不要移动鼠标），这时一个符合规定要求的椭圆弧就画好了，如图 4-23 所示。

（5）双击绘制好的一段椭圆弧，在弹出的椭圆弧属性对话框中修改椭圆弧参数，也能得到相同的椭圆弧。

2. 椭圆弧线的编辑

如果要调整椭圆弧线，可在椭圆弧线上单击，椭圆弧线周围会出现控制点。拖动控制点可以对椭圆弧线进行调整,拖动整个椭圆弧线移动则可以改变椭圆弧线的位置。

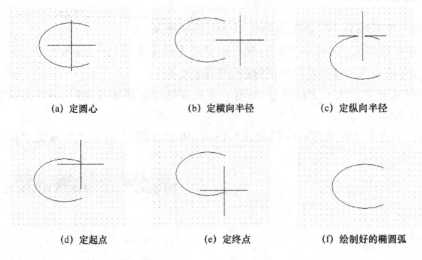

(a) 定圆心   (b) 定横向半径   (c) 定纵向半径

(d) 定起点   (e) 定终点   (f) 绘制好的椭圆弧

图 4-23 绘制圆弧曲线

4.2.4 绘制多边形

1. 绘制多边形

(1) 单击绘图工具栏上的 ⊠ 按钮,执行绘制多边形命令。此外,还可以选取菜单命令【Place】/【Polygon】或者按快捷键【P】/【Y】来绘制多边形。

(2) 将光标移动到图纸上某处,单击确定多边形一个角的顶点。

(3) 移动光标到适当的位置,单击确定多边形另一个对角的顶点。用这种方法可以确定多边形其他角的顶点。结果如图 4-24 所示。

(4) 右击结束当前多边形的绘制而开始绘制下一个多边形,双击鼠标右键则结束多边形的绘制。

2. 多边形属性的设置

(1) 在绘制多边形的过程中按下【Tab】键,弹出如图 4-25 所示的【Polygon】(多边形属性设置)对话框。【Polygon】对话框中各选项的功能如下。

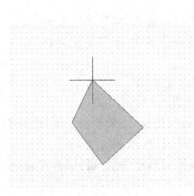

图 4-24 绘制多边形

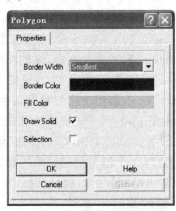

图 4-25 多边形属性设置

- 【Border Width】:用于设置边框的宽度。
- 【Border Color】:用于设置边框的颜色。
- 【Fill Color】:用于设置填充颜色。单击颜色框,即可在弹出的颜色列表中选择填充颜色。
- 【Draw Solid】:实心选项。选择此项后,系统将用指定的颜色来填充绘制的多边形区域。

（2）在已经画好的多边形上双击,也会弹出如图 4-25 所示的对话框。

在图 4-25 中设置好多边形边框宽度、边框线颜色和填充颜色等各项后,单击【OK】按钮确认,即可返回绘制多边形命令状态。

3. 多边形的编辑

如果要改变多边形的大小和方向,可在多边形上单击,多边形周围会出现控制点。拖动控制点可以调整多边形的大小和方向,拖动整个多边形移动则可以改变多边形的位置。

4.2.5 添加文字注释

在设计电路板的过程中,为了方便读图和交流,往往需要给原理图符号添加文字注释文字,以便对其进行简要说明。

1. 添加文字

（1）单击工具栏中的 T 按钮,执行添加文字注释命令。此外,还可以选取菜单命令【Place】/【Text】或者按快捷键【P】/【T】来执行添加文字。

（2）此时十字光标上文字注释内容的虚影出现在工作区中,单击鼠标即可在当前位置放置标注文字,默认的内容为"Text",结果如图 4-26 所示。

Text

图 4-26　默认的注释文字

2. 修改注释文字

双击新放置的文本框,弹出注释文字属性对话框,或者在执行该命令后,十字光标将带着最近一次用过的标注文字虚框出现在工作区中,按【Tab】键也可弹出注释文字属性对话框,如图 4-27 所示。

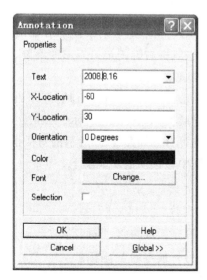

图 4-27　注释文字属性对话框

该对话框中各选项的功能如下。

- 【Text】:用于输入注释文字的内容。本例输入电路板设计日期,如"2008.8.16"。
- 【X-Location】:用于设置注释文字的 X 坐标。
- 【Y-Location】:用于设置注释文字的 Y 坐标。
- 【Orientation】:用于设置注释文字的旋转角度,共有 0°、90°、180°、270° 4 种旋转角度选择。
- 【Color】:用于设置注释文字的颜色。
- 【Font】:用于设置注释文字的字体。

单击【OK】按钮确认，即可放置刚才设置好的文字内容。

4.2.6　添加子件

有的元器件通常由几个独立的功能单元构成，在制作这类元器件符号时，可以将每一个独立的功能单元绘制成一个子件，最后再由多个子件构成一个元器件。

添加子件的操作步骤如下：

（1）单击绘图工具栏中的 ⌀ 按钮，执行添加子件命令。此外，还可以选取菜单命令【Tools】/【New Part】或者按快捷键【T】/【W】执行添加子件。

（2）执行该命令之后，元器件库编辑器中将会新打开一子件编辑窗口，在该工作窗口中即可绘制要添加的子件。

4.2.7　绘制矩形

根据矩形转角的形式可以将矩形分为直角矩形和圆角矩形两种。在绘制的时候只要执行不同的命令，即可得到不同形式的矩形。

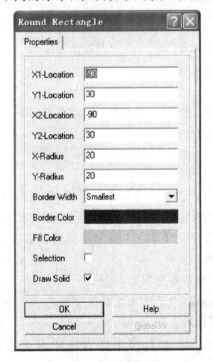

图 4-28　矩形属性对话框

下面介绍圆角矩形的绘制方法，直角矩形绘制方法与其基本相同。

1．绘制一个圆角矩形

（1）单击绘图工具栏中的 ▢ 按钮，或者执行菜单命令【Place】/【Round Rectangle】，都可执行绘制圆角矩形命令，此时鼠标旁出现十字形光标。

（2）将光标移动到图纸上某处，单击确定矩形一个角的顶点。

（3）移动光标到适当的位置，单击确定矩形另一个对角的顶点。

（4）右击结束当前矩形的绘制而开始绘制下一个矩形，双击鼠标右键则结束矩形的绘制。

2．圆角矩形的属性

在绘制矩形的过程中按【Tab】键打开圆角矩形属性设置对话框，如图 4-28 所示。在绘制好的矩形上双击也可打开如图 4-28 所示的对话框。

该对话框中各选项的功能如下。

- 【X1-Location】：该选项用于设置矩形顶点的 X 坐标。
- 【Y1-Location】：该选项用于设置矩形顶点的 Y 坐标。
- 【X2-Location】：该选项用于设置矩形对角线上另一顶点的 X 坐标。
- 【Y2-Location】：该选项用于设置矩形对角线上另一顶点的 Y 坐标。
- 【X-Radius】：该选项用于设置圆角的 X 轴半径。
- 【Y-Radius】：该选项用于设置圆角的 Y 轴半径。

- 【Border Width】：该选项用于设置矩形边框的线宽。
- 【Border Color】：该选项用于设置矩形边框的颜色。
- 【Fill Color】：该选项用于设置矩形的填充颜色。
- 【Draw Solid】：选中该选项后，圆角矩形内部将被填充上指定的颜色。

设置完圆角矩形的属性后单击【OK】按钮，即可返回工作窗口。在指定位置单击两次鼠标左键，确定圆角矩形的两个顶点，完成一个圆角矩形的绘制，结果如图4-29所示。

用相似的方法可以绘制好直角矩形，如图4-30所示。

图 4-29　绘制好的圆角矩形　　　　　　　　图 4-30　绘制好的直角矩形

3．圆角矩形的编辑

如果要改变矩形的大小，可在矩形上单击，矩形周围会出现控制点。拖动控制点按钮可以调整矩形的大小，拖动整个矩形移动则可以改变矩形的位置。

4.2.8　绘制椭圆或圆

在绘制椭圆时，当横轴的长度等于纵轴的长度时，椭圆就会变成一个圆。因此，绘制椭圆的方法与绘制圆的方法基本相同，现介绍绘制椭圆的方法。

1．绘制一个椭圆

（1）单击绘图工具栏中的 ⬯ 按钮，或者执行菜单命令【Place】/【Ellipses】，鼠标旁出现十字形光标，并且光标旁跟随着一个椭圆。

（2）将光标移到图纸上某处，单击确定椭圆的圆心，如图4-31(a)所示。

（3）确定圆心后，光标自动跳到椭圆横向顶点位置，移动光标可改变椭圆的横向半径，单击将横向半径确定，如图4-31(b)所示。

（4）确定横向半径后，光标自动跳到椭圆纵向顶点位置，移动光标可改变椭圆的纵向半径，单击将纵向半径确定，如图4-31(c)所示。

（5）右击结束当前椭圆的绘制而开始绘制下一个椭圆，双击鼠标右键则结束椭圆的绘制。绘制好的椭圆如图4-31(d)所示。

在绘制椭圆时，如果横向半径和纵向半径相等，就可以绘制出圆形，如图4-31(e)所示。

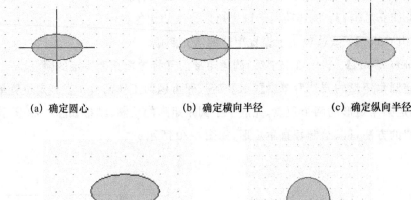

(a) 确定圆心　　　　　(b) 确定横向半径　　　　　(c) 确定纵向半径

(d) 绘制完成的椭圆　　　　　　　　(e) 绘制好的圆形

图 4-31　绘制椭圆

2. 椭圆属性的设置

在绘制椭圆的过程中按下【Tab】键,弹出如图 4-32 所示的【Ellipse】(椭圆属性设置)对话框。在已经画好的椭圆上双击,也会弹出如图 4-32 所示的对话框。

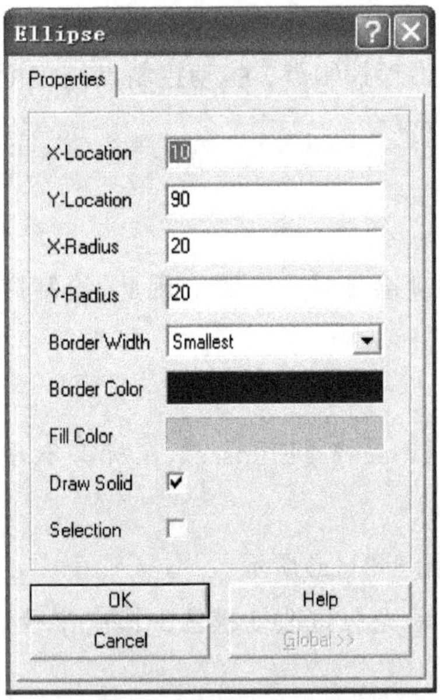

图 4-32　椭圆属性对话框

该对话框中各选项的功能如下。

- 【X-Location】:该选项用于设置椭圆中心的 X 坐标。
- 【Y-Location】:该选项用于设置椭圆中心的 Y 坐标。
- 【X-Radius】:该选项用于设置椭圆的横轴半径。
- 【Y-Radius】:该选项用于设置椭圆的纵轴半径。
- 【Border Width】:该选项用于设置椭圆边框的线宽。
- 【Border Color】:该选项用于设置椭圆边框的颜色。
- 【Fill Color】:该选项用于设置椭圆的填充颜色。
- 【Draw Solid】:选中该选项后,椭圆内部将被填充上指定的颜色。

在图 4-32 中将椭圆中心位置、横向半径、纵向半径和边框线宽度、边框线颜色及填充颜色等设置好后,单击【OK】按钮即可回到绘制椭圆状态。

3. 椭圆的编辑

如果要调整椭圆,可在椭圆上单击,椭圆周围会出现控制点。拖动控制点可以对椭圆进行调整,拖动整个椭圆移动则可以改变椭圆的位置。

4.2.9 粘贴图片

1. 粘贴图片

（1）单击绘图工具栏中的 ▣ 按钮，或者选取菜单命令【Place】/【Graphic...】执行粘贴图片命令，打开选择图片对话框，如图 4-33 所示。

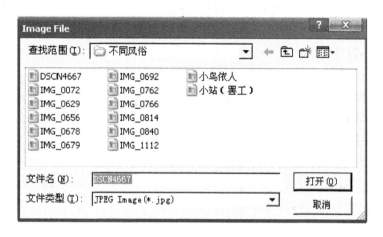

图 4-33　选择图片对话框

（2）选择所需的图形文件后，单击【打开】按钮，关闭对话框。在绘图区域中光标上将会出现一个方框随着鼠标指针移动，如图 4-34 所示。

（3）单击鼠标确定图片的一个顶点，拖动鼠标到合适的位置再单击鼠标确定图片的另一个顶点，并放置好该图片，如图 4-35 所示。

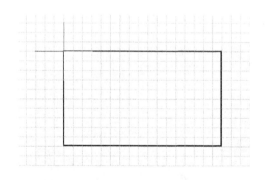

图 4-34　放置图片

图 4-35　放置好的图片

2. 修改图片的属性

（1）当光标上出现一个方框随着鼠标指针移动时，按【Tab】键即可打开编辑图片属性对话框，或者在放置好的图片上双击也可打开图片属性对话框，如图 4-36 所示。

该对话框中各选项的功能如下。

• 【File Name】：该选项用于显示图片的位置和名称。单击该选项后面的【Browse】按钮，将弹出选择图片对话框，如图 4-33 所示。

- 【X1-Location】：用于设置图片第一个顶点的 X 坐标。
- 【Y1-Location】：用于设置图片第一个顶点的 Y 坐标。
- 【X2-Location】：用于设置图片第二个顶点的 X 坐标。
- 【Y2-Location】：用于设置图片第二个顶点的 Y 坐标。
- 【Border Width】：用于设置图片边框的粗细。
- 【Border Color】：用于设置图片边框的颜色。
- 【Border On】：选中该选项后，图片周围将会出现边框，边框的粗细和颜色通过上面的【Border Width】和【Border Color】选项设定。
- 【X：Y Ratio】：选中该选项后，图片的长宽比将始终不变。

（2）设置好图片的属性后单击【OK】按钮，即可回到粘贴图片的命令状态。在绘图区中单击鼠标两次以确定放置区域的两个顶点，结果如图 4-35 所示。

3. 图片的编辑

单击图片，图片的边框上将会出现 8 个控制点，如图 4-37 所示，拖动这 8 个控制点即可改变图片的大小。如果此时选中了图片属性对话框中的【X：Y Ratio】选项，则在拖动控制点改变图片的大小时，图片的长宽比将固定不变。

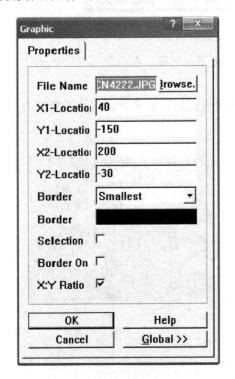

图 4-36　图片属性对话框

图 4-37　拖动控制点改变图片的大小

4.2.10　放置元器件引脚

放置元器件引脚是绘图工具栏中唯一一个具有电气关系的符号。元器件引脚一般由两部分组成,即元器件引脚的名称和引脚的序号。元器件引脚的名称一般用来表示该引脚的电气功能,而引脚的序号则与元器件封装中焊盘的序号一一对应。

元器件符号引脚的序号非常重要。如果元器件符号的引脚号与元器件封装焊盘号对应出错,则将导致电路板电气功能出错。

1. 放置元器件引脚

(1)单击绘图工具栏上的 按钮,或者选取菜单命令【Place】/【Pins】执行放置元器件引脚。

(2)此时鼠标旁出现十字形光标,并且光标旁跟随着一个引脚,将光标移到合适位置,单击鼠标放置一个元器件引脚。

(3)此时系统仍处于放置元器件引脚的命令状态,并且元器件引脚的序号将会自动递增,单击鼠标右键或按【Esc】键,即可退出放置元器件引脚的命令状态。

在放置元器件的引脚时,必须将元器件的引脚的电气节点放置在远离元器件示意图形的一端,如图 4-38 所示。

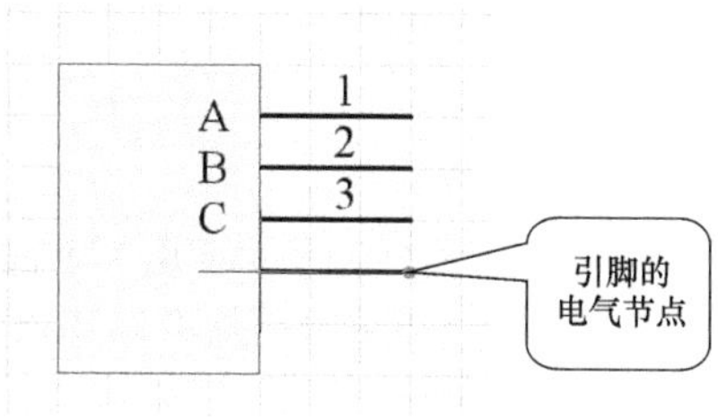

图 4-38　元器件引脚的电气节点

2. 修改元器件引脚的属性

(1)当鼠标旁出现十字形光标,并且光标旁跟随着一个引脚时,按【Tab】键打开编辑元器件引脚属性对话框,如图 4-39 所示。在放置好的元器件引脚上双击也可打开引脚属性对话框。

该对话框中各选项的功能如图 4-39 所示。

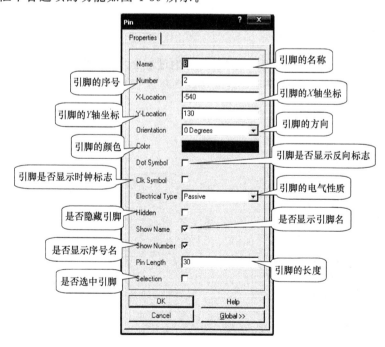

图 4-39　元器件引脚属性设置

在对话框中有两个选项在元器件符号的设计中非常重要。一是【Name】元器件引脚的名称,设计者可以利用该选项来标注元器件引脚的功能;二是【Number】元器件引脚的序号,与元器件封装中焊盘的序号具有一一对应的关系。因此在放置元器件引脚时,应当严格按照数据手册上元器件引脚的序号和功能来编辑元器件引脚的序号。

(2) 修改完元器件引脚的属性之后单击【OK】按钮,返回工作窗口。

3. 元器件引脚的编辑

如果要调整引脚的位置,可用鼠标单击引脚不放,拖动鼠标到合适的位置再松开鼠标即可。要调整引脚的方向,一是在元器件引脚上双击打开引脚属性对话框进行设置,二是用鼠标单击元器件引脚不放按【Space】键,每按一次,引脚旋转 90°,直到满意为止。

4.3 制作元器件符号

一般来说,元器件符号主要由 3 个部分组成:一部分是用来表示元器件电气功能或几何外形的示意图,另一部分是构成元器件的引脚,还有一部分是一些必要的注释文字,如图 4-40 所示。

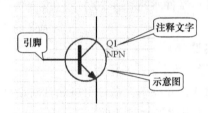

图 4-40 元器件符号的组成

4.3.1 制作元器件步骤

根据元器件符号的组成,可将绘制元器件符号的过程分为以下几个步骤,如图 4-41 所示。下面以绘制如图 4-42 所示的 555 集成电路为例来说明新元器件的绘制方法。

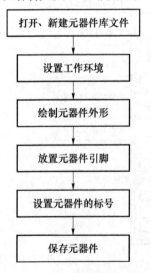

图 4-41 绘制元器件符号的步骤

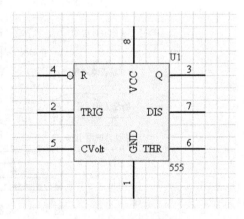

图 4-42 555 集成电路

4.3.2 绘制新元器件

1. 打开元器件库编辑器

打开元器件库文件"Yqjsch1.Lib",进入元器件库编辑器界面,再单击设计管理器中的【Browse SchLib】选项卡,切换到元器件库管理器,如图4-3所示。

2. 新建元器件名称

单击元器件绘图工具栏中的 ▯ 按钮,或者执行菜单命令【Tools】/【New Component】,弹出【New Component Name】(新建元器件名称)对话框,如图4-43所示。将对话框中的默认元器件名"COMPONENT_2"改为"555",再单击【OK】按钮,就新建了一个名称为"555"的新元器件。

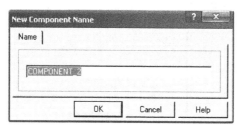

图 4-43   新建元器件名称对话框

3. 设置工作区环境

执行菜单命令【Options】/【Document Option】,弹出【Library Editor Workspace】对话框,如图4-44所示。在对话框中可以设置工作区的样式、方向、颜色和栅格尺寸等内容,通常保持默认值,单击【OK】按钮结束设置。

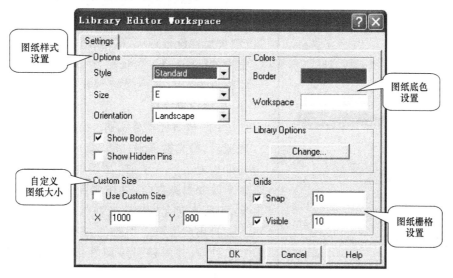

图 4-44   设置工作区环境

4. 绘制元器件形状

绘制元器件形状有以下几个步骤。

(1) 单击绘图工具栏中的 ▭ 按钮,按【Tab】键打开矩形属性设置对话框。

(2) 在对话框中,将直角矩形的第一个顶点坐标设置为(0,−80),第二顶点坐标设置为

(80,0),其余选择默认,如图 4-45(a)所示。单击【OK】按钮,将鼠标移到合适的位置,单击 2 次,即可绘制出 80×80 的一个矩形框。

(3) 用鼠标单击矩形框不放将其拖到第四象限,如图 4-45(b)所示。

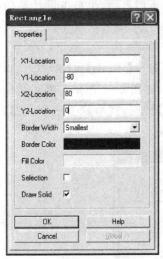
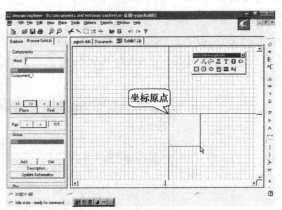

(a) 设置矩形框参数　　　　　　　(b) 绘制好的矩形框

图 4-45　绘制元器件外形

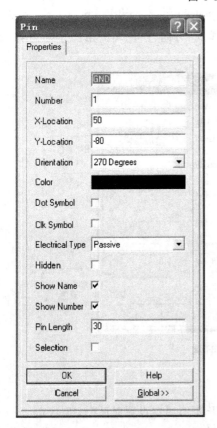

图 4-46　第 1 引脚参数设置

5. 放置元器件引脚

(1) 引脚属性设置。单击元器件绘图工具栏中的 ❷ 按钮,鼠标旁边出现十字光标,并且旁边跟着一个引脚,按键盘上的【Tab】键,弹出【Pin】(引脚属性设置)对话框,如图 4-46 所示。将对话框中的【Name】文本框设为"GND",【Number】文本框设为"1",其他保持默认值,再单击【OK】按钮,属性设置完毕。

(2) 放置元器件引脚。元器件引脚属性设置完成后,将光标移到"555"集成电路的矩形旁,单击即放置了一个引脚,如图 4-47(a)所示。如果需要改变引脚方向,可在放置引脚的同时按空格键,引脚方向会依次改变 90°。

再用放置第 1 引脚的方法放置好 2、3、5、6、7、8 引脚,并对各引脚属性作相应的设置,如图 4-47(b)所示。

(3) "555"集成电路引脚的特殊性。从图 4-42 可以看出,"555"集成电路的第 4 引脚上有一个小圆圈,表示第 4 引脚是低电平起作用。为了解决这个问题,可在第 4 引脚的属性对话框中选中【Dot Symbol】后的复选框,并设置好名称和序号,单击【OK】按钮,在适当的位置放好第 4 引脚,如图 4-47(c)所示。

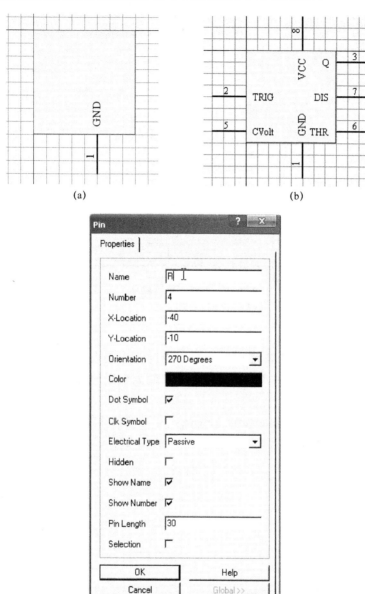

图 4-47 元器件引脚的放置

6. 设置元器件的标号

绘制好元器件后,需要设置其标号。方法是执行菜单命令【Tools】/【Description】,弹出如图 4-48 所示的对话框,将【Default Designator】(序号)项设为"U?",【Footprint 1】(封装)项中输入"DIP-8",【Description】(注释)项设为"555",再单击【OK】按钮即可。

7. 保存元器件

执行菜单命令【File】/【Save】,或单击主工具栏中的保存按钮,就可将新绘制的"555"集成电路保存在“Yqjsch1. Lib”元器件库文件中。

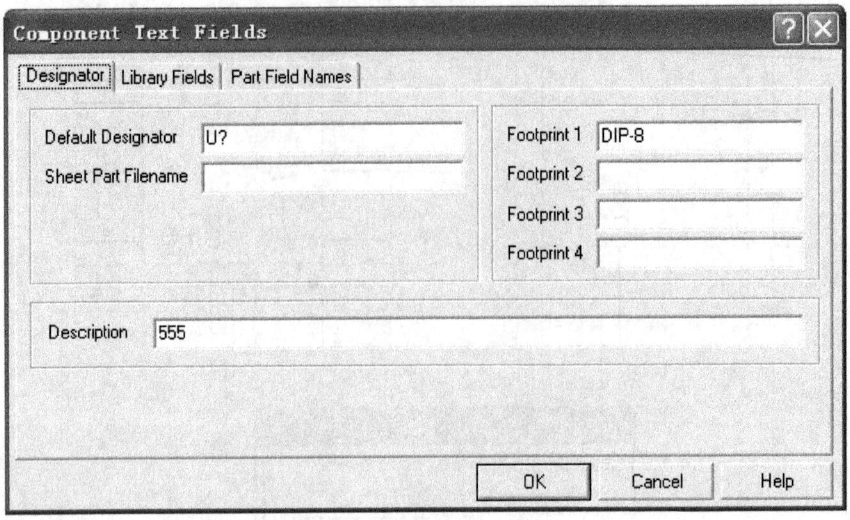

Component Text Fields
Designator
Library Fields
Part Field Names
Default Designator
U?
Sheet Part Filename
Footprint 1
DIP-8
Footprint 2
Footprint 3
Footprint 4
Description
555
OK
Cancel
Help

图 4-48　设置元器件标号

4.3.3　修改已有元器件

修改已有元器件，使其成为新元器件，这样做有时可以大大提高制作新元器件的效率。这种方法就是将一个已有元器件库中的某元器件复制到新建的元器件库中，再进行修改而使其成为新元器件。

下面以修改“Protel DOS Schematic Linear. ddb”中的 UA75150 元器件，使其成为新样式的 UA75150 元器件为例进行介绍。修改前后的 UA75150 元器件分别如图 4-49(a)、图 4-49(b)所示。

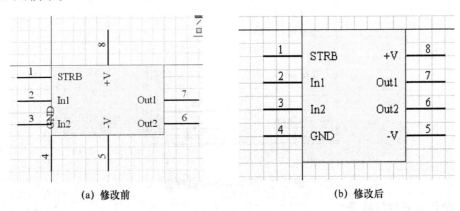

8
1
STRB
+V
2
In1
Out1
7
3
GND
In2
-V
Out2
6
4
5

(a) 修改前

1
STRB
+V
8
2
In1
Out1
7
3
In2
Out2
6
4
GND
-V
5

(b) 修改后

图 4-49　修改前后的 UA75150

修改已有元器件使之成为新元器件的操作过程如下。

1. 打开或新建一个元器件库文件

如打开“Yqjsch1. Lib”文件。

2. 新建元器件名称

单击元器件绘图工具栏中的 ▯ 按钮，或者执行菜单命令【Tools】/【New Component】，弹出【New Component Name】（新建元器件名称）对话框，如图 4-50 所示。将对话框中的默认元器件名"COMPONENT_1"改为"UA75150_1"，再单击【OK】按钮，新建了一个名为"UA75150_1"的新元器件。

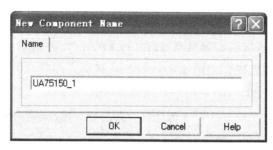

图 4-50　新建元器件名称对话框

3. 查找元器件

单击设计管理器的【Browse SchLib】选项卡，切换到元器件库管理器，再单击其中的【Find】按钮，如图 4-51 所示，弹出如图 4-52 所示的【Find Schematic Component】（查找电路原理元器件）对话框。在【By Library Reference】文本框中输入要查找的元器件名称"UA75150"，在【Scope】下拉列表框中选择查找范围为"Specified Path"（按指定路径查找），在【Path】文本框中输入元器件查找位置为"C:\Program Files\Design Explorer 99 SE\Library\Sch"，也可以单击 ⋯ 按钮选择查找位置，再单击【Find Now】按钮，系统便开始在指定位置查找名为"UA75150"的元器件，查到后会在【Components】区域显示出名称"UA75150"。

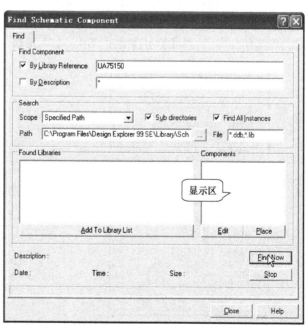

图 4-51　元器件查找按钮

图 4-52　查找元器件对话框

4. 复制已有元器件到新元器件库

具体包括以下两个步骤。

（1）复制元器件。在如图 4-52 所示的对话框中，单击【Edit】按钮，打开"UA75150"元器件所在的元器件库，UA75150 元器件也显示在工作区，如图 4-53（a）所示。用鼠标拖出一个矩形框将 UA75150 元器件全部选中，然后执行菜单命令【Edit】/【Copy】，对 UA75150 元器件进行复制。

（2）粘贴元器件。打开"Yqjsch1. Lib"元器件库文件，并在元器件库管理器中选择新建的 UA75150_1 元器件，然后执行菜单命令【Edit】/【Paste】，将 UA75150 元器件粘贴到新建的 UA75150 元器件工作区中。如图 4-53（b）所示，移动光标将元器件放置在工作区的第四象限，再单击主工具栏的 按钮，取消元器件的选取状态。

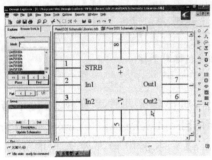
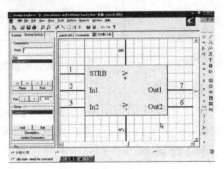

(a) 打开的UA75150   (b) 粘贴UA75150到新建的工作区中

图 4-53　粘贴元器件

5. 修改元器件

具体主要包括以下 3 个步骤。

（1）修改元器件的形状。在元器件的矩形块上双击，弹出如图 4-54 所示的对话框，在其中的【Y1-Location】文本框中输入"－80"（原值为－60），【X2-Location】文本框中输入"60"（原值为100），再单击【OK】按钮，UA75150 元器件的矩形块发生变化，如图 4-55 所示。

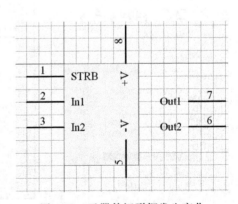

图 4-54　矩形属性设置   图 4-55　元器件矩形框发生变化

（2）执行菜单命令【Options】/【Document Options】，弹出【Library Editor Workspace】（符号库编辑器环境属性）对话框，如图 4-56 所示。选中【Show Hidden Pins】前的复选框，单击【OK】按钮，元器件隐藏的引脚显示出来，如图 4-57 所示。

图 4-56　显示隐藏引脚设置　　　　　　　　　图 4-57　显示所有引脚

（3）修改元器件的引脚排列。用鼠标将 UA75150 元器件的每个引脚都拖离矩形方块，如图 4-58（a）所示。然后重新排列引脚，排列好引脚的 UA75150 元器件如图 4-58（b）所示。在排列时如果引脚方向不对，可在拖动引脚时按空格键切换引脚的方向。

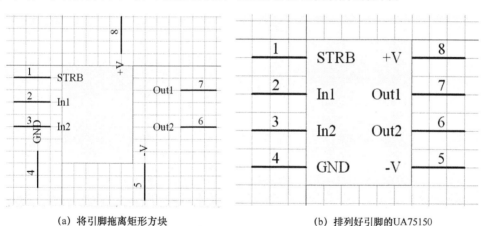

（a）将引脚拖离矩形方块　　　　　　　　　　（b）排列好引脚的 UA75150

图 4-58　修改元器件引脚的排列

6. 设置元器件的标号

元器件修改好后，需要设置其标号，方法是执行菜单命令【Tools】/【Description】，弹出如图 4-59 所示的对话框，将其中的【Default Designator】文本框设为"IC?"，【Footprint1】文本框设为"DIP-8"，再单击【OK】按钮即可。

7. 保存修改的元器件

执行菜单命令【File】/【Save】，或单击主工具栏中的 ![save] 按钮，就将新绘制的元器件保存在"Yqjsch1.Lib"元器件库文件中。

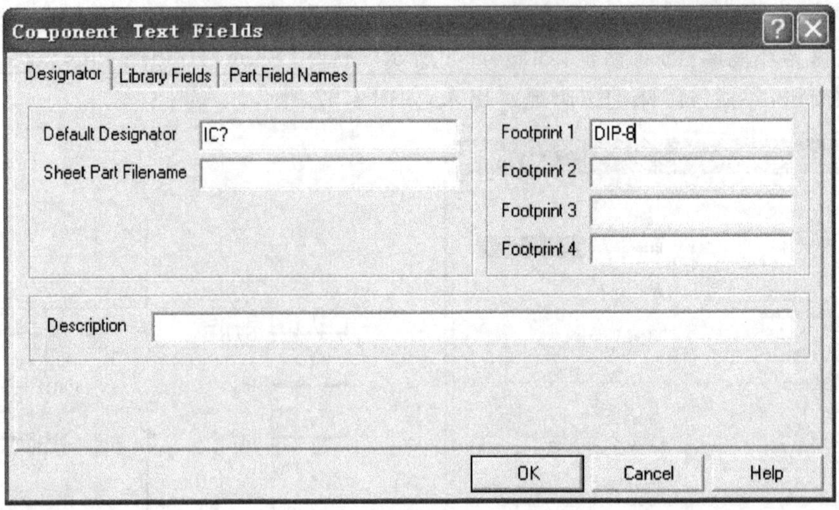

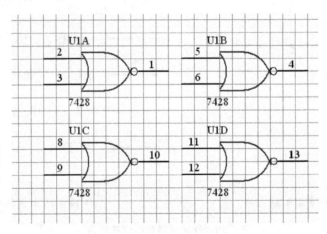

图 4-59 设置元器件的参数

4.3.4 绘制复合元器件

复合元器件有两个或两个以上的相同单元,这些单元的图形相同,只是引脚不同,它们是以在标号中的附加 A、B、C、D…来表示不同的单元。集成电路"7428"是一个由 4 个相同或非门构成的或非门集成电路,其 4 个单元如图 4-60 所示。这里以绘制"7428"的 4 个或非门单元为例来说明复合元器件的绘制方法。

图 4-60 集成电路"7428"的 4 个或非门单元

1. 打开或新建一个元器件库文件

如打开"Yqjsch1.Lib"文件。

2. 新建元器件名称

单击元器件绘图工具栏中的 按钮,或者执行菜单命令【Tools】/【New Component】,弹出新建元器件名称对话框,将对话框中的默认元器件名改为"7428",再单击【OK】按钮,就新建了一个名为"7428"的新元器件。

3. 绘制第一单元

在工作区的第四象限绘制一个或非门，绘制时用元器件绘图工具栏中的 ╱ 工具绘制或非门的直线部分，用 ⅄ 工具绘制圆弧部分，再用 ⅏ 工具放置 3 个引脚，如图 4-61 所示。

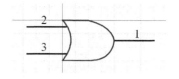

图 4-61 绘制"7428"的第一单元

4. 设置第一单元引脚属性

在第 3 引脚上双击，弹出【Pin】（引脚属性设置）对话框，如图 4-62 所示。将其中的【Name】文本框设为空，【Number】文本框设为"3"，在【Electrical Type】下拉列表框中选择"Input"，再单击【OK】按钮，第 3 引脚属性设置完毕。然后对第 2 引脚作相同的设置（但要将【Number】文本框设为"2"）。在设置第 1 引脚时，将【Name】文本框设为空，【Number】文本框设为"1"，在【Electrical Type】下拉列表框中选择"Output"，并选中【Dot Symbol】复选框。设置好引脚属性的第一单元或非门，如图 4-63 所示。同时在元器件库管理器的【Part】选项组中显示"1/1"，表示当前为"7428"的第一单元。

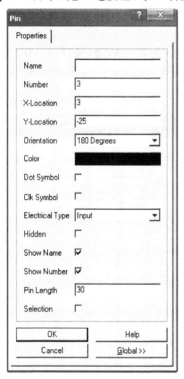

图 4-62 元件引脚属性设置

5. 绘制第二、三、四单元

单击元器件绘图工具栏中的 ⊳ 按钮，或者执行菜单命令【Tools】/【New Part】，工作区立刻更新为空白，同时在元器件库管理器的【Part】选项组中显示"2/2"，表示当前处于第二单元编辑状态。用上面相同的方法绘制第二单元，也可将第一单元复制过来，再更改引脚号即可。绘制完成的第二单元如图 4-64 所示。再用同样的方法绘制完成第三、四单元。

6. 给第一单元放置电源和接地引脚

单击元器件库管理器【Part】选项组中的 ＜ 按钮，切换到"7428"的第一单元，再给它放置两个引脚，对其中一个引脚属性进行这样的设置：【Name】文本框设为"GND"，【Number】文本框设为"7"，在【Electrical Type】下拉列表框中选择"Power"，选中【Show name】复选框和【Show Number】复选框；对另一个引脚的属性这样设置：【Name】文本框设为"VCC"，【Number】文本框设为"14"，在【Electrical Type】下拉列表框中选择"Power"，选中【Show Name】复选框和【Show Number】复选框。放置好电源和接地引脚的第一单元如图 4-65（a）所示。然后将两个引脚属性中的【Hidden】复选框中，将 7、14 脚隐藏起来，如图 4-65（b）所示。

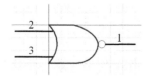

图 4-63 绘制完成的第一单元

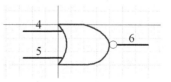

图 4-64 绘制完成的第二单元

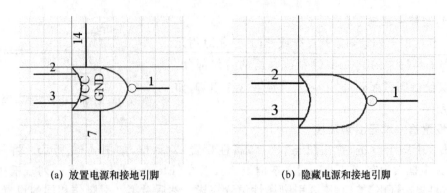

(a) 放置电源和接地引脚　　　　　　　　(b) 隐藏电源和接地引脚

图 4-65　在第一单元放置电源和接地引脚

7. 设置元器件标号及封装形式

执行菜单命令【Tools】/【Description】,弹出如图 4-66 所示的对话框,将【Default Designator】文本框设为"IC?",将【Footprint1】(封装)文本框设为"DIP14",将【Footprint2】文本框设为"SO-14",再单击【OK】按钮。

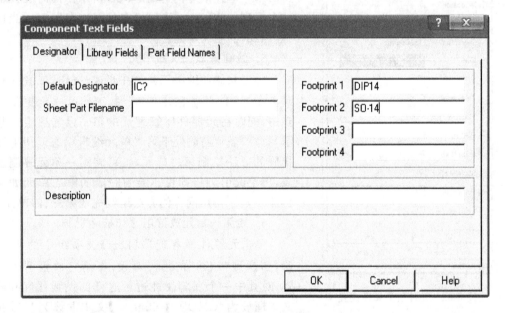

图 4-66　设置元器件的标号和封装形式

8. 保存复合元器件

执行菜单命令【File】/【Save】或单击主工具栏的 ![按钮] 按钮,就将绘制的复合元器件保存在"Yqjsch1. Lib"元器件库文件中。

4.3.5　新元器件的使用

新元器件绘制好后就可以使用,使用新元器件的操作方法如下。

1. 在同一个数据库中使用新元器件

(1) 打开元器件库文件。在"Yqjsch. ddb"设计数据库文件下新建一个原理图文件"Yqjsch. Sch",在文件管理器中再单击元器件"Yqjsch1. Lib"库文件,将两个文件都打开,在工作区上方出现"Yqjsch. Sch"和"Yqjsch1. Lib"文件标签,如图 4-67 所示。

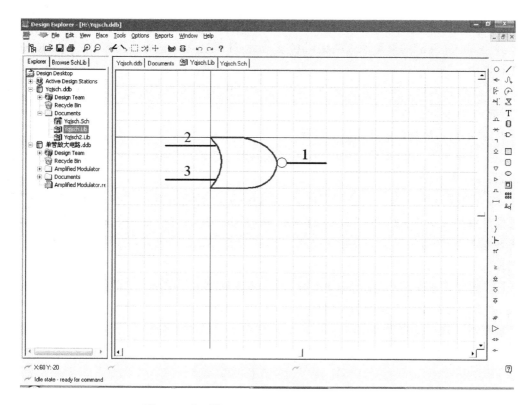

图 4-67　打开"Yqjsch. Sch"和"Yqjsch1. Lib"文件

（2）选择元器件。单击工作区上方的"Yqjsch1. Lib"文件标签，切换到"Yqjsch1. Lib"，再单击文件管理器上方的【Browse Sch】选项卡，切换到元件库管理器，如图 4-68 所示。

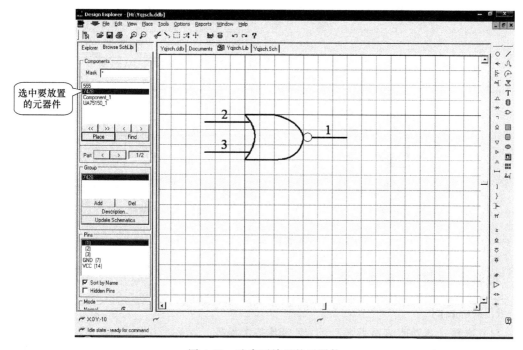

图 4-68　选中要放置的元器件

在元器件库管理器中找到并选择要放置的新建元器件,单击【Place】按钮,系统会自动切换到"Yqjsch.Sch"的电路原理图编辑状态,元器件跟随在鼠标旁并出现在"Yqjsch.Sch"的工作区中。

(3) 放置元器件。将鼠标移到"Yqjsch.Sch"工作区中的合适位置,单击就可以在工作区(图纸)上放置元器件。

2. 在不同的数据库中使用新元器件

(1) 打开文件。在"单管放大电路.ddb"数据库中双击电路原理图文件"单管放大电路.Sch",将该文件打开。

(2) 装载库文件。单击文件管理器上方的【Browse Sch】选项卡,切换到元器件管理器。在元器件管理器中单击【Add/Remove】按钮,将"Yqjsch1.Lib"元器件库文件加载到元器件库管理器中,操作方法见第3章相关内容。再在"Yqjsch1.Lib"元器件库中找到要放置的新元器件。

(3) 放置元器件。单击【Place】按钮,然后将鼠标移到工作区,就可以在"单管放大电路.Sch"文件的工作区上放置新元器件。

放置新元器件还有另外一些方法,读者可以在实际操作中去体会。

4.4 实训辅导

本节实训将系统介绍元器件符号的绘制步骤,同时为了提高元器件符号设计技巧,还将介绍低电平有效的引脚放置方法。下面以绘制三极管和74LS378为例进行介绍,如图4-69所示。

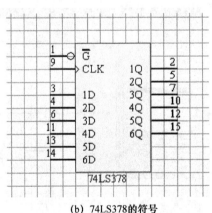

(a) 三极管符号   (b) 74LS378的符号

图4-69　三极管和74LS378元器件符号

实训1　制作三极管符号

1. 实训目的

(1) 熟悉元器件库编辑器的功能,掌握其基本操作。

(2) 掌握用元器件库编辑器来制作电路元器件。

2. 实训内容

（1）元器件库编辑器的基本操作

① 新建元器件库。系统自动产生元器件库"SchLib1"，将库文件更名为"Yqjsch2. Lib"。

② 新建元器件名称。单击绘图工具栏中的 ▯ 按钮，弹出【New Component Name】（新建元器件名称）对话框，将对话框中的默认元器件名"COMPONENT_2"改为"NPN"，再单击【OK】按钮，就新建了一个名称为"NPN"的三极管。

③ 文档参数设置。选取菜单命令【Options】/【Documents Options】，打开图纸参数设置对话框，将可视栅格设为 10 mil，捕获栅格设为 10 mil，图纸大小设为 A4。

（2）绘制三极管外形

① 首先绘制一个圆形。单击工具栏中绘制圆弧工具按钮 ⟨⟩，接着鼠标处出现十字指针，此时按【Tab】键，系统弹出【Elliptical Arc】（椭圆弧属性）对话框，在对话框中设置相关参数，设置结果如图 4-70 所示。

② 设置完成后，单击【OK】按钮，移动鼠标指针到第四象限合适的位置，单击鼠标 5 次绘制圆形（单击过程中鼠标不要移动），按【Esc】键退出命令状态，放置结果如图 4-71 所示。

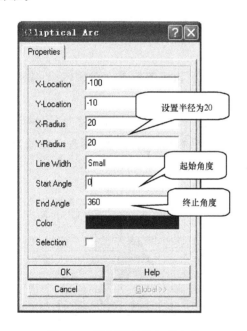

图 4-70 设置圆弧的相关参数

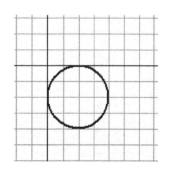

图 4-71 放置圆形的结果

③ 绘制一个矩形。单击工具栏中的绘制矩形按钮 ▭，接着鼠标处出现十字指针，此时按【Tab】键，系统弹出【Rectangle】（矩形属性）对话框，在该对话框中设置相关参数，设置结果如图 4-72(a)所示。

④ 设置完成单击【OK】按钮，移动鼠标指针到合适位置，单击左键两次放置矩形（单击过程中鼠标不要移动），按【Esc】键退出命令状态，移动矩形到合适位置，结果如

图 4-72(b)所示。

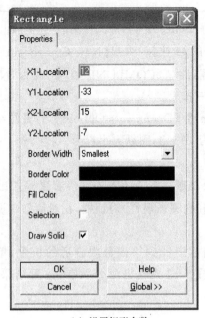

(a) 设置矩形参数

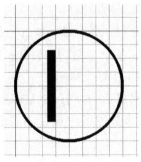

(b) 放置矩形到圆形中

图 4-72　绘制矩形框

⑤ 绘制线段。单击工具栏中绘制线段按钮 ，在圆形相应的位置上绘制线段，绘制结果如图 4-73 所示。

⑥ 绘制小箭头。单击工具栏中绘制多边形工具按钮▨，鼠标处出现十字指针，移动鼠标到图纸上合适位置单击鼠标，确定多边形的第 1 点，然后移动鼠标指针到另外一处适当位置，单击鼠标确定第 2 点。此时拖动鼠标指针，就会有多边形出现了，如图 4-74 所示。

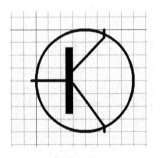

图 4-73　绘制线段完毕的外形

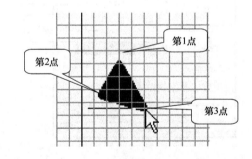

图 4-74　放置多边形状态

⑦ 再次单击鼠标，确定多边形的第 3 点，然后连续按【Esc】键退出命令状态。

⑧ 将小箭头放置到圆形中相应的位置，完成三极管外形的绘制。

(3) 放置管脚

① 单击绘图工具栏上的 🖫 按钮，此时鼠标指针处出现十字光标，并有一个引脚跟随移动，如图 4-75 所示。

② 按【Tab】键,系统弹出【Pin】(引脚属性)对话框,对话框设置如图 4-76 所示:

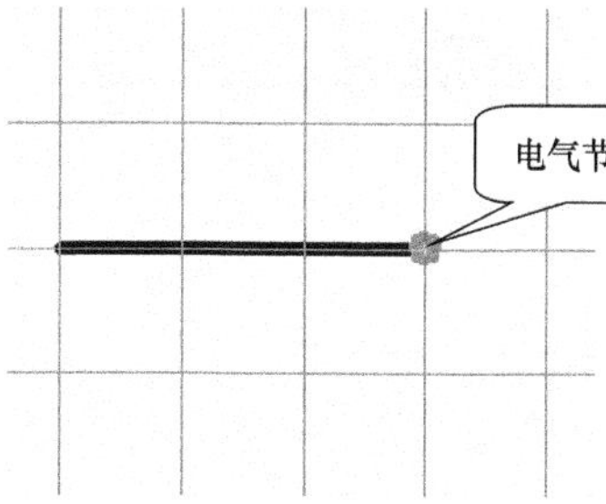

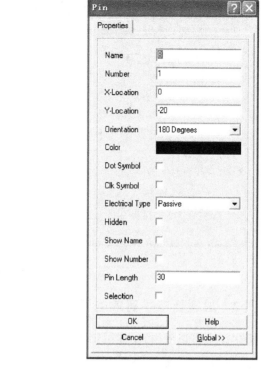

图 4-75 放置引脚命令

图 4-76 设置引脚属性

- 【Name】文本框中输入"B";
- 【Number】文本框中输入"1";
- 取消【Show Name】和【Show Number】后的复选项;
- 其余采用缺省设置。

③ 单击【OK】按钮,将引脚放置到三极管的基极。在放置过程中适当按【Space】键调整引脚的位置,使电气节点始终位于三极管符号的远端,这样便于从引脚上引出导线。结果如图 4-77 所示。

④ 同理将系统弹出【Pin】(引脚属性)对话框中的【Name】文本框中输入"C",【Number】文本框中输入"2",单击【OK】按钮放置集电极引脚。将对话框中的【Name】文本框中输入"E",【Number】文本框中输入"3",单击【OK】按钮放置发射极引脚。

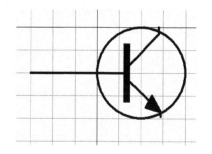

图 4-77 放置基极引脚

(4) 设置三极管的标号

绘制好元器件后,需要设置其标号。方法是执行菜单命令【Tools】/【Description】,弹出如图 4-78 所示的对话框,将【Default Designator】(序号)项设为"Q?",其余采用缺省设置,再单击

【OK】按钮即可。

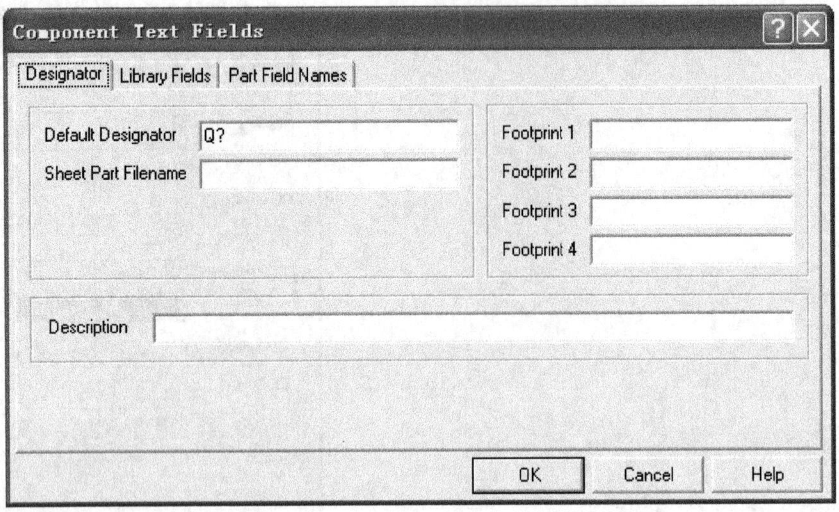

图 4-78　三极管标号的设置

实训 2　放置低电平有效的引脚

从图 4-69 中可以看出,功能引脚 $\overline{G}$ 的形状是一根线段加上一个小圆圈,表示该引脚为低电平输入有效,如何使引脚名称中含有上划线呢? 下面以放置引脚 $\overline{G}$ 为例介绍实现的方法。

1. 实训目的

(1) 掌握元器件库编辑器的功能和基本操作。

(2) 掌握低电平有效的引脚放置方法。

2. 实训内容

(1) 新建元器件名称。单击元器件绘图工具栏中的 ⬜ 按钮,弹出【New Component Name】(新建元器件名称)对话框,将对话框中的默认元器件名"COMPONENT_2"改为"74LS378",再单击【OK】按钮,就新建了一个名为"74LS378"的集成电路。

(2) 单击工具栏中绘制矩形工具按钮 □,用前面介绍的方法放置一个矩形方框,大小为 100 mil×60 mil,如图 4-79 所示。

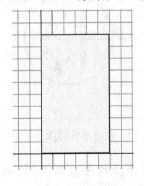

图 4-79　绘制矩形框

(3) 放置引脚。单击绘图工具栏上的 ⤴ 按钮,此时鼠标指针处出现十字光标,按【Tab】键系统弹出【Pin】(引脚属性)对话框,对话框设置如下:

• 【Name】:输入"G\",可使 G 上含有上划线;

• 【Number】:输入"1";

• 【Dot Symbol】:选中该项,引脚端部将带有一个小圆圈,可表示低电平有效引脚,此处选中该项;

• 【Clk Symbol】:选中该项,引脚端部将带有一个箭头,可表示边沿电平有效引脚,此项不选。

- 【Electrical Type】:设置为"Passive";
- 【Show Name】:选中该项;
- 【Show Number】:选中该项;
- 【Pin Length】:设为"30"。

结果如图 4-80 所示。

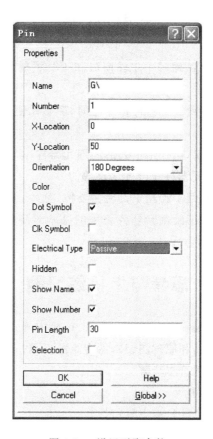

图 4-80   设置引脚参数

单击【OK】按钮,引脚端部出现圆圈,如图 4-81 所示。

(4) 将引脚移动到合适的位置后,单击鼠标放置引脚,引脚名称上含有上划线,结果如图 4-82 所示。

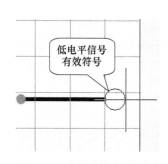

图 4-81   引脚端部出现圆圈

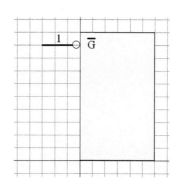

图 4-82   放置引脚结果

（5）用相似的方法，再放置好其他引脚。

（6）设置"74LS378"的标号。绘制好 74LS378 外形后，需要设置其标号。方法是执行菜单命令【Tools】/【Description】，在弹出的对话框中将【Default Designator】（序号）项设为"U?"，其余采用缺省设置，再单击【OK】按钮即可。

本 章 小 结

本章主要介绍了元器件库编辑器中工作窗口和工具栏的使用，以及如何利用这些工具进行元器件符号的制作。

1．创建元器件库文件：在绘制元器件符号之前，都要先创建一个元器件库文件，然后再在其中绘制元器件符号。

2．元器件库编辑器工作窗口：介绍了如何利用元器件库编辑器工作窗口浏览库文件中的元器件符号，以及如何修改元器件符号的属性等。

3．绘图工具栏的使用：介绍了绘图工具栏主要按钮的功能，为绘制元器件符号作准备。

4．绘制元器件符号：介绍了绘制元器件符号的基本步骤，并通过实训辅导的方式详细介绍了绘制元器件符号的绘制过程。

思考与上机练习题

1．如何浏览元器件库"Miscellaneous Devices. Lib"中的元器件符号？

2．试比较元器件库编辑器和原理图编辑器中绘图工具栏的异同。

3．叙述绘制元器件符号的基本步骤。

4．如何旋转元器件的管脚？

5．如何判别元器件管脚哪端具有电气特性？

6．设计复合元器件时，应如何操作？

7．如何在原理图中选用复合元器件的不同功能单元？

8．绘制如图 4-83 所示的开关元件，元件名为 SW DIP-4，设置矩形块为 50 mil×40 mil，注意适当调整可视栅格和捕获栅格的大小。

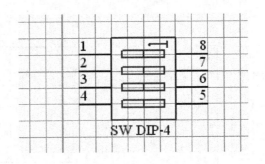

图 4-83　SW DIP-4

9. 绘制如图 4-84 所示的 74LS160,元件封装设置为 DIP-16。其中,1～7 脚、9 脚、10 脚为输入管脚;8 脚为地,隐藏;16 脚为电源,隐藏。

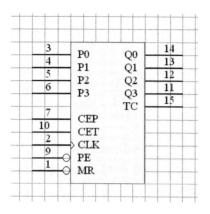

图 4-84　74LS160

10. 绘制如图 4-85 所示的 4006,元件封装设置为 DIP-14。其中,1 脚、3～6 脚为输入管脚;8～13 脚为输出管脚;7 脚为地,隐藏;14 脚为电源,隐藏。

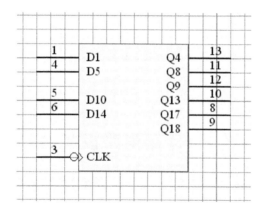

图 4-85　4006

第5章

PCB 手工布线

印制电路板的设计工作主要分为电路原理图设计和印制电路板设计两部分。前面章节已经对电路原理图设计系统的内容进行了介绍。从本章开始,将介绍 Protel 99 SE 电路设计中另外一个重要部分——印制电路板 PCB 设计系统。

Protel 99 SE 所提供的 PCB 设计方法有手工布线和自动布线两种。虽然自动布线的功能强大,但对于只有十来个分立元器件较为简单的电路,可以直接进行手工布线,而不必采用自动布线。况且,大多数情况下,由于采用自动布线后的线条往往不够整齐或者不够美观,甚至还不合理,所以还要进行手工布线用以修整。

本章重点和难点

本章重点是 PCB 编辑器环境参数设置、规划电路板以及对元器件进行手工布局和布线。

本章难点是规划电路板时层面的设置。

5.1 印制电路板概述

印制电路板(印制线路板,简称电路板)是指以绝缘基板为基础材料加工成一定尺寸的板,在其上面至少有一个导电图形及所有设计好的孔(如元器件孔、机械安装孔及金属化孔等),以实现元器件之间的电气互连。

5.1.1 电路板简介

1. 电路板的 3 个作用

(1) 为电路中的各种元器件提供必要的机械支撑。

(2) 提供电路的电气连接。

(3) 用标记符号将板上所安装的各个元器件标注出来,便于插装、检查和调试。

2. 电路板的 4 大优点

(1) 具有重复性。一旦电路板的布线经过验证,就不必再为制成的每一块板上的互连是否正确而逐个进行检验,所有板的连线与样板一致,这种方法适合于大规模工业化生产。

(2) 板的可预测性。通常,设计师按设计原则来设置印制导线的长、宽、间距以及选择印制板的材料,以保证最终产品能通过试验条件。这样可以保证最终产品测试的废品率很低,而且大大地简化了印制板的设计。

(3) 所有信号都可以沿导线任一点直接进行测试,不会因导线接触引起短路。

(4) 电路板的焊点可以在一次焊接过程中将大部分焊完。

现代焊接方法主要有浸焊、波峰焊和载流焊接技术,前两者适用于插针式元器件的焊接,后者适用于表面贴片式元器件(SMD 元器件)的焊接。现代焊接方法可以保证高速、高质量地完成焊接工作,减少了虚焊、漏焊,从而降低了电子设备的故障率。

正因为印制板有以上优点,所以从它面世的那天起,就得到了广泛的应用和发展。现代印制板已经朝着多层、精细线条的方向发展。在一些高级电子设备中,印制板的层数已达几十层,线条可细达 5/1 000 英寸。特别是 20 世纪 80 年代开始推广的 SMD(表面封装)技术是高精度印制板技术与 VLSI(超大规模集成电路)技术的紧密结合,大大提高了系统安装密度与系统的可靠性。

5.1.2 电路板的结构

电路板由绝缘板和覆盖在板上的导电铜膜组成,铜膜起连接导线的作用。下面从 3 个方面介绍电路板的基本结构。

1. 电路板材料

早期的电路板基板的绝缘材料主要是胶木板,而现在以环氧树脂板材居多,发展趋势是板材厚度越来越薄,韧性越来越强,层数越来越多。

2. 电路板板层

根据电路板布线层面的多少,一般可以将其分为 3 类:单层板、双层板和多层板。对于多层板而言,四层板的制造技术比较成熟,而六层板或更多层的电路板由于工艺制作复杂、造价高,所以只有在一些高级设备中才使用。

(1) 单层板

单层板是指只在电路板的其中一个面(焊接面)上进行布线,而所有元器件、元器件标号以及文字标注等都在另一个面(元器件面)上放置的电路板。其最大的特点是价格低廉,制造工艺简单。但是由于只能在一个面上进行布线,布线比较困难,容易出现布不通的情况,所以只适用于一些比较简单的电路。单层板的结构如图 5-1 所示。

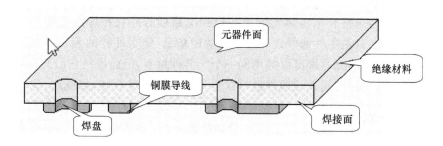

图 5-1　单层板结构示意图

(2) 双层板

双层板是在绝缘板两面进行布线,其中一面作为【Top Layer】(顶层),另一面作为【Bottom Layer】（底层）。顶层和底层通过过孔进行电气连接。双层板上的元器件通常放置在顶层，但有时为了缩小电路板体积也可两层都放。双层板的特点是价格适中、布线容易，是目前普通电路板比较常用的类型。双层板的结构如图 5-2 所示。

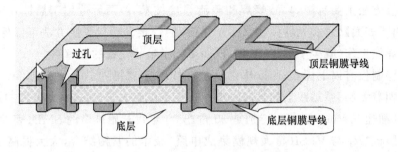

图 5-2　双层板结构示意图

（3）四层板

四层板是在双层板的基础上增加电源层和地线层，其结构如图 5-3 所示。随着电子设备越来越复杂，电路板上的线路和元器件越来越密集，多层板的应用也越来越广泛。

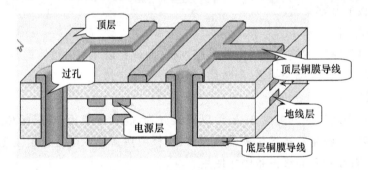

图 5-3　四层板结构示意图

3.　电路板的主要设计对象

（1）元器件封装

通常设计者在电路板设计完成后，会将设计图拿到电路板制造企业去加工。在取回电路板后，要将元器件焊接上去。那么，如何保证元器件的引脚和电路板上的焊点一致呢？这就是元器件封装大显身手的时候了。

所谓元器件封装是指表示实际元器件焊接到电路板的外观和焊点位置关系的组合图形。既然元器件封装只是零件的外观和焊点位置的指示，那么纯粹的元器件封装仅仅是空间的概念。因此，不同的元器件可以共用同一个元器件封装，但前提是它们的外形尺寸以及引脚阵列是相同的。另外，同类元器件也可以有不同的元器件封装，如电阻，它的封装形式有 AXIAL0.3、AXIAL0.4 直到 AXIAL1.0 共 8 种。从图 5-4 可以看出，对于电阻的多种封装形式，该怎样选取完全取决于实际元器件的外形尺寸。封装形式的后缀的数字代表了两个焊盘之间的间距，单位为英寸，如 AXIAL0.4 表示焊盘间距为 0.4 英寸。一般来说，后缀的数字越大，

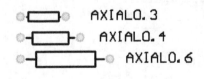

图 5-4　电阻的封装形式

元器件的外形尺寸就越大。

元器件封装可以在设计电路原理图的时候指定。在设计电路原理图的时候,设计者可以在元器件属性对话框中的【Footprint】(元器件封装)中指定。另外也可以在引用网络表的时候指定。

元器件封装大致分为两大类,即直插式封装和表面贴片式封装。

① 直插式封装

所谓直插式就是元器件的引脚是一根根的长导线,为固定元器件一般从顶层穿下,在底层焊盘处焊接,焊盘的金属化孔贯穿整个电路板。制造直插式元器件的焊盘需要在电路板上钻孔,元器件引脚的多余部分在焊接完成后还要根据需要剪掉,所以制造电路板的工序较多,另外就是直插式封装的元器件体积较大,因此选用直插式元器件会使电路板整体体积增大。直插式封装如图 5-5(a)所示。

② 表面贴片式封装

表面贴片式元器件是基于表面贴装技术而制作的一种元器件,它把元器件直接焊接在电路板的表面,元器件体积小,并且电路板不需要钻孔,其结构如图 5-5(b)所示。在电路板的元器件库中,表面贴片式元器件的引脚只限于表面板层,所以其焊点的属性对话框中的【Layer】(板层)属性必须为单一表层,如【Top Layer】(顶层)或【Bottom Layer】(底层)。

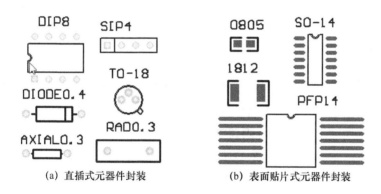

(a) 直插式元器件封装　　　　　(b) 表面贴片式元器件封装

图 5-5　元器件封装

(2)焊盘

焊盘是电路板和元器件的连接点。焊盘和元器件对应,也分为直插式焊盘和表面贴装式焊盘。直插式焊盘的中心处有金属化孔,它贯穿所有的板层。表面贴装式焊盘一般没有金属化孔,焊盘所在层既是元器件层,也是焊接层。

直插式焊盘可以在任何一个层上对它进行编辑,而表面贴装式焊盘只有在当前层和它所在的层一致时才可以编辑。

(3)铜膜导线

铜膜导线用于连接各个焊盘、过孔,是具有实际电气连接意义的导线。

(4)过孔

双面板和多层板有两个以上的导电层,导电层之间相互绝缘,如果需要将某一层和另一层进行电气连接,可以通过过孔实现。过孔的制作方法为:在多层需要连接处钻一个孔,然后在孔的孔壁上沉积导电金属(又称电镀),这样就可以将不同的导电层连接起来。过孔主要有穿透式过孔和盲过孔两种形式,如图 5-6(a)所示。穿透式过孔从顶层一直通到底层,而盲过孔可以从顶层通到内层,也可以从底层通到内层。

过孔有内径和外径两个参数,如图 5-6(b)所示。过孔的内径和外径一般要比焊盘的内径和外径小。

穿透式过孔　　　　　　盲过孔

(a) 过孔的两种形式　　　　　(b) 过孔的参数

图 5-6　过孔的形式与参数

5.2　PCB 设计流程

电路板的设计过程简单来说,就是在印制板图纸上放置元器件封装,再用铜膜导线将放置的元器件连接起来。

它的一般设计过程如图 5-7 所示。

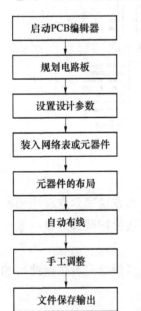

图 5-7　电路板的设计步骤

1. 启动 PCB 编辑器

电路板设计的全部工作都要在 PCB 编辑器中进行,因此在进行电路板设计之前,首先要启动 PCB 编辑器。

2. 规划电路板

规划电路板主要包括确定电路板的大小、电气边界、电路板的层数和各种元器件的封装形式等。

3. 设置设计参数

在 Protel 99 SE 的 PCB 编辑器中设置电路板的层数、布局和布线等有关参数,这是电路板设计中的重要步骤。有些参数可采用默认值,有些参数设置一次后在以后的设计中几乎不用改动。

4. 装入网络表或元器件

电路原理图的网络表是设计电路板时自动布线的依据,电路板是按照网络表的内容要求进行自动布线的。设计电路原理图是在图纸上放置元器件符号,而设计电路板是在图纸上放置元器件的封装(即元器件的外形),这样设计生产出来的电路板才能安装实际的元器件。

5. 元器件的布局

元器件的布局指将元器件封装放置在图纸上合适的位置,它有自动布局和手动布局两种方式。装载电路原理图生成的网络表后,Protel 99 SE 可自动装载元器件封装,并对元器件自动布局。如果觉得自动布局出来的元器件不合适,可采用手动布局调整元器件的位置。

6. 自动布线

元器件布局完成后,可应用 Protel 99 SE 提供的【Auto Route】命令进行自动布线,将元器件封装按网络表的要求自动用导线连接起来。如果有关参数设置正确、元器件布局合理,则自动布线成功率会非常高。

7. 手工调整

自动布线完成后,如果觉得不满意,可以进行手工调整。

8. 文件保存输出

布线完成后,电路板的设计基本完成,可以将设计好的电路板文件保存下来,也可以利用打印机等输出设备输出电路板的设计图,如果需要的话,还可以生成各种报表。

5.3　启动 PCB 编辑器

在 Protel 99 SE 中,绝大部分电路板的设计工作都要借助 PCB 编辑器来完成。因此在进行电路板设计之前,首先要新建一个 PCB 文件并进入 PCB 编辑器。下面就以第 3 章中的设计实例"单管放大电路"为例,在其设计数据库文件中新建一个 PCB 文件,并启动 PCB 编辑器。

5.3.1　启动 PCB 编辑器

启动 PCB 编辑器的步骤如下。

(1) 打开第 3 章中的设计数据库"DL1.ddb"。

(2) 将鼠标移到菜单栏上单击【File】,弹出菜单,在菜单中选择【New】命令,出现如图 5-8 所示的【New Document】(新建文件)对话框。

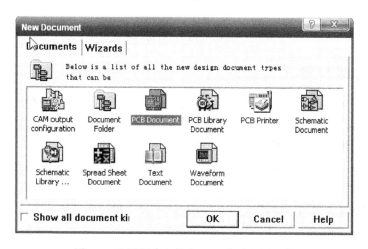

图 5-8　选择新建文件为 PCB 电路板图文件

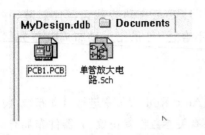

图 5-9　新建 PCB 文件

（3）在如图 5-8 所示的对话框中选择【PCB Document】，再单击【OK】按钮，就在"DL1.ddb"数据库文件中建立了一个默认文件名为"PCB1. PCB"的电路板设计文件，如图 5-9 所示。

（4）用鼠标单击新创建的 PCB 文件名，将其更名为"单管放大电路.PCB"。

（5）用鼠标双击打开"单管放大电路.PCB"文件，启动 PCB 编辑器，如图 5-10 所示。

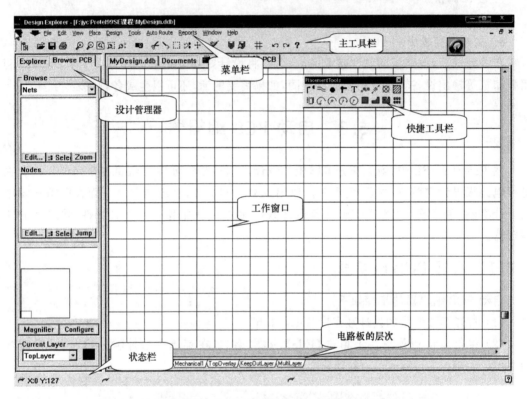

图 5-10　PCB 编辑器启动后的界面

5.3.2　PCB 编辑器界面介绍

从图 5-10 可以看出，PCB 编辑器主要由菜单栏、主工具栏、设计管理器、工作窗口、电路板设计工具栏和状态栏、命令栏组成。在工作窗口上方是文件标签，下方是工作层标签。

1. PCB 编辑器界面的管理

（1）单击主工具栏中的 按钮或执行菜单命令【View】/【Design Manager】，可以打开和关闭设计管理器。

（2）单击设计管理器上方的【Browse PCB】，可以切换到元器件封装库管理器；单击设计管理上方的【Explorer】，可以切换到文件管理器。

（3）单击工作窗口上方的文件标签，可以打开该文件，在文件标签上右击，弹出的快捷菜单中选择【Close】命令，就可以将该文件关闭。

（4）单击工作窗口下方的工作层标签，可以打开该工作层。

（5）执行菜单命令【View】/【Status Bar】，可以打开或关闭状态栏。

（6）执行菜单命令【View】/【Command Status】，可以打开或关闭命令栏。

2．工具栏的管理

PCB编辑器主要有 4 个工具栏，分别是【Main Toolbars】（主工具栏）、【Placement Tools】（放置工具栏）、【Component Placement】（元器件位置调整工具栏）和【Find Selection】（查找被选元器件工具栏）。其中以放置工具栏使用频率最多，如图 5-11 所示。具体功能如表 5-1 所示。

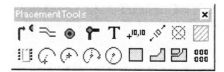

图 5-11　放置工具栏

表 5-1　放置工具栏的按钮功能

按钮	功能	按钮	功能
	放置交互式导线		放置导线
	放置焊盘		放置过孔
T	放置字符		放置某点坐标
	放置两点间的尺寸标注		重新设置系统的坐标原点
	放置一个矩形填充区域		放置元器件
	放置圆或圆弧		放置一个矩形区域
	放置多边形网络填充		放置电源和接地的内层
	多重粘贴剪切板中的内容		

5.4　参数设置

在应用 PCB 编辑器绘制电路板图之前，应对其工作参数进行设置，使系统按照用户的要求工作。本节着重介绍电路板绘制时的参数设置。

5.4.1　系统参数设置

系统参数设置的内容较难理解，如果读者已有一定的电路板设计基础，可阅读下面的内容。对于初学者简单浏览一下即可，或者直接跳过这些内容，这并不影响后续章节的学习。

在进行电路板设计时，如果想使电路板的设计环境更个性化，可根据自己的习惯和爱好对 PCB 编辑器的有关参数进行设置。由于 PCB 编辑器参数设置中的很多内容较难理解，如果读者是初学者,可不用设置这些参数,让系统保持默认设置,而直接去进行电路板的设计。

系统参数(Preferences)对话框是用于设置系统有关参数的,如板层颜色、光标的类型、默认设置等。

在设计窗口中右击,在调出的菜单中选择【Options...】/【Preferences】命令,或者直接选择主菜单【Tools】/【Preferences】命令,屏幕将出现如图 5-12 所示的系统参数设置对话框。该对话框包括 6 个标签页,分别为:【Options】、【Display】、【Colors】、【Show/Hide】、【Defaults】和【Signal Integrity】。参数设置就在这 6 个选项中进行。如果对其中某些项的设置不大明白,可以保持默认值,等理解这些设置后再按自己的爱好进行设置。下面主要介绍【Options】部分功能。

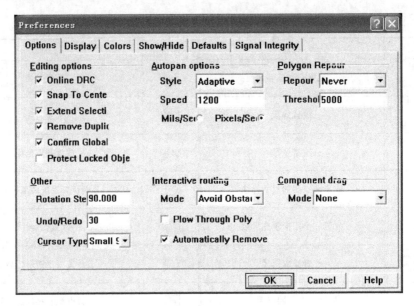

图 5-12 【Preferences】对话框

1.【Options】选项

【Options】选项标签页如图 5-12 所示。此对话框分为 6 个区域,分述如下。

(1)【Editing options】编辑选项区域

• 【Online DRC】:选中表示在布线的整个过程中,系统将自动根据设定的设计规则进行检查。

• 【Snap To Center】:选中表示在移动元器件封装或者字符串时,光标会自动移动到元器件封装或者字符串的平移参考点上,否则执行移动命令,光标与元器件或字符串粘在光标指向处。

• 【Extend Selection】:选中表示在选取电路板图上元器件的时候,不取消原来的选取,即可以逐次选择要选取的元器件;如果不选,则只有最后一次选择的元器件是处于选取的状态,以前选取的元器件将撤销选取状态。此选项的系统默认值为选中。

• 【Remove Duplicates】:选中表示系统将自动删除重复的元器件,以保证电路图上没有元器件标号完全相同的元器件。此选项的系统默认值为选中。

• 【Confirm Global Edit】:选中表示在进行整体编辑操作之前,系统将给出提示让用户确认,以防错误编辑的发生。此选项的系统默认值为选中。

• 【Protect Locked Object】:选中表示在高速自动布线时保护先前放置的固定实体不变。此项的默认值为不选。

(2)【Autopan options】自动移边选项区域

正常情况下选择【Re-Center】表示当光标移动到工作区的边缘时,将以光标所在的位置重新定位工作区的中心位置。

(3)【Component drag】拖动图件区域

设置元器件移动方式,用鼠标左键单击右边的 ▼ 按钮,其中包括两个选项:【None】(没有)和【Connection Tracks】(连接导线)。如果选择【None】选项,在拖动元器件时,只拖动元器件本身;如果选择【Connection Tracks】选项,则使用【Move\drag】命令移动元器件时,与元器件相连接的线将跟着移动。

(4)【Interactive routing】交互式布线模式选择区域

单击【Mode】(模式)右边的 ▼ 按钮,可看到如图 5-13 所示的对话框。其中包括以下 3 个选项。

• 【Ignore Obstacle】(忽略障碍):选中表示在布线遇到障碍时,系统会忽略遇到的障碍,直接布线过去。

• 【Avoid Obstacle】(避免障碍):选中表示在布线遇到障碍时,系统会设法绕过遇到的障碍,布线过去。

• 【Push Obstacle】(清除障碍):选中表示在系统布线遇到障碍时,系统会将障碍先清除掉,再布线过去。

• 【Plow Through Polygon】:选中表示在布线的整个过程中,导线穿过多边形布线。此项只有在【Avoid Obstacle】项选中有效,其他两项无须此功能。

• 【Automatically Remove】:选中表示在布线的整个过程中,绘制一条导线以后,如果系统发现还有一条回路可以取代此导线的作用,则会自动删除多余的导线。

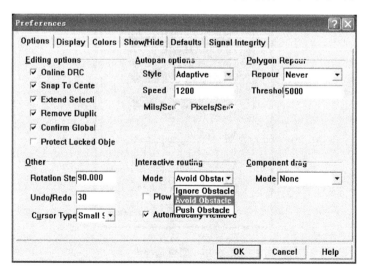

图 5-13　交互式布线模式选择

（5）【Other】其他区域

• 【Rotation Step】设置在放置元器件时，每次按动空格键元器件旋转的角度。设置的单位为角度，系统默认值为 90°。

• 【Undo/Redo】设置最大保留的撤销或重做操作的次数。默认值为 30 次。撤销和重做可以通过主工具栏上右边的两个箭头符号图标进行操作。

• 【Cursor Type】设置光标的形状。用鼠标左键单击右边的下拉式按钮，其中包括 3 种光标形状：【Large 90】、【Small 90】、【Small 45】。3 种光标的形状分别如图 5-14 所示。

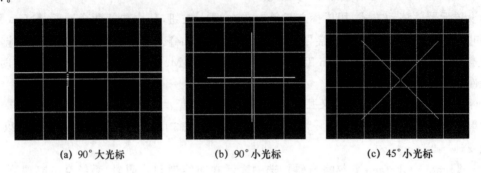

(a) 90°大光标   (b) 90°小光标   (c) 45°小光标

图 5-14　光标的 3 种类型

所有设置完成以后，单击【OK】按钮即可。若单击【Cancel】按钮，则进行的设置无效并退出对话框。对于其他标签页的设置可以使用系统默认设置。

2.【Colors】选项

单击 5-13 图中的【Colors】标签，即可进入颜色选项卡，如图 5-15 所示。要设定某一工作层的颜色，用户可以用鼠标单击该层面后面的颜色块，在随后出现的对话框中设定该层面的颜色，如图 5-16 所示。

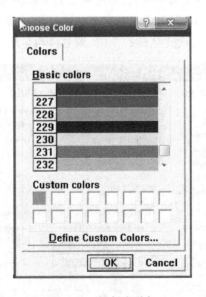

图 5-15　颜色选项卡

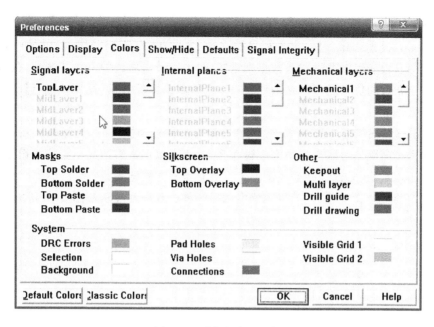

图 5-16 选择颜色对话框

5.4.2 其他参数设置

这里介绍一下工作层栅格及计量单位设置。在设计窗口中右击,选择菜单命令【Options】/【Board Options】就可以弹出如图 5-17 所示的文档选项对话框。其参数内容简介如下。

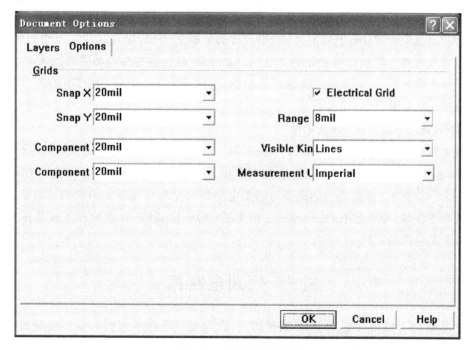

图 5-17 文档选项对话框

1.【Grids】栅格设置

（1）【Snap X】、【Snap Y】设定光标每次移动（分别在 X 方向、Y 方向）的最小间距。可以通过直接在右边的编辑框中输入数据来设置，也可以单击右边的下拉式按钮，在下拉式菜单中选择一个合适的值。还可以在设计窗口中直接单击鼠标右键，用菜单选择【Snap Grid】（格点间距）来设置。

（2）【Component X】、【Component Y】设定对器件移动操作时，光标每次在 X 方向、Y 方向移动的最小间距。可以在编辑框中输入数据，也可以单击右边的下拉式按钮选择数据。

（3）【Visible Kind】设置栅格显示方式。共有两种方式选择：一是"线状"，二是"点状"。可以单击右边的下拉式按钮，在下拉菜单中选择一种。其屏幕显示如图 5-18 所示。

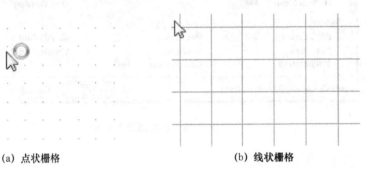

(a)　点状栅格　　　　　　　　　　　(b)　线状栅格

图 5-18　　栅格类型

2.【Electrical Grid】电气栅格设置

简单地说，电气栅格设置就是在走线时，当光标接近焊盘或其他走线一定距离时，即被吸引而与之连接，同时在该处出现一个记号。如果选中【Electrical Grid】，则在画导线的时候，系统将会以【Grid Range】（格点范围）中设置的数据为半径，以光标所在位置为中心，向四周搜索电气节点。若在搜索半径内有电气节点的话，就会将光标自动移动到该节点上，并且在该节点上显示一个大圆点。若取消该功能，只需将【Electrical Grid】前的"√"去掉即可。建议使用此功能。

3.【Measurement Unit】计量单位

设置系统使用的计量单位。在 Protel 99 SE 中，有两种计量单位可供选择，即【Imperial】（英制单位）和【Metric】（公制单位）。英制单位为"mil"（密尔），1 mil＝0.025 4 mm；公制单位为"mm"（毫米）。公制单位的选择为确定电路板尺寸和元器件布局提供了方便。计量单位的选择方法是：单击【Measurement Unit】右边的下拉式按钮，然后在下拉菜单中选择需要的计量单位即可。

5.5　规划电路板

在创建好 PCB 文件并启动 PCB 编辑器后，首先要对电路板进行规划。电路板大多数情况下为规则形状，如矩形，也可以有其他形状的。

规划电路板实际上就是确定电路板边框的外观形状和外观尺寸。定义的方法有多种，总体可分为手工定义和系统自动定义。这里首先介绍手工定义一个电路板。系统自动定义电路板将在第 6 章介绍。

5.5.1 电路板层的种类

在设计窗口右击,在弹出菜单中选择【Options】/【Board Layers...】(板层选项)命令,就可以看到如图 5-19 所示的文档选项对话框。也可以直接选择主菜单【Design】/【Options】(选项)命令。对话框分为两个标签页,它们是【Layers】板层标签页和【Options】选项标签页,分别对应鼠标右键菜单中的【Options】/【Board Layers...】和【Board Options】(电路板选项)。

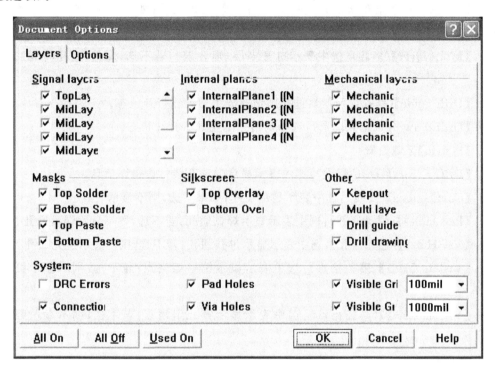

图 5-19 【Document Options】对话框

下面介绍【Layers】板层选项标签页。在此标签页中包括 8 个区域,用于设定各板层的打开状态。选中(即在其前打"√")表示打开,没有选中表示关闭。其内容分述如下。

1.【Signal layers】信号板层区域

用来设定信号层打开状态。信号层主要是电气布线的敷铜板层。如果需要打开某一个信号层,可以用鼠标单击该信号层名称,当其名称左边的复选框出现"√"时,表示该信号层处于打开显示状态。再单击时,"√"符号将消失,相应的信号层也会关闭掉。打开与关闭其他工作层的方法与此相同。

2.【Internal planes】内部板层区域

用来设定内部板层打开状态。内部板层主要是用于布置电源和接地线。

3.【Mechanical layers】机械板层区域

一般用于设置电路板的外形、大小、数据标记等有关信息。

4.【Masks】阻焊板层区域

用来设定阻焊板层打开状态。阻焊板层包括两层,即顶层阻焊层【Top】和底层阻焊层【Bottom】。阻焊层一般由阻焊剂构成。

5.【Silkscreen】丝印层区域

用来设定丝印层打开状态。丝印层主要用于绘制元器件外形轮廓以及标识元器件标号等。丝印层包括两层,即【Top Overlay】(顶层丝印层)和【Bottom Overlay】(底层丝印层)。

6.【Other】其他设置区域

• 【Keepout】(禁止布线层):选中表示打开禁止布线层;如果不选,则不打开禁止布线层。

• 【Multi layer】(多层):选中表示打开多层(通孔层);若不选,焊盘、过孔将无法显示出来。

• 【Drill guide】(钻孔导引层):选择则钻孔导引层处于打开状态。

• 【Drill drawing】(钻孔图层):选择则钻孔图层处于打开状态。

7.【System】区域设置

• 【DRC Errors】(DRC 错误):选中表示显示自动布线检查错误信息。

• 【Connections】(飞线):选中表示显示飞线;如果不选,则不显示飞线。

• 【Pad Holes】(焊盘通孔):选中表示显示焊盘通孔;若不选,则不显示焊盘通孔。

• 【Via Holes】(过孔通孔):选中表示显示过孔通孔;若不选,则不显示过孔通孔。

• 【Visible Grid1】(第一格点):选中表示显示第一组格点;若不选,则不显示第一组格点。

• 【Visible Grid2】(第二格点):选中表示显示第二组格点;若不选,则不显示第二组格点。

8. 其他按钮

在图 5-19 中,还有 3 个按钮没有介绍,即【All On 】(全开)、【All Off】(全关)和【Used On】(用了才开)。其意义分别为:

• 【All On】表示将所有的板层都设置为打开显示,而无论上面有没有符号标记;

• 【All Off】表示将所有的板层都设置为关闭,而无论有没有用;

• 【Used On】表示将用到的层打开,没有用到的层关闭。

其实,在对话框内的任意处右击,都将出现一个快捷菜单,其功能和上面的 3 个按钮功能相同。建议不要将所有的层都打开。

5.5.2 手工设计一个 PCB 板

在 Protel 99 SE 中,新建的 PCB 文件其默认的电路板类型为双面板,因此手工规划"单管放大电路.PCB"之前,鉴于其电路简单、元器件较少,应将其修改为单面板。

1. 设置电路板类型

(1) 在 PCB 编辑器中选取菜单命令【Design】/【Layer Stack Manager...】，即可打开【Layer Stack Manager...】(图层堆栈管理器)对话框，如图 5-20 所示。

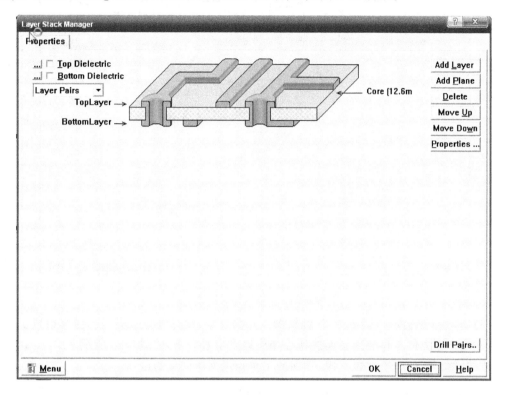

图 5-20　图层堆栈管理器对话框

(2) 将鼠标移动到图层堆栈管理器的左下角，单击【Menu】按钮，弹出如图 5-21 所示的菜单。

(3) 将鼠标移动到【Example Layer Stacks】选项上，即可展开下一级子菜单，弹出的对话框如图 5-22 所示。在该菜单中系统提供了多种不同类型的电路板。

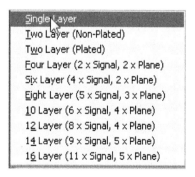

图 5-21　【Menu】菜单　　　　　　　　图 5-22　选择电路板类型

(4) 将鼠标移动到【Single Layer】(单层板)选项上，然后单击，执行创建单面板的命令，则图层堆栈管理器对话框将转换为如图 5-23 所示的模式。

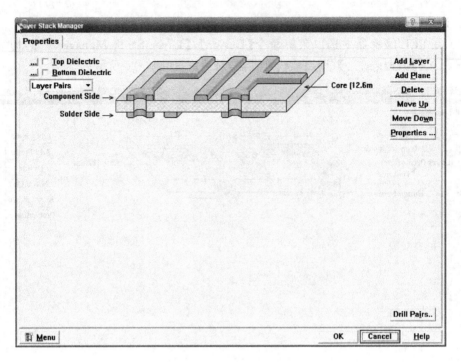

图 5-23　单面板图层对话框

(5) 单击【OK】按钮,回到 PCB 编辑器工作窗口中,此时电路板类型已经修改成了单面板,工作窗口下方的工作层面切换按钮也相应地发生了变化,如图 5-24 所示。

至此,单面板的类型设置完成,下面的工作是规划单面板的边界。

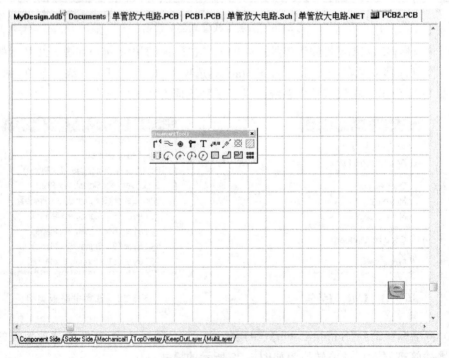

图 5-24　单面的工作层面

2. 电路板的边界规划

电路板的边界规划包括物理边界规划和电气边界规划。其中,物理边界用来定义电路板的物理外形,而电气边界则用来限定布线范围和元器件放置的区域。

电路板的边界规划首先需要规划物理边界,即确定电路板的外形尺寸。用户可在 Protel 99 SE 所提供的机械层上确定电路板物理边界,而在其他的机械层上放置尺寸和对齐标志等。

电气边界是通过在【Keep Out Layer】(禁止布线层)绘制边界来实现的。禁止布线层是 PCB 工作空间中一个用来确定放置图件区域的特殊工作层面。所有电气图件,如焊盘、过孔和走线等将被限定在电气边界内。通常用户应将电气边界的范围规划成在物理边界的范围内。

下面介绍绘制电路板电气边界的具体操作步骤。

(1) 设定当前的工作层面为禁止布线层。单击工作窗口下方的【KeepOutLayer】标签,即可将当前的工作层面切换到禁止布线层,如图 5-25 所示。用户将在该层面上确定电路板的电气边界。

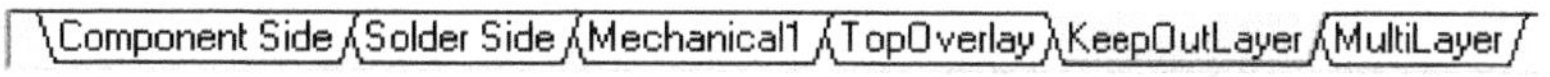

\Component Side\Solder Side\Mechanical1\TopOverlay\KeepOutLayer\MultiLayer/

图 5-25　将当前的工作层面切换到禁止布线层

(2) 单击放置工具栏上的图标,在绘图区幅面左下角处单击一下,该点即为相对坐标原点 $O(0,0)$,沿此点往右为 X 轴正方向,往上为 Y 轴正方向。

(3) 选取菜单命令【Place】/【Interactive Routing】或单击放置工具栏中的按钮,此时光标上粘着十字形,表示处于画线状态。在图幅上原点 $O(0,0)$ 处单击一下,确定该点为线条起点 X 正方向,移动光标至 X 轴上某另一点,再单击一下鼠标,确定了该点为一条水平边框线的终点。单击鼠标右键,结束该边框线的绘制。

(4) 用同样的方法画出其余 3 条边框线,注意要可靠闭合,边框线如不闭合则不能自动布线。

上述方法在画线的时候靠眼睛辨别很难确定线条长度,难以在该闭合处闭合,且容易在顶点处产生 45°斜面。只有在画线时时刻注意状态栏左部的坐标信息,以便确定每一个顶点的坐标位置,才能顺利完成边框线的绘制。

另外,还可以用如下的方法在键盘上输入坐标位置以决定线条的起点和终点,且边框线可一气呵成。

在上述(1)、(2)、(3)步骤之后,规划一下电路板边框的 4 个顶点的坐标。例如要设置一个长为 4 000、宽为 3 000 的电路板边框,如图 5-27 所示;a 点为(0,0),b 点为(4 000, 0),c 点为(4 000,3 000),d 点为(0,3 000),最后回到 a 点为(0,0)。

同上述第(3)步,单击放置工具栏上的图标,以设置边框线。此时光标上粘着十字形,表示处于画线状态,按一下快捷键【J】,接着再按快捷键【L】,弹出相对于原点位置的对话框,如图 5-26 所示。

在 X 栏和 Y 栏输入 a 点的 x 轴和 y 轴坐标 0 mil、0 mil,连按 3 次回车键;此时又一次按快捷键【J】,接着再按快捷键【L】,弹出相对于原点位置的对话框;在 X 栏和 Y 栏输入 b 点的 x 轴和 y 轴坐标 4 000 mil、0 mil,连按 3 次回车键;此时又一次按快捷键【J】,接着再按快捷键【L】,弹出相对于原点位置的对话框;在 X 栏和 Y 栏输入 c 点的 x 轴和 y 轴坐标 4 000 mil、

3 000 mil,连按 3 次回车键；此时又一次按快捷键【J】，接着再按快捷键【L】，弹出相对于原点位置的对话框；在 X 栏和 Y 栏输入 d 点的 x 轴和 y 轴坐标 0 mil、3 000 mil，连按 3 次回车键；此时又一次按快捷键【J】，接着再按快捷键【L】，弹出相对于原点位置的对话框；在 X 栏和 Y 栏输入 a 点的 x 轴和 y 轴坐标 0 mil、0 mil，连按 3 次回车键；一个 4 000 mil×3 000 mil 的 PCB 边框已经设置好。用这种快捷键的方法与用移动光标的方法相比，最突出的优点是定位准确，顶点可靠闭合，不会在顶点产生 45°斜面。

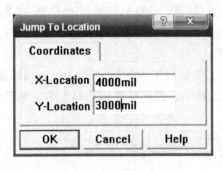

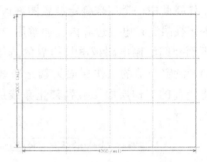

图 5-26　定义位置坐标　　　　　　　图 5-27　已规划的电路板

3. 预放置安装孔

在绘制好电路板的电气边界后，接下来就要放置安装孔了。放置安装孔就是根据 PCB 板的安装要求，在需要放置固定安装孔的位置放上适当大小的焊盘。焊盘中间有一个通孔，当通孔的尺寸设置与焊盘的外形相等时，这个通孔就可以完全占据整个焊盘，经过这样设置的焊盘最终将变为一个纯粹的通孔，这样用户就可以用螺钉穿过这些安装孔并将 PCB 板固定在所需的位置上了。

本例采用的通孔直径为 3 mm，将【X-Size】、【Y-Size】和【Hole Size】的大小都设置为 118 mil，设置的结果如图 5-28 所示。

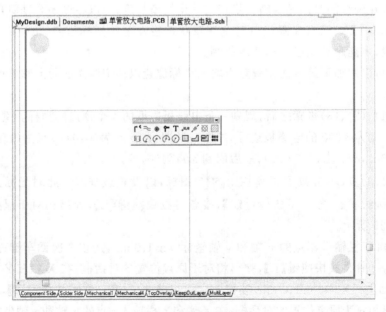

图 5-28　放置安装孔

5.6 装载元器件的封装

电路板的工作层和大小设置好后,接下来就是向电路板上放置元器件封装。Protel 99 SE 默认安装的元器件封装库是"Miscellaneous Devices.ddb"(分立元器件库),它里面元器件的封装数量并不多,若其中没有要放置的元器件封装,可将该元器件所在的封装库装载进 PCB 编辑器中。

Protel 99 SE 提供了常见的元器件封装库,这些元器件封装库的位置是 C:\Program Files\Design Explorer 99 SE\Library\PCB。在 PCB 文件夹中有 3 个文件夹:Connectors 文件夹(内含多个连接元器件封装库)、Generic Footprints 文件夹(内含多个普通元器件封装库)和 IPC Footprints 文件夹(内含多个 IPC 元器件封装库)。比较常用的元器件库有 Advpcb.ddb、Dc to DC.ddb、General IC.ddb,它们都被放置在 Generic Footprints 文件夹中。上例的放大电路中所用的各个元器件及元器件封装所在的元器件库见表 5-2 所示。

表 5-2　放大电路各个元器件及元器件封装所在的元器件库

元器件名称	元器件标号	元器件所在 SCH 库	元器件封装	元器件所属 PCB 库
RES2	Rb1	Miscellaneous Devices.ddb	AXIAL0.4	Advpcb.ddb
RES2	Rb2	Miscellaneous Devices.ddb	AXIAL0.4	Advpcb.ddb
RES2	Rc	Miscellaneous Devices.ddb	AXIAL0.4	Advpcb.ddb
RES2	Re	Miscellaneous Devices.ddb	AXIAL0.4	Advpcb.ddb
RES2	RL	Miscellaneous Devices.ddb	AXIAL0.4	Advpcb.ddb
ELECTRO1	C1	Miscellaneous Devices.ddb	RB.2/.4	Advpcb.ddb
ELECTRO1	C2	Miscellaneous Devices.ddb	RB.2/.4	Advpcb.ddb
ELECTRO1	C3	Miscellaneous Devices.ddb	RB.2/.4	Advpcb.ddb
NPN	V1	Miscellaneous Devices.ddb	TO-92A	Advpcb.ddb
源电压	ui	Miscellaneous Devices.ddb	SIP2	Advpcb.ddb

装载元器件封装库的方法与装载元器件符号库基本相同,具体操作过程如下。

(1)单击元器件封装库管理器中的【Add/Remove】按钮,或执行菜单命令【Design】/【Add/Remove Library】,弹出如图 5-29 所示的对话框。

(2)在如图 5-29 所示的对话框中,首先选中要装载的元器件封装库文件,然后单击【Add】按钮,该元器件封装库文件就被加入到对话框下面的列表框中。如果想删除列表框中的某个元器件封装库文件,只要在列表框中选中该文件,再单击【Remove】按钮,选中的文件就会被删除。单击【OK】按钮,列表框中的所有元器件封装库文件都会被装载到 PCB 编辑器中。

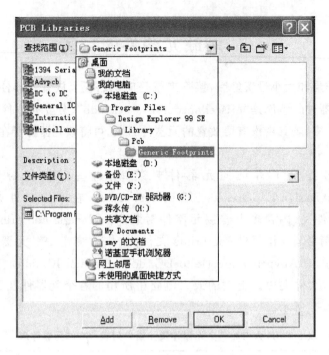

图 5-29　添加和移除元器件库对话框

5.7　放置对象

当装载了元器件封装库并设置了电路板边框后,就可以在电路板上放置各种各样的元素了,如元器件、焊盘、过孔和线条等。

5.7.1　放置元器件封装

Protel 99 SE 提供了多种放置元器件封装到电路板上的渠道,具体分为手工的和自动的两大类。手工的如通过菜单【Place】、元器件工具图标、元器件库浏览器等;自动的如通过网络表、同步传送器等。这里仅介绍手工放置的几种方法,自动放置在第 6 章介绍。

1. 通过菜单命令【Place】或元器件工具图标放置元器件封装

执行菜单命令【Place】/【Component...】,弹出放置元器件对话框,如图 5-30 所示。若单击元器件工具图标,同样弹出如图 5-30 所示的放置元器件对话框。

在该对话框中,【Footprint】栏输入元器件封装类型,如 1/4 W 电阻器为 AXIAL0.4;【Designator】栏输入元器件标号,如 R1;【Component】栏输入元器件的参数,电阻器、电容器等为输入参数,二极管、三极管和集成电路等为输入型号。

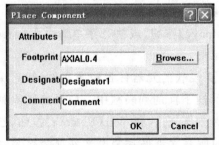

图 5-30　放置元器件对话框

如果对【Footprint】栏的元器件所对应的符号记不住则无法填写,可通过其后的【Browse...】按钮单击查看,当按下【Browse...】按钮后,弹出查看元器件对话框,如图 5-31 所示。

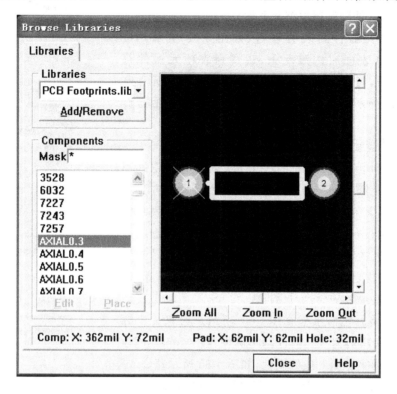

图 5-31 查看元器件对话框

单击滚动条内的元器件名称,观察该元器件名称所对应的封装形状,选择到合适的元器件后单击【Close】按钮可关闭该对话框,回到原设置元器件对话框,此时【Footprint】栏内自动输入了所观察到的元器件封装图形所对应的元器件封装名称。单击【OK】按钮,对话框消失,该元器件封装图形包括元器件序号、元器件参数(或型号)等文字一同粘在光标上,等待放置。

移动光标到适当位置,单击鼠标,将该元器件固定下来,如图 5-32 所示。

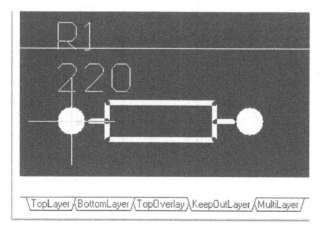

图 5-32 元器件随着光标而移动

此时重又弹出设置元器件对话框,可继续添加下一个元器件,也可单击【Cancel】按钮取消操作。

2. 通过元器件浏览器放置元器件

打开 PCB 元器件封装管理器,如图 5-33 所示。按【Component】列表框右侧滚动条,观察列表项元器件符号,单击某符号,可在其下显示该封装元器件符号所对应的元器件封装外形。单击【Place】按钮,可放置该元器件封装。

3. 元器件封装的属性

能够放置到电路板上的任意一个元素都有其特定的属性,可修改之,元器件也不例外。打开元器件属性的方法也是多种多样的,大多数情况下,在刚取得元器件尚未固定之前,元器件还粘在光标上时,按一下键盘上的【Tab】键就可打开元器件封装的属性对话框以便编辑和修改元器件封装的属性;在元器件已经固定到电路板上以后,双击鼠标,同样能打开元器件封装的属性对话框。

元器件封装属性对话框如图 5-34 所示。它有 3 个标签,其中【Properties】为该元器件基本属性;【Designator】为该元器件序号的字符所对应的属性,如图 5-35 所示;【Comment】为该元器件参数(或符号)的字符所对应的属性,与图 5-35 所示的元器件序号字符属性对话框完全相同。

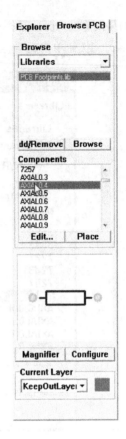

图 5-33　PCB 元器件封装管理器

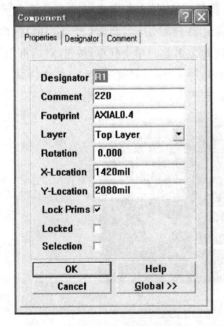

图 5-34　元器件基本属性对话框

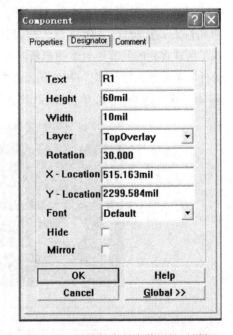

图 5-35　元器件序号字符属性对话框

（1）【Properties】属性，该属性有 10 项，前 7 项是输入属性，分别为：

- 【Designator】定义该元器件的序号；
- 【Comment】定义该元器件的参数（或符号）；
- 【Footprint】定义该元器件的封装名称；
- 【Layer】定义该元器件所在的层；
- 【Rotation】定义该元器件倾斜角度；
- 【X-Location】定义该元器件距原点在 X 轴向的位置；
- 【Y-Location】定义该元器件距原点在 Y 轴向的位置；

后 3 项为单选项，分别为：

- 【Lock Prims】定义该元器件上的元素如线条或焊盘是否不可以解体；
- 【Locked】定义该元器件是否处于锁定状态；
- 【Selection】定义该元器件是否处于选择状态。

大多数情况下，只需要对前两项【Designator】、【Comment】予以编辑和修改即可，其余的可选择缺省值。

（2）【Designator】选项功能为：

- 【Text】对 Designator 定义序号，对 Comment 定义参数（或型号）；
- 【Height】定义字符的高度；
- 【Width】定义组成字符所用线条的宽度；
- 【Layer】定义该字符所在的层；
- 【Rotation】定义该字符倾斜角度；
- 【X-Location】定义该字符距原点在 X 轴向的位置；
- 【Y-Location】定义该元器件距原点在 Y 轴向的位置；
- 【Font】定义该字符的字体，可三选一，分别为 Default、Sans Serif、Serif。

后两项为单选项，分别为：

- 【Hide】定义该字符是否隐藏（即不显示）；
- 【Mirror】定义该字符是否处于镜像状态（即反字）。

5.7.2　放置焊盘

同放置元器件封装相类似，Protel 99 SE 同样提供了多种放置焊盘到电路板上的渠道，如通过菜单【Place】、焊盘工具图标 ◉ 等。

1. 放置焊盘

通过菜单命令【Place】或焊盘工具图标 ◉ 放置焊盘的效果是相同的，执行菜单命令【Place】/【Pad】，即出现了一个焊盘粘在光标上；移动光标到电路板的适当位置，单击鼠标可将其固定。需要说明的是，元器件封装图形的各个引线端上均设置了一个焊盘，如图 5-32所示，与这里所放置的焊盘本质上没有不同之处。

2. 焊盘属性

在刚取得焊盘尚未固定之前，焊盘还粘在光标上时，按一下键盘上的【Tab】键就可打开焊盘的属性对话框以便编辑和修改该焊盘的属性;在焊盘已经固定到图幅上以后,双击鼠标,同样能打开焊盘的属性对话框。如图 5-36 所示。

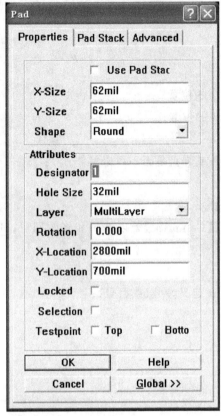

图 5-36　焊盘属性对话框

【Properties】的功能含义如下。

（1）【Use Pad Stack】设置是否可在不同层中设置焊盘不同的大小和形状,当该项未选中时,其【X-Size】、【Y-Size】和【Shape】可选且底层和顶层是相同的;当该项选中时,其【X-Size】、【Y-Size】和【Shape】不可选,只有到【Pad Stack】选项卡中去设置在各层的尺寸和形状。默认为未选中状态。

（2）【X-Size】设置焊盘在 X 轴向尺寸。

（3）【Y-Size】设置焊盘在 Y 轴向尺寸。

（4）【Shape】设置焊盘形状,有 3 个可选:"Round"为圆形,为默认状态;"Rectangle"为矩形;"Octagonal"为八角形。3 种形状的焊盘,如图 5-37 所示。

（5）【Attributes】框架下的选项分别为:

① 【Designator】设置焊盘号;

② 【Hole Size】设置焊盘孔径;

③ 【Layer】设置焊盘所在的层;

④ 【Rotation】设置焊盘旋转角度;

⑤ 【X-Location】设置焊盘在 X 轴位置;

⑥ 【Y-Location】设置焊盘在 Y 轴位置;

⑦ 【Locked】设置焊盘锁定状态;

⑧ 【Selection】设置焊盘选择状态;

⑨ 【Testpoint Top\Bottom】设置焊盘在顶层或底层设置测试点。

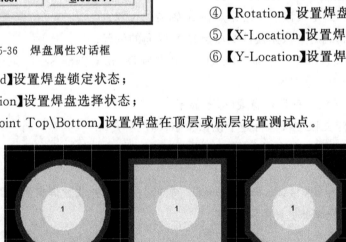

图 5-37　焊盘的 3 种基本形状

5.7.3　放置过孔

与放置焊盘相类似,Protel 99 SE 同样提供了多种放置过孔到图幅纸上的渠道,如通过菜单【Place】、过孔工具图标🔧等。

1. 放置过孔

通过菜单命令【Place】或过孔工具图标🔧放置过孔的效果是相同的。执行菜单命令【Place】/【Via】，即出现了一个过孔粘在光标上；若单击过孔工具图标🔧，同样出现了一个过孔粘在光标上。移动光标到图纸的适当位置，单击鼠标可将其固定。其形状如图 5-38 所示，与焊盘相比，它没有编号，也不可设置为矩形和八边形。

2. 过孔的属性

在刚取得过孔尚未固定之前，过孔还粘在光标上时，按一下键盘上的【Tab】键就可打开过孔的属性对话框以便编辑和修改该过孔的属性；在过孔已经固定到图幅上以后，双击鼠标，同样能打开过孔的属性对话框。过孔属性对话框如图 5-39 所示，分别可设置直径、孔径、起始层、终止层、X 轴位置、Y 轴位置、所属网络、锁定状态、选择状态和测试点。

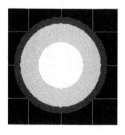

图 5-38 过孔的形状

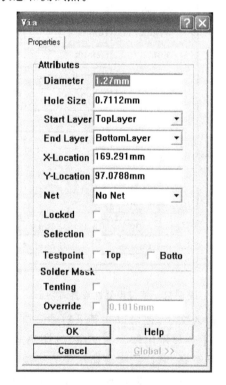

图 5-39 过孔属性对话框

5.7.4 放置字符串

在设计电路板时，常常需要在一些部位放置说明文字，如电路板的各种标注文字，这些文字称为字符串。字符串一般放置在丝印层或机械层。

1. 字符串的放置

放置字符串的操作过程如下。

（1）单击放置工具栏中的 **T** 按钮，或者执行菜单命令【Place】/【String】，鼠标会变成光标状，并且光标旁跟随着字符串，如图 5-40 所示。

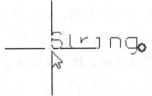

（2）单击【Tab】键，弹出如图 5-41 所示的对话框。对话框中各项的主要功能见图中标注说明，设置完成后单击【OK】按钮关闭对话框，然后将光标移到合适的位置单击便放置了一个字符串。

2．字符串属性的设置

在已经放置好的字符串上双击，也会弹出如

图 5-40　放置字符串

图 5-41 所示的对话框，这里着重说明【Text】项的设置。

图 5-41　字符串属性设置对话框

可以在【Text】项中直接输入文字，也可以在其下拉列表框中选择系统提供的特殊字符串。如果输入文字，在电路板上会显示出输入的文字，打印出来的也是输入的文字；如果选择的是下拉列表框中的特殊字符串，默认的屏幕显示仍为特殊字符串文字，如果想知道解释后字符串的内容，可执行菜单命令【Tools】/【Preferences】，将【Display】选项卡中的【Convert Special Strings】复选框选中，屏幕上将显示解释的字符。

3．字符串的编辑

（1）字符串的选取

在字符串上单击，字符串左下角会出现一个小十字形，右下角出现一个小圆，此时字符串处于选取状态，如图 5-42(a)所示。

（2）字符串的移动

将鼠标移到字符串上，再按住左键拖动，就可以移动字符串。

（3）字符串的旋转

如果仅需按 90°角旋转字符串,可先选中字符串,然后将鼠标放在字符串上按住左键不放,再按空格键,字符串就会以逆时针方向旋转 90°;如果想以任意角旋转字符串,可先选中字符串,然后将鼠标移到字符串右下角的小圆上单击,鼠标旁出现十字形光标,如图 5-42（b)所示。此时移动光标就能以字符串左下角的小十字为轴任意旋转字符串。

（a）选中字符串　　　　　　　　（b）旋转字符串

图 5-42　字符串的编辑

5.7.5　放置填充

布线完成后,一般要在电路板上没有导线、过孔和焊盘的空白区放置大面积的铜箔进行填充,来作为电源或接地点,这样做有利于散热和提高电路的抗干扰性。有两种填充方式:一种是矩形填充,另一种是多边形填充。

1. 放置矩形填充

（1）放置矩形填充的操作过程。单击放置工具栏中的 ▨ 按钮,或者执行菜单命令【Place】/【Fill】,鼠标旁出现一个十字光标,在编辑区合适位置单击,确定矩形的一个顶点,再移动光标拉出一个矩形,单击确定矩形的另一个顶点,就放置了了一个矩形填充,如图 5-43 所示。

（2）矩形填充的属性设置

在放置矩形填充过程中,单击【Tab】键,弹出如图 5-44 所示的对话框,设置完成后,单击【OK】按钮关闭对话框。

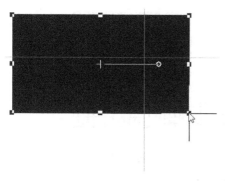

图 5-43　绘制矩形填充

图 5-44　矩形填充属性对话框

（3）矩形填充的编辑

在矩形填充上单击，周围出现控制块，此时矩形填充处于选中状态。矩形填充处于选中状态时，按下键盘上的【Del】键可以将其删除；拖动矩形填充周围的控制块可以缩放其大小；将鼠标移到矩形填充的中间小圆上单击，鼠标旁出现十字形光标，拖动光标可以旋转矩形填充。

2．放置多边形填充

（1）放置多边形填充的操作过程

单击放置工具栏中的 按钮，或者执行菜单命令【Place】/【Polygon Plane】，弹出如图5-45所示的对话框。可以在对话框中设置多边形填充的属性，也可以保持默认值，单击【OK】按钮完成设置。这时鼠标旁出现十字形光标，单击确定多边形填充的起点，然后在每个拐弯处单击确定各个顶点，如图5-46(a)所示。最后在终点处右击，起点和终点自动连接起来，且多边形被填充，如图5-46(b)所示。

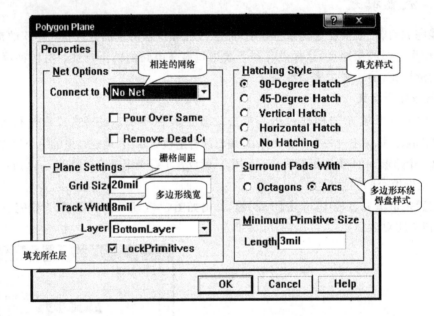

图 5-45　多边形填充设置对话框

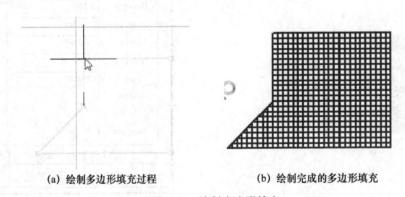

(a) 绘制多边形填充过程　　　　(b) 绘制完成的多边形填充

图 5-46　绘制多边形填充

（2）多边形填充的属性设置

在放置多边形填充过程中，单击【Tab】键，弹出如图 5-45 所示的对话框，设置完成后单击【OK】按钮关闭对话框。

5.7.6　放置坐标

放置坐标是指将当前光标所在位置的坐标值放置在工作层上。坐标通常放在非电气层上。

1. 坐标的放置

单击放置工具栏中的 ⌞₁₀,₁₀ 按钮，或者执行菜单命令【Place】/【Coordinate】，鼠标旁出现十字形光标，并且光标旁跟随着坐标值，如图 5-47 所示。光标移动，坐标值也会变化，单击就放置了一个坐标值。

图 5-47　放置坐标

2. 坐标属性的设置

在已放置的坐标上双击，或在放置坐标时单击【Tab】键，弹出如图 5-48 所示的对话框。对话框中各项的功能设置完成后，单击【OK】按钮即可。

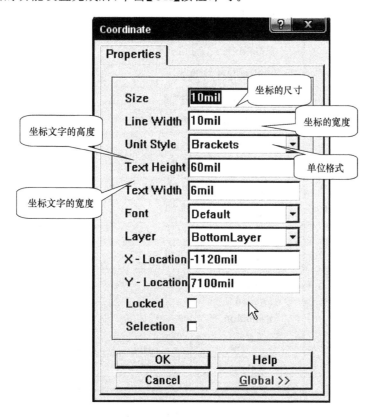

图 5-48　坐标属性对话框

5.7.7 放置尺寸标注

放置尺寸是指将某些对象的尺寸标注(如电路板尺寸等)放置在电路板上。尺寸标注通常放在机械层上。

1. 尺寸标注的放置

单击放置工具栏中的 ✎ 按钮,或者执行菜单命令【Place】/【Dimension】,鼠标旁出现十字形光标。移动光标到合适的位置,单击确定起点再向任意方向移动光标,光标旁显示尺寸的数值不断变化,如图 5-49 所示。移到合适的位置单击,确定尺寸的终点,这样就放置了一个尺寸标注。

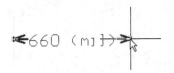

2. 尺寸标注属性的设置

图 5-49 放置尺寸标注

在已放置的尺寸标注上双击,或在放置尺寸标注时单击【Tab】键,弹出如图 5-50 所示的对话框。在对话框中进行各项设置,设置完成后单击【OK】按钮即可。

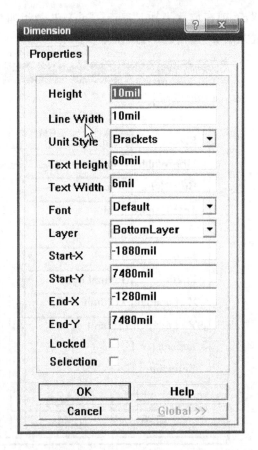

图 5-50 尺寸标注属性对话框

放置好的电路板图,如图 5-51 所示。

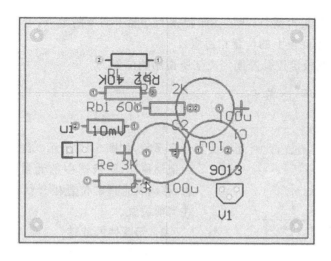

图 5-51 放置好的电路板

5.8 元器件手工布局

虽然 Protel 99 SE 提供了功能强大的自动布局,但是其布局的结果还是不能令人满意,往往必须进行手工布局。印制板布局是通过移动元器件的位置、翻转(三脚或三脚以上的元器件不能使用)和旋转元器件的角度使之满足电路使用要求所进行的操作。电路板的布局是决定电路板设计是否成功和是否满足使用要求的最重要的环节之一。

5.8.1 印制板布局原则

在一块板上按电路图把元器件组装成电路,首先必须考虑元器件在电路板上的结构布局问题。布局的优劣不仅影响电路板的走线、调试、维修以及外观,也对电路板的电气性能有一定影响。

电路板结构布局没有固定的模式,不同的人所进行的布局设计有不同的结果,但有如下一些供参考的原则。

首先,要考虑 PCB 尺寸大小。PCB 尺寸过大时,印制线条长,阻抗增加,抗噪声能力下降,成本也增加;过小,则散热不好,且邻近线条易受干扰。在确定 PCB 尺寸后,再确定特殊元器件的位置。最后,根据电路的功能单元,对电路的全部元器件进行布局。在确定特殊元器件的位置时要遵守以下原则。

(1)尽可能缩短高频元器件之间的连线,设法减少它们的分布参数和相互间的电磁干扰。易受干扰的元器件不能相互挨得太近,输入和输出元器件应尽量远离。

(2)某些元器件或导线之间可能有较高的电位差,应加大它们之间的距离,以免放电引出意外短路。带高电压的元器件应尽量布置在调试时手不易触及的地方。

(3)重量超过 15 g 的元器件,应当用支架加以固定,然后焊接。那些又大又重、发热量多的元器件,不宜装在印制板上,而应装在整机的机箱底板上,且应考虑散热问题。热敏元器件应远离发热元器件。

(4)对于电位器、可调电感线圈、可变电容器、微动开关等可调元器件的布局,应考虑整机的结构要求。若是机内调节,应放在印制板上方便于调节的地方;若是机外调节,其位置要与调节旋钮在机箱面板上的位置相适应。

(5)应留出印制板定位孔及固定支架所占用的位置。

5.8.2 元器件手工布局

1. 元器件的移动

单击元器件 Rb1 不放,此时光标变为十字形状,如图 5-52 所示。继续按住鼠标不放,然后拖动鼠标,则被选中的元器件 Rb1 会被光标粘着,移动到合适的位置松开鼠标,即可将 Rb1 放置在当前位置。

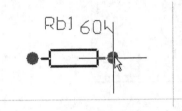

图 5-52 元器件的移动

2. 元器件的旋转

单击要旋转的元器件,同时按住鼠标左键不放,默认情况下,每单击一下【Space】键,逆时针旋转 90°。或双击该元器件,弹出元器件属性对话框,在对话框中也可以对其旋转角度进行修改。如图 5-53 所示。

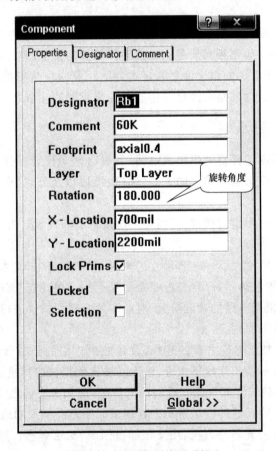

图 5-53 元器件属性对话框

3. 元器件的翻转

单击要翻转的元器件,同时按住鼠标左键不放,单击【X】键,出现如图5-54(a)所示的警告对话框,提示用户是否继续操作。如单击【Yes】按钮,即可实现左右翻转,如单击【No】按钮则取消操作,翻转后的元器件如图5-54(b)所示。同理,单击【Y】键可实现上下翻转。

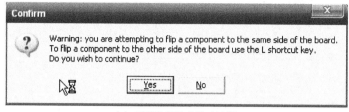

(a) 元器件翻转确认对话框

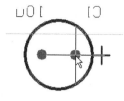

(b) 翻转后的电容

图5-54　元器件的翻转

注意:使用此功能时,输入法必须是处在英文输入法状态。在电路板设置中如果元器件的引脚个数大于两个,则不能使用翻转功能。

4. 选中整体移动、旋转、翻转

电路板图中的元器件选择方法与电路图元器件选择方法是相同的,这里不再赘述。在选中元器件后,可以用上述介绍的元器件的移动、旋转和翻转功能实现布局。

5. 利用菜单命令对齐元器件和均匀尺寸

在选中一批非对齐或非均分的元器件后,执行菜单命令【Tools】/【Align Placement】/【Align】,弹出【Align Components】对话框,如图5-55所示,可选择水平方向或垂直方向上的左中右或上中下对齐、均分和不操作。

布局好的电路板如图5-56所示。

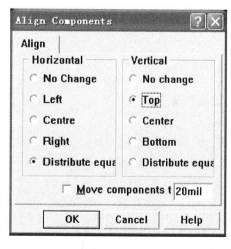

图5-55　对齐元器件对话框

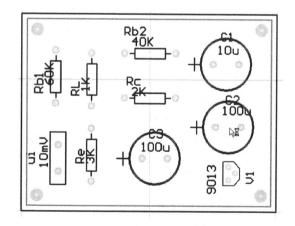

图5-56　布局好的电路板

6. 元器件标注的调整

元器件标注随元器件一起放置在电路板上,有时可能出现方向和大小不符合要求的情况,这样虽然不会影响电路的正确性,但会使设计出来的电路不够美观,这时可对元器件的标注进行调整。元器件标注调整的原则是:标注的方向尽量一致;标注要尽量靠近元器件,以便指示准确;标注不要放在焊盘和过孔上。

（1）元器件标注的位置和方向调整。其方法与元器件调整方法相同。

（2）元器件标注属性的调整。双击要调整的标注,弹出其属性设置对话框。在对话框中可以设置标注的内容、大小和字体等。

调整后的电路板,如图 5-57 所示。

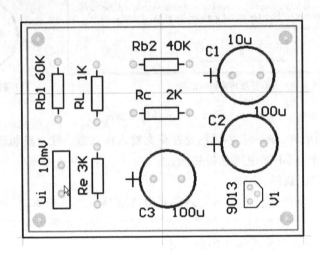

图 5-57 调整后的电路板

5.9 手工布线

布局完成后,接下来要以手工的方式用导线将布局好的元器件连接起来。

5.9.1 印制板布线注意事项

电路板布线要注意以下方面:

（1）走线应尽可能短,尽可能用单面板布线,以使造价最省。

（2）绘制信号线时,拐弯处尽量不要绘制成直角。

（3）绘制两条相邻导线时,要有一定的绝缘距离。

（4）绘制电源线和地线时,布线要短、粗,这样才能减少干扰和有利于导线的散热。

5.9.2 元器件连线

1. 画线前的准备工作

（1）设置信号层。用鼠标单击 PCB 编辑器工作窗口下方【Solder Side】标签,选择焊接面。如图 5-58 所示。

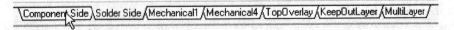

图 5-58 层的选择

（2）选择线条宽度。执行【Design】菜单命令，单击【Rules...】下拉菜单，弹出【Design Rules】对话框，如图 5-59 所示。

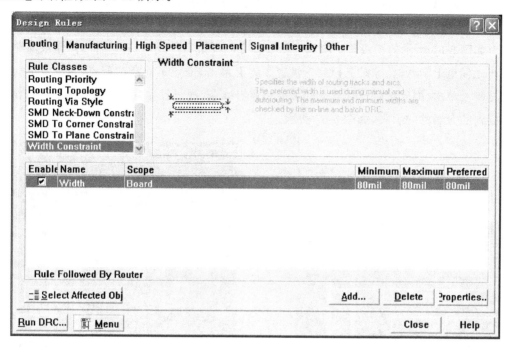

图 5-59　布线设置对话框

单击【Routing】标签，在【Rule Classes】栏下移动滚动条至最下方，单击【Width Constraint】行命令，其对话框下方显示当前默认的线条宽度。单击【Properties...】按钮，进一步弹出线条宽度设置对话框，如图 5-60 所示。可修改线条的最大、最小和合适的线条宽度。设置完成后，单击【OK】按钮返回。

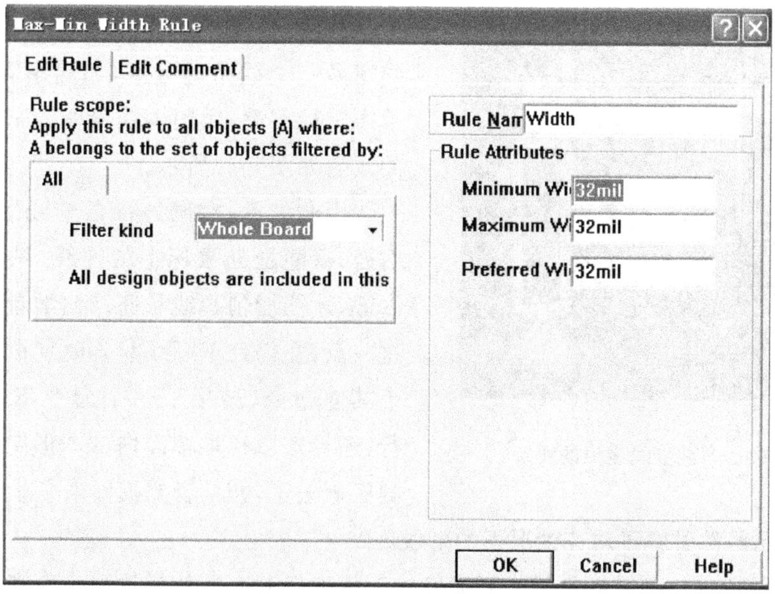

图 5-60　线条宽度设置对话框

（3）下达连线命令，即单击绘图工具栏上的 图标，或执行【Place】/【Track】命令。此时已下达了画线命令，光标呈十字状，接下来就可以在图纸上画线了。

2. 两个元器件引脚对齐情况下的直线连线

对如图 5-61 所示的三极管 3 脚和电阻 2 脚之间要进行直线连接的情况，操作最简单。

当光标呈十字状时，移动光标到三极管 3 脚上单击，确定了线条的起点，再移动光标到电阻 2 脚上单击，即连接好。此时光标上继续留有线条，通过移动鼠标可观察到。可以继续连接到别的元器件的引脚，如图 5-62 所示。

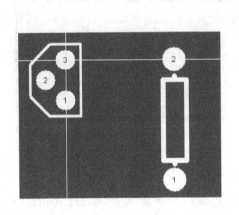

图 5-61 连线前

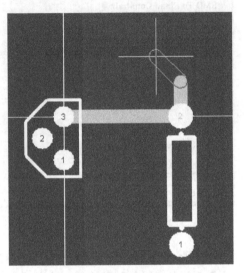

图 5-62 连线后，光标上继续粘着线条

这里要停止画线，按一下鼠标右键扯断与光标上的连线，才确定了线条的终点。但光标上还有十字，表示依然处于画线状态，可以再确定另一个线条的起点，如果不需继续画线，单击鼠标右键，撤销画线命令。完成直线连线的线条如图 5-63 所示。

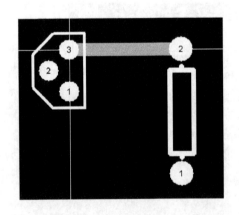

图 5-63 完成直线连线的线条

由此可见，在画好一条连线后，单击鼠标右键，只能扯断鼠标上的连线，只有双击鼠标右键，才能撤销画线状态。初学者往往不注意这一点，在仍处于画线状态时就欲去执行下一个其他命令，结果下一个命令不但不能被执行，还导致原视觉幅面内的图形跑到屏幕以外的区域去了，初学者要找回来亦非易事。

3. 两个元器件引脚不对齐情况下的折线连线

继续利用图 5-61，现在要把两个元器件的 1 脚连接起来。如果这两个脚在 45°线上，连接方法和上面直线连接是相同的。现在这两个元器件的1脚不在45°线上。正常情况下,按图 5-64 所示,先平后折(或先垂后折)连接。注意,折线连接在确定终点时需要双击鼠标左键,单击鼠标左键决定的是转折点,双击鼠标左键才是确定电阻1脚的真正终点。

在下达起点命令后如果单击一下【Space】键则可实现先折后平(先折后垂)连接,如图 5-65 所示。

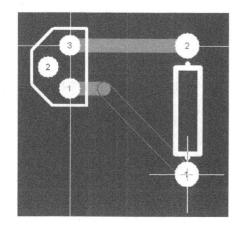

图 5-64　先平后折

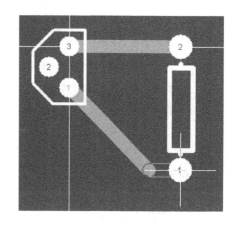

图 5-65　先折后平

4. 几种特殊的连接形式

下面介绍几种特殊的连接方法,如任意角度直线连接、直角连接、弧形连接等,其操作方法都是由【Shift+Space】键控制的,【Shift+Space】键的按键次数决定了连接形式。

移动光标到线条起点,单击鼠标左键便确定了线条的起点,再移动光标至线条的终点,此时不要按鼠标左键,而是按【Shift+Space】键,每次都改变连接形式,通过目测确定了某一种连接形式后按鼠标左键确定终点,才确定了连接形式。

在准备选择某一种连接形式后,未按鼠标左键确定终点前,按空格键可得到目测的连接形式的对偶连接形式。具体的有如图 5-66 所示的几种。

两点连线除以上几种外,还可以组合成另外的连线,这里就不一一叙述了。

5. 不同板层之间的连线——过孔的使用

对于双面板或多层板的连线,如果线条在走线时被同一层的另一个线条所阻挡,如图 5-67 所示,在被阻挡前可通过过孔孔壁的金属转到另一层来继续走线,然后到终点的焊盘上确定和焊盘连接。

具体方法为:确定起点后,确定从起点开始的一部分线条,当继续想越过同层线条时,按小键盘区的“+”号,可自动放置过孔,使上、下板层之间通过过孔的孔壁金属而实现连接,到另一层继续绘制余下的连线,至终点焊盘时固定,如图 5-68 所示。

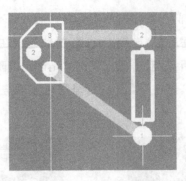

(a) 任意角度直线连接形式

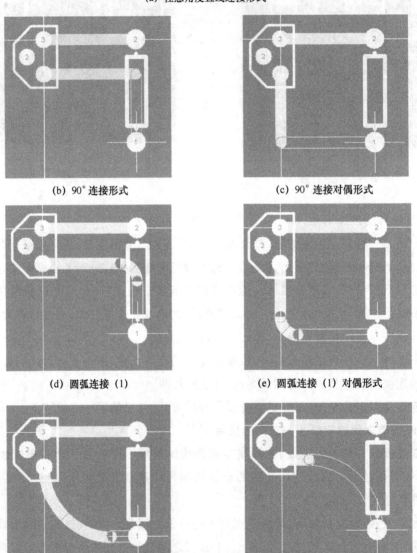

(b) 90°连接形式

(c) 90°连接对偶形式

(d) 圆弧连接（1）

(e) 圆弧连接（1）对偶形式

(f) 圆弧连接（2）

(g) 圆弧连接（2）对偶形式

图 5-66　线条的几种特殊连接形式

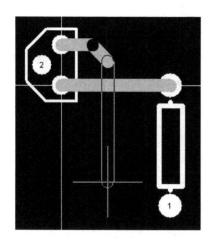

图 5-67   线条被同层线条阻挡

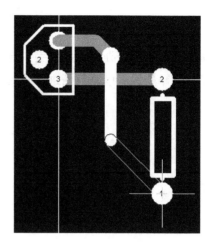

图 5-68   通过过孔在不同层交叉连线

6. 元器件重新标注

当元器件在电路板上的位置都固定以后,元器件序号可能排列得较乱,可以进行元器件序号的重新标注。

执行菜单命令【Tools】,弹出下拉菜单,单击【Re-Annotate...】,弹出【Positional Re-Annotate】对话框,如图 5-69 所示。

左侧 5 个单选按钮用以选择元器件序号的重新排列顺序,选择某个规则后,单击【OK】按钮确定。

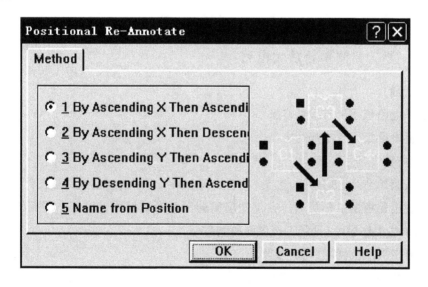

图 5-69   元器件重标注对话框

5.10　实训辅导

本节实训将系统介绍电路板手工绘制的步骤,同时也能提高电路板手工绘制效率和质量。下面以单管放大电路为例进行介绍。"单管放大电路.Sch"原理图如图 5-70 所示。

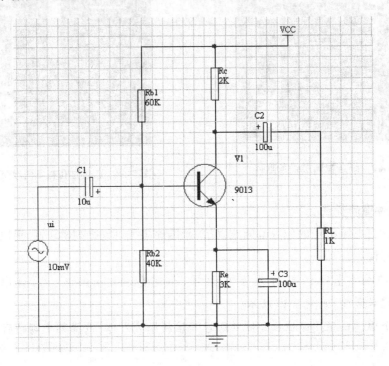

图 5-70　单管放大电路

实训 1　手工绘制单管放大电路

1. 实训目的

(1) 熟悉电路板手工布线的步骤。

(2) 掌握电路板手工布局的方法。

2. 实训内容

(1) 执行菜单命令,创建一个名为"单管放大电路.PCB"的空白电路板文件。

(2) 设置电路板的工作层面。在工作层面的设置对话框中设置工作层面的参数,包括显示与关闭某些工作层面、设置工作层面的颜色等。

(3) 设置 PCB 编辑器的环境参数。

(4) 在创建好的 PCB 文件中规划电路板,包括定义电路板的外形、电气边界、预设电路板的安装孔。规划好的 PCB 电路板如 5-71 所示。

(5) 放置好元器件并对其进行手工布局,如果如图 5-72 所示。

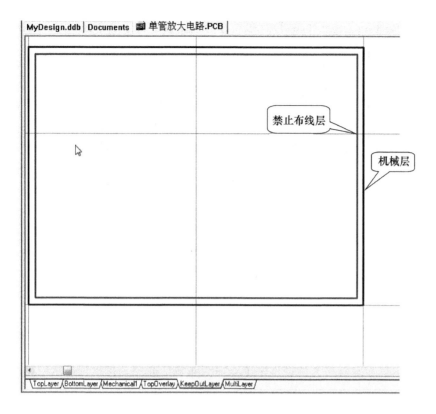

图 5-71 规划好的电路板

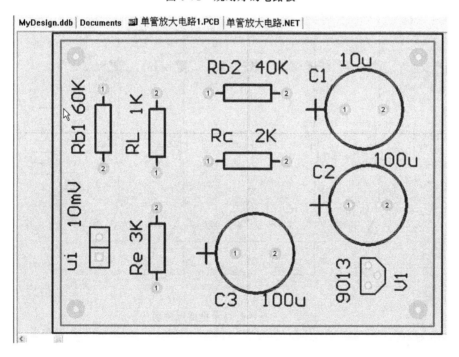

图 5-72 布局好的电路板

（6）选择"Bottom Layer"（底层）对布局好的电路板进行手工布线，如图 5-73 所示。

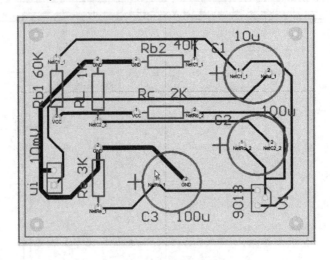

图 5-73　布好线的电路板

实训 2　绘制指示灯显示电路

下面以指示灯显示电路为例进行手工双面板布线的介绍。指示灯显示电路原理图如图 5-74 所示。

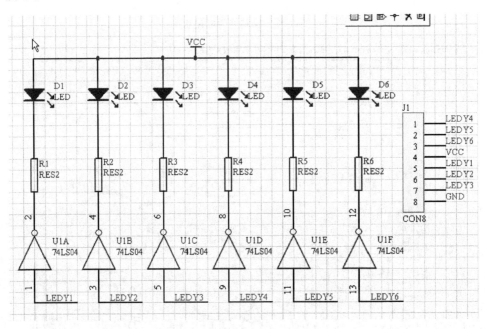

图 5-74　指示灯显示电路原理图

1. 实训目的

（1）进一步巩固电路板手工布局、布线的基本操作方法。

（2）学会使用手工布线的方法布双面电路板。

2. 实训内容

(1) 执行菜单命令,创建一个名为"指示灯显示电路. PCB"的空白电路板文件。

(2) 规划电路板的大小为 2 500 mil×2 000 mil。

(3) 载入系统工程提供的设计数据库"Advpcb. ddb"中的元器件封装库"PCB Foot-prints. lib"。

(4) 根据如图 5-74 所示的电路放置 PCB 元器件封装。其中发光二极管的封装为 LEDQ,电阻的封装为 AXIAL0.4,插件的封装为 SIP8,集成块的封装为 DIP14,放置好的电路如图 5-75 所示。

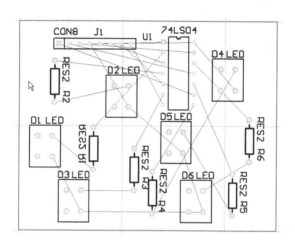

图 5-75　布局前的 PCB 板图

(5) 对图 5-75 的电路图进行布局,布局后的电路如图 5-76 所示。

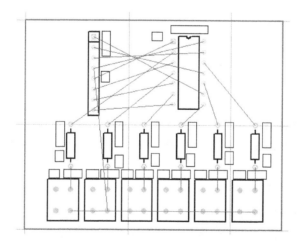

图 5-76　布局后的电路图

(6) 手工布线。确定布线层为"Bottom Layer"和"Top Layer",即双面板底层和顶层都可布线。VCC 网络和 GND 网络线宽为 40 mil,其余线宽为 20 mil。结果如图 5-77 所示。

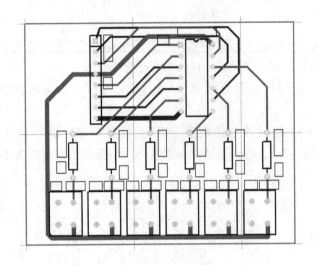

图 5-77 布线后的电路图

本 章 小 结

本章主要介绍了 PCB 手工布线的设计方法,同时还介绍了进入 PCB 电路板设计之前要掌握的 PCB 编辑器的基本操作。

1. PCB 电路板的作用及其结构。

2. 创建一个空白的 PCB 设计文件。

3. PCB 编辑器管理窗口的运用。

4. PCB 编辑器的参数设置、电路板的规划、元器件的放置、元器件的布局以及手工布线等的操作。

思考与上机练习题

1. 如何创建一个空白的 PCB 设计文件?

2. 熟悉 PCB 编辑器管理窗口的主要功能。

3. 如何在规划好的 PCB 电路板中放置元器件,并对放置好的元器件进行移动、旋转、翻转等操作?

4. 简述电路板的布局原则。

5. 简述电路板的布线原则。

6. 电路板的物理边界和电气边界分别是在哪个工作层面中进行规划的?请说明电气边界的作用是什么?

7. 将下面的电路原理图手工绘制成电路板图。要求:设计单面板布线、线宽 20 mil,电路板大小为 2 000 mil×1 500 mil。电路原理图如图 7-78 所示。

8. 将下面的电路原理图手工绘制成电路板图。要求:设计双面板布线、线宽 20 mil,电路板大小为 1 800 mil×1 200 mil。电路原理图如图 7-79 所示。

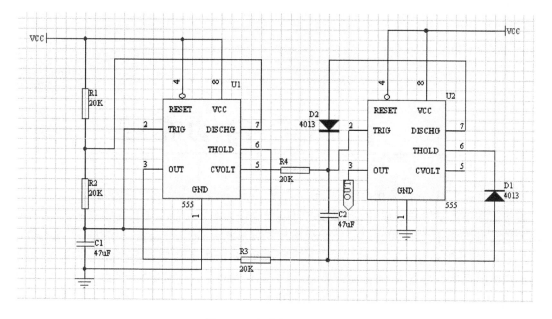

图 5-78　电路板设计原理图

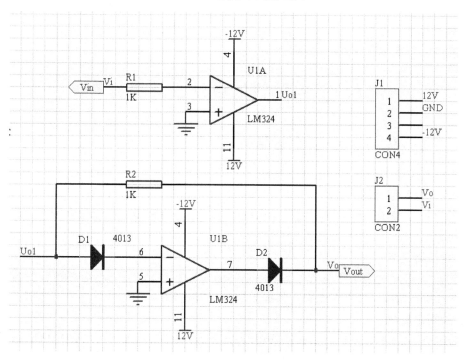

图 5-79　电路板设计原理图

第6章

PCB 自动布线

对于复杂电路,一般采用自动设计的方法来设计电路板。自动设计电路板并不是说一切设计工作都由系统来完成,而是指系统可以完成设计中的一些重要工作,有些设计工作还需人工参与。另外,如果对自动设计的结果有不满意之处,还可以进行人工修改。采用自动设计方式,首先要绘制出该电子产品的电路原理图,然后根据该原理图生成网络表,并将电路原理图的网络表装载入 PCB 编辑器中,再让系统自动进行电路板的布线。

本章重点和难点

本章重点是电路板的设计规则设置、自动布线参数的设置、自动布线、手工调整以及电路板的后期处理等内容。

本章难点是掌握交互式布线的方法。

6.1 电路板的自动设计流程

6.1.1 电路板的自动设计流程

电路板的自动设计流程如图 6-1 所示。

1. 设计电路原理图

设计电路原理图是为电路板图设计作好准备。前面章节中已经详细介绍了电路原理图的设计方法。

2. 生成网络表

网络表是连接电路原理图与电路板图之间的一座桥梁,它可以在原理图编辑器中直接由原理图文件生成,也可以在文本文件编辑器中手动编辑。

3. 规划电路板

电路板的规划主要包括电路板的选型(即单面板、双面板、多面板),确定电路板的物理边界和电气边界以及电路板与外界的接口形式。

4. 装载网络表

装载网络表就是将电路元器件及它们之间的连接关系加载到 PCB 中,Protel 99 SE 虽然提供了不生成网络表而直接将原理图装载到电路板的功能,但对于初学者来说,装载网络表的过程不可以省略。

5. 元器件封装自动布局

元器件的布局指将元器件封装放置在图纸上合适的位置,它有自动布局和手动布局两种方式。装载电路原理图生成的网络表后,Protel 99 SE 可自动装载元器件封装,并对元器件自动布局。

6. 手工调整元器件

元器件自动布局完成后,如果觉得自动布局出来的元器件不合适,可采用手动布局调整元器件的位置,使布局更加合理化。另外也需将元器件的标注移动到合适的位置。

7. 自动布线与手工调整

使用 Protel 99 SE 提供的自动布线功能时,系统能根据设置好的设计法则和自动布线规则选择最佳的布线策略进行布线,使电路板的设计尽可能完美。如果不满意自动布线的结果,还可以进行手工调整,这样既能满足设计者的特殊需要,又能利用系统自动布线的强大功能,使电路板的布线尽可能地符合电气设计的要求。

8. 电路板的后处理

电路板的后处理主要是对布好线的电路板进行 DRC 设计规则检验、覆铜、补泪点等操作。

9. 文件保存输出

布线完成后,电路板的设计基本完成,可以将设计好的电路板文件保存下来,也可以利用打印机等输出设备输出电路板的设计图,如果需要的话,还可以生成各种报表。

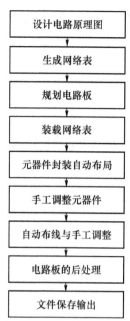

图 6-1　电路板的自动设计流程

6.1.2　电路原理图绘制与网络表的生成

(1) 打开前面设计好的"单管放大电路.Sch"文件,如图 6-2 所示。

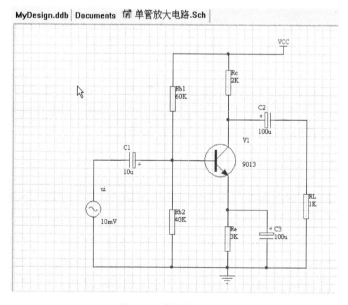

图 6-2　单管放大电路

（2）执行菜单命令【Design】/【Create Netlist】，弹出如图 6-3 所示的对话框。有关对话框中各项的功能说明详见第 3 章的相关内容，这里保持默认值，再单击【OK】按钮，系统开始自动生成电路原理图的网络表，如图 6-4 所示。

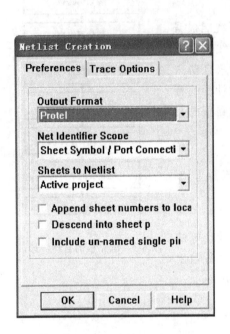

图 6-3　生成网络表对话框

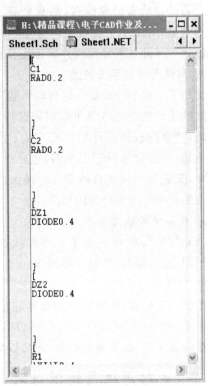

图 6-4　网络表

6.2　自动规划电路板

在第 5 章中着重介绍了手工绘制一张电路板图，这一节将介绍用系统提供的电路板向导器创建电路板边框，方便快捷，不但可以快速设置方形、圆形、椭圆形等多种电路板，甚至可以设置计算机系统标准总线上含有"金手指"的电路板。

6.2.1　自动规划电路板

执行菜单命令【File/New】，弹出建立新文件对话框，如图 6-5 所示。

单击【Wizards】向导标签，双击【Printed Circuit Board Wizard】向导图标出现欢迎画面，如图 6-6 所示。单击【Next】按钮，出现选择 PCB 类型对话框，如图 6-7 所示。

该向导可以创建多达 10 种 PCB 类型，如各种标准总线电路板和含有"金手指"的电路板等，选择第一行的【Custom Made Board】的自定义板，单击【Next】按钮，出现定义边界等选项对话框，如图 6-8 所示。

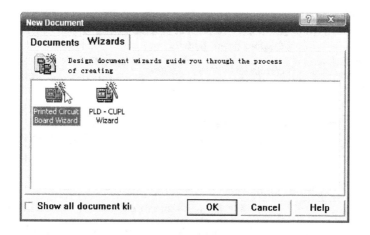

图 6-5 【Wizards】选项卡

图 6-6 定义电路板的欢迎画面

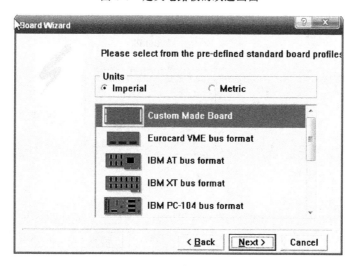

图 6-7 选择 PCB 类型对话框

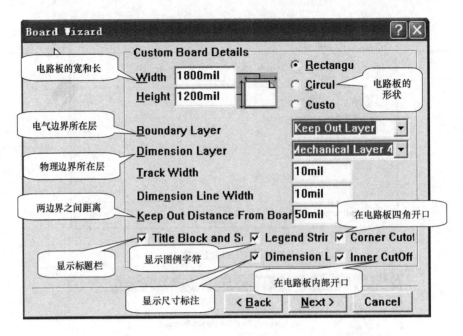

图 6-8　定义电路板边界

在该对话框中可选择【Rectangular】(矩形)、【Circular】(圆形)、【Custom】(自定义)3种大的类型的电路板。若设置【Rectangular】(矩形)或【Custom】(椭圆形),则在【Width】栏内设置宽度,在【Height】栏内置高度;若设置【Circular】(圆形),则在【Radius】栏内设置直径。

本例选择【Rectangular】(矩形),在【Width】栏内设置宽度和在【Height】栏内设置高度分别为"4 000 mil"和"3 000 mil",在【Boundary Layer】内选择"Keep Out Layer"。其余采用缺省值便可。单击【Next】按钮,出现确认边框尺寸对话框,如图6-9所示。

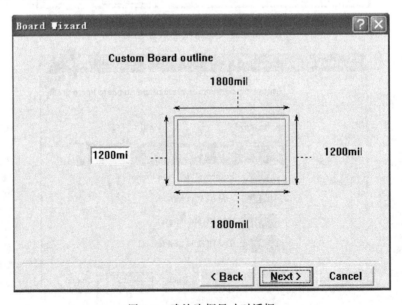

图 6-9　确认边框尺寸对话框

此时可进一步修改长和宽的数值,然后单击【Next】按钮,进入下一步的设置边框缺角对话框,如图 6-10 所示。

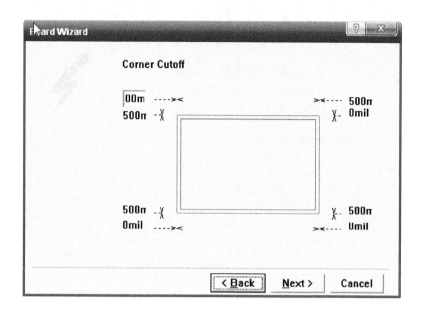

图 6-10　定义电路板缺角

移动光标到各个缺角的数字上点击,即可修改该缺角的长和宽,对不需要缺角的,要求只要其中一个为"0"即可。然后单击【Next】按钮,进入开窗口对话框,如图 6-11 所示。

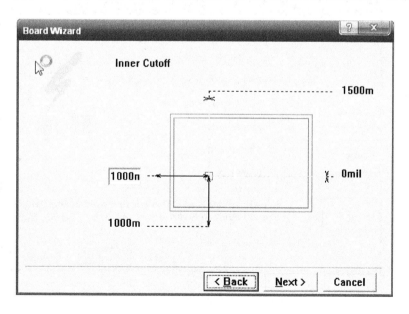

图 6-11　开窗口对话框

可修改窗口的上下左右的位置和长、宽,修改方法同修改缺角是一样的。若不需要开窗口,则可将 4 个数据其中一个设置为"0"。然后单击【Next】按钮,进入指定电路板基本信息对话框,如图 6-12 所示。

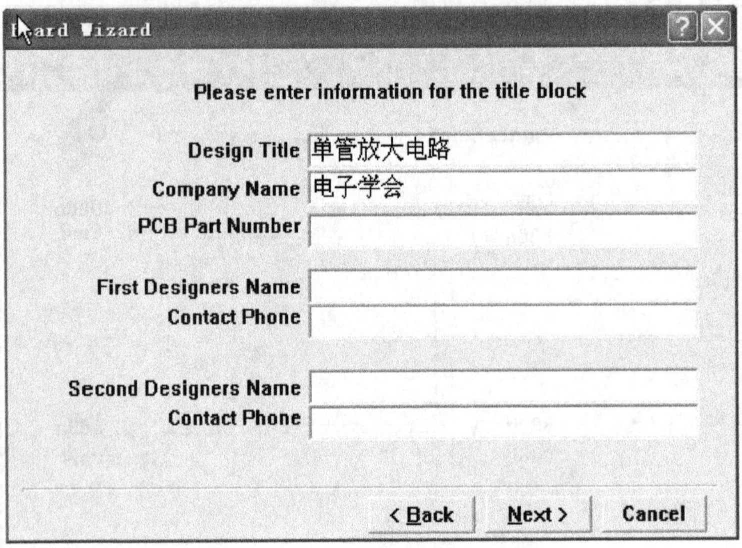

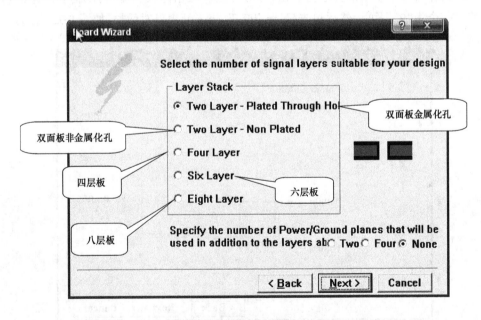

图 6-12　电路板基本信息输入对话框

按要求输入完毕后,单击【Next】按钮,进入设置电路板层数及设置双层板引线孔是否有孔壁金属化要求的对话框,如图 6-13 所示。

图 6-13　设置电路板层数对话框

大多数情况下,选择首行双层板需要孔壁金属化;由于几个选项中没有单面板可供选择,如果要制作单面板,则可选择第二行,虽然也是双面板,但不需要孔壁金属化,就如同单面板的孔是一样的。选择某项后单击【Next】按钮,弹出过孔形式对话框,如图 6-14

所示。

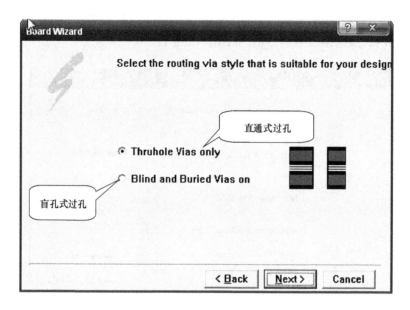

图 6-14　过孔形式对话框

　　该对话框提供两种过孔形式供选择：当选择【Thruhole Vias only】时表示仅支持直通式过孔，双面板和单面板必须选择此项；当选择【Blind and Buried Vias on】时，表示支持盲孔式过孔，适合多层板。当选择某项后单击【Next】按钮，弹出元器件安装形式和孔间穿线形式对话框，如图 6-15 所示。

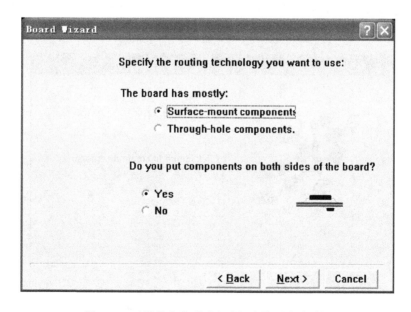

图 6-15　元器件安装形式和孔间穿线形式对话框

　　其中，元器件安装形式有两种选择：【Surface-mount components】为表面贴装元器件，当选择此项以后，可进一步选择双面都可以焊接元器件还是仅可在一面焊接元器件；

【Through-hole components】为通孔直插式元器件,当选择此项以后,可进一步选择集成电路两引脚间可走过1根线、2根线还是3根线。本例选择通孔直插式,单击【Next】按钮,弹出过孔和走线线径、线间距设置对话框,如图6-16所示。

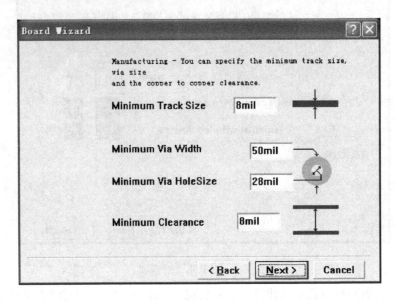

图6-16　过孔和走线线径、线间距设置对话框

　　该对话框依次可设置走线宽度、过孔外径、过孔内径和最小线间间距,当然这些数据也可以现在不设置,电路板布线前在设置布线规则中设置。单击【Next】按钮,弹出保存对话框,单击【Next】按钮,弹出完成设置对话框,如图6-17所示。单击【Finish】按钮,结束设置。

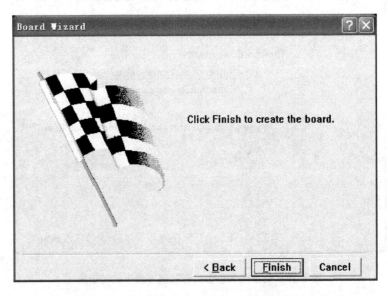

图6-17　电路板边框设置完成对话框

6.2.2 文件的重命名及保存

利用向导生成并规划好的电路板，电路板的默认文件名为“PCB1.PCB”。单击主工具栏中 ![保存] 保存按钮，执行菜单命令【File】/【Close】，在“PCB1.PCB”图标上右击，选择【Rename】命令，将文件改名为“单管放大电路.PCB”。打开该文件，结果如图6-18所示。

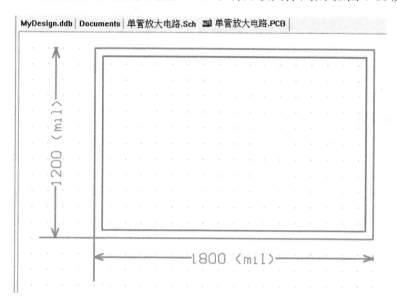

图 6-18 规划好的电路板

6.3 网络表的装载

电路板规划完成后，接下来要在 PCB 编辑器中装载电路原理图的网络表及相关元器件的封装。

6.3.1 网络表与元器件封装

网络表是用来描述电路原理图的文件，是电路板设计的依据。如何理解网络表的功能呢？可以从以下几方面入手。

（1）网络表以文字的形式描述电路原理图，包括电路原理图中的所有元器件以及元器件与元器件之间的连接关系。

（2）网络表是电路板自动设计的依据。在自动设计时，PCB 编辑器根据网络表中各个元器件的描述，先从元器件封装库中调出与它们相对应的元器件封装，然后再根据网络表中各个元器件的连接关系描述，将各个元器件封装连接起来。

从上面的分析可以看出，应用 PCB 编辑器设计某个电路原理图的电路板时，除了要求在 PCB 编辑器中装载该原理图的网络表外，还要装载网络表要求的元器件封装。

这里要着重说明一点：如果先设计电路原理图，然后生成网络表，再根据网络表来自动设计电路板,一定要在设计电路原理图时设置每个元器件的元器件封装,否则网络表中就没有元器件封装的描述内容,PCB 编辑器也就无法知道调用哪个元器件封装来设计电路板。在电路原理图中设置元器件封装的方法详见前面的章节。

6.3.2 网络表的装载

在装载电路原理图生成的网络表前,先要在 PCB 编辑器中装载元器件封装库,装载的元器件封装库要求包含电路原理图中所有元器件的元器件封装。添加元器件封装库的方法见第 5 章。如果电路中有元器件符号是自己制作的,并且在封装库中没有给出其封装,这时还要自己制作一个元器件封装,并将该元器件的封装所在的封装库也添加到 PCB 编辑器中,具体内容将在第 7 章中介绍。

1. 装载网络表

下面以将网络表"单管放大电路.NET"文件(由电路原理图文件"单管放大电路.Sch"生成)装载到 PCB 编辑器中为例,来说明装载网络表的方法。

装载网络表的操作过程如下。

(1) 打开要设计的电路板文件"单管放大电路.PCB"。

(2) 执行菜单命令【Design】/【Load Nets】,弹出如图 6-19 所示的对话框。单击其中的【Browse】按钮,弹出如图 6-20 所示的对话框。在该对话框中可以从当前数据库文件中选择要装载的网络表文件"单管放大电路.NET",如果当前数据库中没有要装载的网络表文件,可单击【Add】按钮,查找其他数据库文件,选择要装载的网络表文件后单击【OK】按钮,系统便开始装载网络表。

系统装载选择的网络表文件后,出现如图 6-21 所示的对话框。

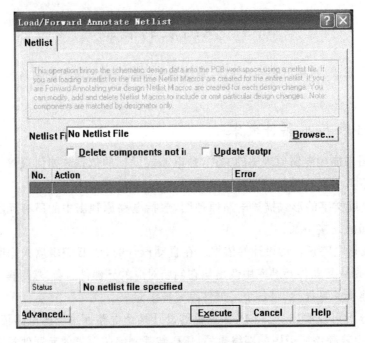

图 6-19　装载网络表对话框

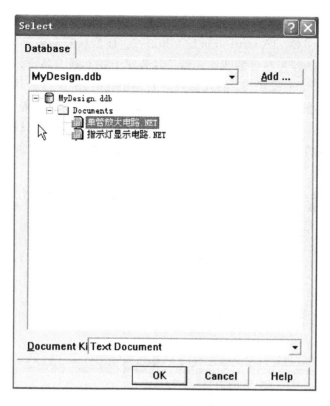

图 6-20 选择网络表文件对话框

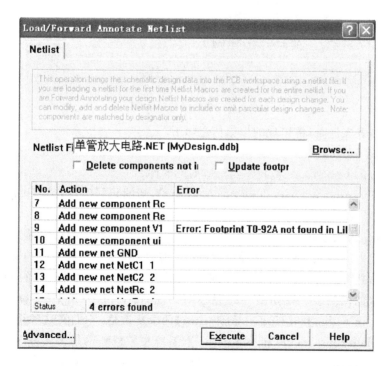

图 6-21 网络表装载后的对话框

在该对话框的列表中显示有关信息,图中显示出一条出错信息"Add new component V1:Error:Footprint TO-92A not found in Library"。该信息的含义为:在装载新元器件 V1 时,该元器件封装 TO-92A 在已装载的元器件封装库中找不到。其原因在于电路原理图文件"单管放大电路. Sch"中设置 V1 的元器件封装是错误的,解决方法是在"单管放大电路. Sch"中重新设置 V1 的封装,三极管的封装应是 TO-3、TO-5、TO-18 等,很多初学者会把封装中的字母"O"写成数字"0",这样就导致了上面的错误。我们重新设置好三极管的封装,再重新生成网络表,然后重新装载新的网络表,刚才的出错信息便不会出现,原来【Status】栏显示的 4 处错误现在没有了,如图 6-22 所示。

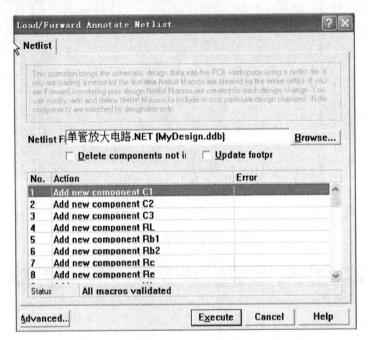

图 6-22　修改后的对话框

在装载网络表文件时,常出现的出错信息如下。

• 【Net not found】:找不到对应的网络。

• 【Component not found】:找不到对应的元器件。

• 【New footprint not matching old footprint】:新的元器件封装与旧的元器件封装不一致。

• 【Footprint not found in Library】:在元器件封装库中找不到对应的元器件封装。

在设计过程中,如果已经对电路原理图进行了修改,相应地也要对其电路板进行修改。一般的处理方法是将修改后的电路原理图重新生成网络表,再在之前设计的 PCB 编辑器中重新导入新生成的网络表。在如图 6-23 所示对话框的【Netlist File】文本框下面有【Delete components not in netlist】和【Update footprints】两个复选框,它们在这种情况下就会起作用。若选中【Delete components not in netlist】,系统在装载新网络表文件时会将网络表中的元器件封装与当前电路板中存在的元器件封装进行比较,如果电路板中存在元器件封装而网络表中没有,电路板上这些多余的元器件将会被删除;若选中【Update footprints】,在装载网络表时,系统会自动用网络表中存在的元器件封装替换当前电路板上相同的元器件封装。

图 6-23　重新导入新的网络表的对话框

（3）在如图 6-22 所示的对话框中单击【Execute】按钮,网络表就被装入当前的 PCB 编辑器中。在 PCB 编辑器工作窗口的电路板上出现了放大电路各个元器件封装,它们出现在规划范围的外面,如图 6-24 所示。

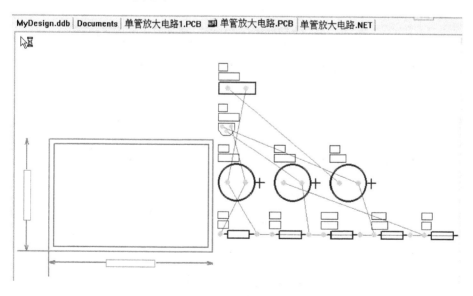

图 6-24　刚装入网络表的电路板

2. 用同步法由电路原理图直接生成电路板

利用同步法不用电路原理图生成网络表,也不用装载网络表,就可以方便、快捷地将电路原理图直接生成电路板。更改电路原理图时,通过同步法可以使电路板也作相应的改动;反之改动了电路板,也可以通过同步法使电路原理图作相应的改动。

利用同步法生成电路板的具体操作过程如下。

(1) 新建一个 PCB 文件"PCB3.PCB",或者打开一个空白 PCB 文件。

(2) 打开电路原理图文件"单管放大电路.Sch",然后执行菜单命令【Design】/【Update PCB】(更新 PCB)",弹出如图 6-25 所示的【Synchronizer】(选择目标文件)对话框。在对话框中选择生成的电路板放置在目标文件"PCB3.PCB"中,单击【Apply】按钮,弹出如图 6-26 所示的【Update Design】(同步参数设置)对话框,单击【Execute】按钮即可。此方法对电路原理图不作任何错误检测,建议初学者不要使用此方法。

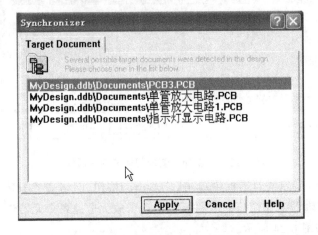

图 6-25　选择目标文件对话框

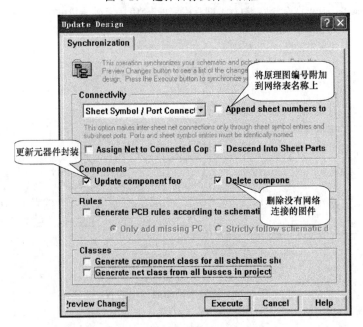

图 6-26　同步参数设置对话框

6.4 元器件的布局

通过前面的步骤,已经将网络表和元器件封装载入 PCB 编辑器工作窗口中,接下来就需要对电路板上的元器件进行布局,以便为布线工作作好准备。

元器件布局需要从机械结构、散热、电磁干扰以及布线的方便性等多方面进行综合考虑。元器件布局的一般原则就是先放置与机械尺寸紧密相关的元器件并锁定这些元器件,然后放置体积较大的元器件和电路的核心元器件,最后放置余下的元器件。

6.4.1 元器件的自动布局

Protel 99 SE 提供了强大的元器件自动布局功能。对元器件进行自动布局时,PCB 编辑器会根据一套程序算法自动将元器件分开,并放置在规划好的电路板的电气边界内。使用元器件自动布局功能可以快速、便捷地完成元器件的布局工作。

1. 元器件的布局方式

执行菜单命令【Tools】/【Auto Placement】/【Auto Placer...】,弹出【Auto Place】(自动布局)对话框,如图 6-27 所示。在该对话框中有两种自动布局方式。

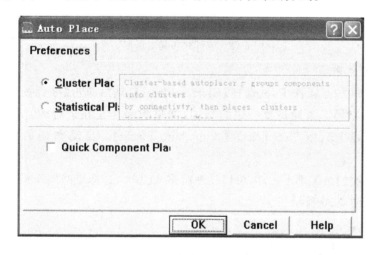

图 6-27 自动布局对话框

(1)【Cluster Placer】:集群式布局方式。该方式是根据元器件的连通性将元器件分组,然后使它们按照一定的几何位置进行布局,为默认布局方式,适合布局比较少的元器件(元器件数少于 100 个)。在该对话框下面有一个【Quick Component Placement】复选框,选中该项可以加快布局速度,但布局效果不是很理想。

(2)【Statistical Placer】:统计式布局。它采用统计算法,按照连线最短的原则进行布线,最适合元器件数量较多的布局。选择该布局方式,对话框中的内容就会发生变化,如图 6-28 所示。在该对话框中有以下几项。

• 【Group Components】复选项:若选中该项,布局时要将当前网络中连接密切的元器件合为一组整体考虑,如果电路板面积小,一般不要选择该项。

- 【Rotate Components】复选项：若选中该项，布局时会根据需要旋转元器件。
- 【Power Nets】文本框：在该文本框中输入电源网络名称不会被布局，这样可以缩短自动布局的时间。
- 【Ground Nets】文本框：该项含义同上，可以在文本框中输入接地网络名称。
- 【Grid Size】文本框：用来设置布局时的栅格间距，默认为 20 mil。

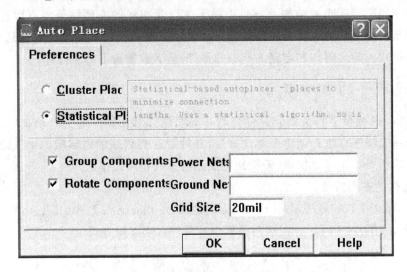

图 6-28 统计式布局对话框

2. 元器件自动布局

由于当前布局的元器件少，故选择【Cluster Placer】，然后单击【OK】按钮，系统开始对元器件进行自动布局。布局需要一定的时间，如果想停止正在进行的自动布局，可执行菜单命令【Tools】/【Auto Placement】/【Stop Auto Placer】。自动布局的结果如图 6-29 所示。

自动布局每次的结果都不一样，可以让系统多布几次，选择最好的布局保存，第二次自动布局的结果如图 6-30 所示。

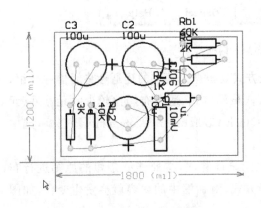

图 6-29 自动布局后的电路板(1)

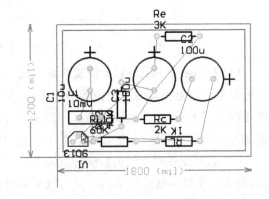

图 6-30 自动布局后的电路板(2)

6.4.2 元器件布局及标注的调整

1. 元器件位置调整

元器件自动布局后不一定很理想,这时可以通过手动调整来达到理想状态,如图 6-31 所示。

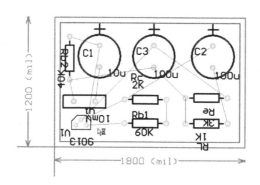

图 6-31 手动调整后的电路板

2. 元器件标注的调整

首先要选中所有的元器件,然后执行菜单命令【Tools】/【Interactive Placement】/【Position Component Text...】,系统弹出【Component Text Position】(元器件文本位置设置)对话框,如图 6-32 所示。

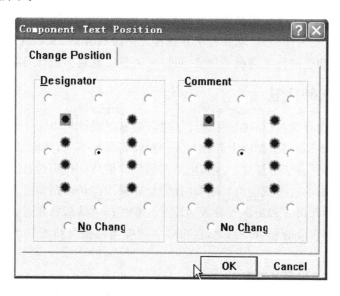

图 6-32 元器件文本位置设置对话框

在该对话框中,可以将文本标注(包括元器件的序号和注释)排列在元器件的上方、中间、下方、左方、右方、左上方、右上方、左下方、右下方或选择不改变等。

在这里选择将元器件的序号及注释都放在中间位置,单击【OK】按钮,调整后的结果如图 6-33 所示。

标注自动调整后,也可以根据需要再手工进行调整,直到满意为止。标注手工调整后的结果如图 6-34 所示。

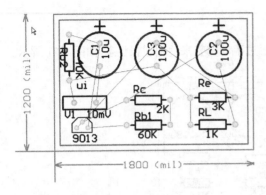

图 6-33　标注调整后的电路图

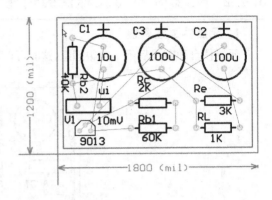

图 6-34　标注手工调整后的电路图

6.5　元器件的布线

元器件布局完成后,接下来就应当进行电路板的布线了。与元器件的布局一样,电路板的布线也有两种基本方法,即自动布线和手动布线。手动布线前面已经讲过,这一节主要介绍自动布线的方法。

自动布线是 Protel 99 SE 根据设计者设定的有关布线参数和布线规则,依照一定的程序算法,按照事先生成的网络,自动在各个元器件之间进行连线,从而完成电路板的布线工作。利用自动布线功能进行电路板的布线,可以大大节省电路板设计周期。

6.5.1　布线规则设置

在进行电路板布线前,首先要根据设计要求设置布线设计规则。一般来讲,电路板上的各元器件工作性能不同,对电路板上各种布线的设计要求也不同,如电源线和地线需要通过的电流较大,因此布线要求尽量宽。逻辑电路只起传输信号的作用,因此布线可以相对细一些。为了提高电路板的抗干扰能力,导线在拐角处应采用钝角或圆角过渡。另外,布线规则还包括安全间距、过孔尺寸和覆铜等参数的设置。在进行电路板布线时,要严格遵守这些规则,否则系统会给出相应的警告。总之,在布线之前应当根据电路设计的要求,进行布线规则的设置。

1. 打开自动布线规则对话框

在已布局好元器件的 PCB 编辑器中执行菜单命令【Design】/【Rules】,弹出如图 6-35 所示的【Design Rules】(设计规则)对话框。该对话框共有 6 个选项卡,可以进行 6 大类规则的设置,布线规则的设置主要在【Routing】选项卡中进行。

2. 进行布线规则设置

设置内容在【Rule Classes】选项组中。在该选项组内可进行以下各项的设置。

(1)【Clearance Constraint】(安全间距)的设置

安全间距是指同一工作层上导线、焊盘、过孔等图件之间的最小间距。单击如图 6-35

所示对话框右下角的【Properties】按钮,它可以对当前的安全间距进行修改,或单击对话框右下角的【Add】(增加)按钮,它可以增加新网络或元器件之间的安全间距。弹出【Clearance Rule】(安全间距设置)对话框,如图 6-36 所示。该对话框的设置内容有两项。

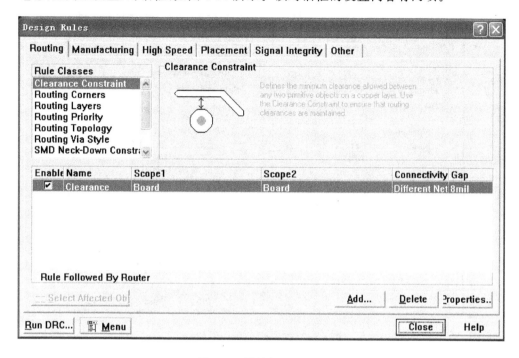

图 6-35　设计规则对话框

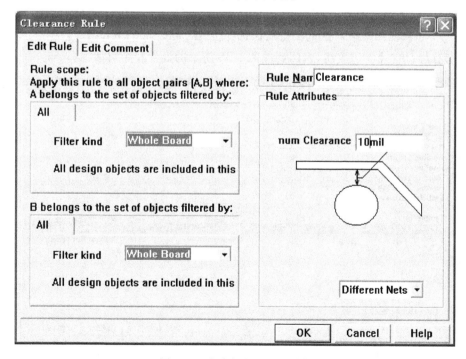

图 6-36　安全间距设置对话框

①【Rule scope】（规则适用范围）：一般情况下可设置规则适用于【Whole Board】（整个电路板），如在【Filter kind】中选择【Net】（电路板的某个网络）选项后出现如图 6-37 所示的对话框，上下两部分选择不同的网络，表示两网络之间的安全间距。

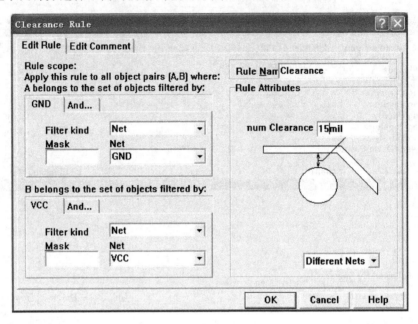

图 6-37　修改安全间距对话框

②【Rule Attributes】（规则属性）：用来设置最小间距的数值及所适用的网络，这里输入数值为"15 mil"，适用范围有【Different Nets Only】（不同网络）、【Same Net Only】（同一网络）和【Any Net】（任何网络），这里保持默认选择【Different Nets Only】。

设置完成后单击【OK】按钮，返回到如图 6-38 所示的设计规则对话框。

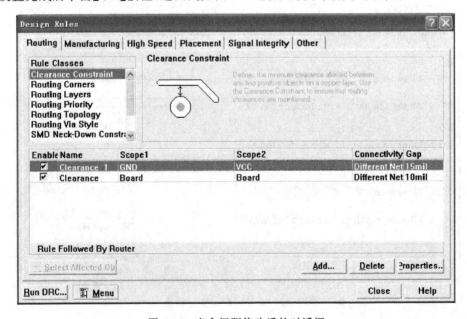

图 6-38　安全间距修改后的对话框

（2）【Routing Corners】(布线的拐角模式)的设置

【Routing Corners】项主要用于设置布线时拐角的形状、拐角垂直距离最小值及最大值。在设计规则对话框中选中【Routing Corners】，然后单击对话框右下角的【Properties】按钮，弹出如图 6-39 所示的对话框。该对话框的设置内容有两项。

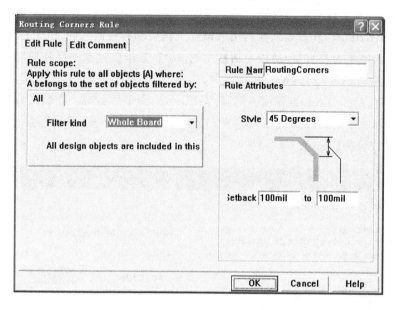

图 6-39　布线拐角模式设置对话框

①【Rule scope】(规则适用范围)：一般情况下可设置规则适用于【Whole Board】。

②【Rule Attributes】(规则属性)：用来设置拐角的类型，【Style】下拉列表框中有 3 个选项，如图 6-40 所示，即【90 Degrees】(90°拐角)、【45 Degrees】(45°拐角)和【Rounded】(圆角)，默认拐角垂直距离的最小和最大值均为 100 mil。

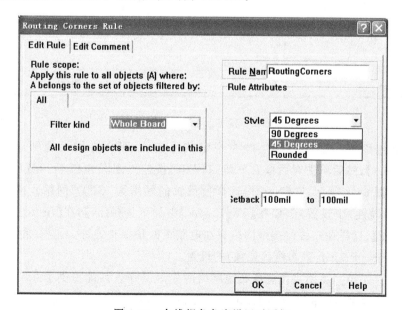

图 6-40　布线拐角角度设置对话框

（3）【Routing Layers】（布线工作层）的设置

【Routing Layers】项用来设置布线的工作层和在该层上的布线方向。在设计规则对话框中选中【Routing Layers】，然后单击对话框右下角的【Properties】按钮，弹出如图 6-41 所示的对话框。该对话框的设置内容有两项。

①【Rule scope】（规则适用范围）：一般情况下可设置规则适用于【Whole Board】。

②【Rule Attributes】（规则属性）：用来设置工作层和布线的方向，由于在当前的电路板中只设置顶层和底层为布线层，所以对话框中的 32 个工作层只有顶层和底层有效，在顶层和底层下拉列表框中可以选择布线的方向，布线方向主要有【Horizontal】（水平方向）、【Vertical】（垂直方向）、【Any】（任何方向）等共 10 种。为了尽量减小布线形成的分布电容，一般要求顶层和底层的布线方向相互垂直。另外，如果是单面板，可将顶层布线设为【Not Used】，底层布线设为【Any】。

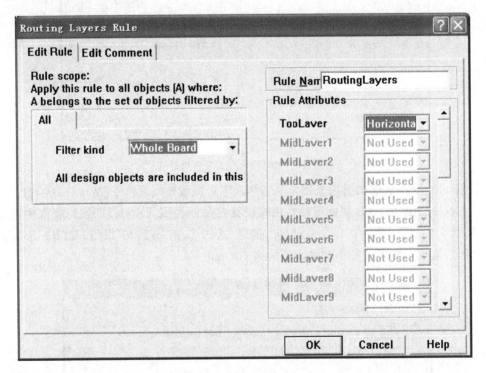

图 6-41　布线工作层设置对话框

如果想让电路板中的某一网络线在规定的层走线，可以在设计规则对话框中选中【Routing Layers】，然后单击对话框右下角的【Add】按钮出现图 6-41 后，在【Filter kind】中选择【Net】，如图 6-42 所示，在【Net】中选择要设置的网络为"GND"网络。再在【Rule Attributes】（规则属性）中设置层，如在【Top Layer】中设置为【Any】，在【Bottom Layer】中设置为【Not Used】，这样在布线时接地网络只在电路板的顶层布线，而不会在底层走线。

（4）【Routing Priority】（布线优先级）的设置

【Routing Priority】项用来设置各布线网络的先后顺序。系统提供了 0～100 共 101 个优先级。在设计规则对话框中选择【Routing Priority】，然后单击对话框右下角的【Add】按钮,弹出如图 6-43 所示的对话框。可在【Rule Attributes】选项组的【Routing Priority】项中设置优先级别。在【Filter kind】中选择【Net】,如图 6-44 所示。在【Net】中选择要设置的网络,在【Routing Priority】中选择优先级,如果最先布电源线,再布接地线最后布其他的线,设置完成后如图 6-45 所示。

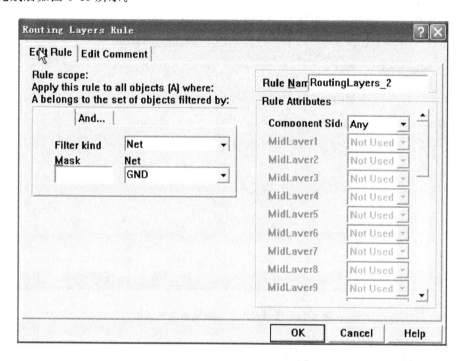

图 6-42　工作层网络设置对话框

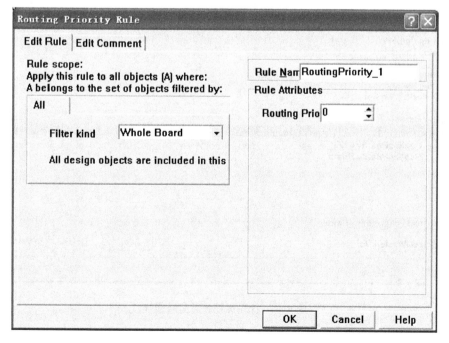

图 6-43　布线优先级设置对话框

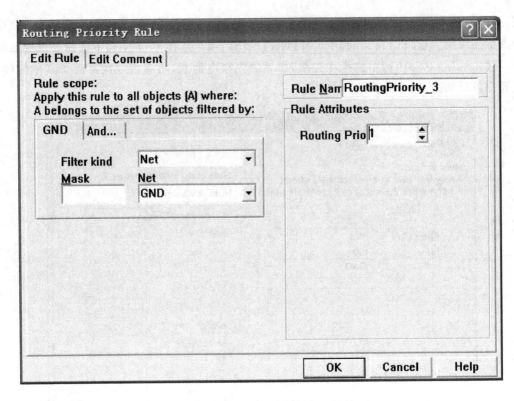

图 6-44　接地网络优先布线设置对话框

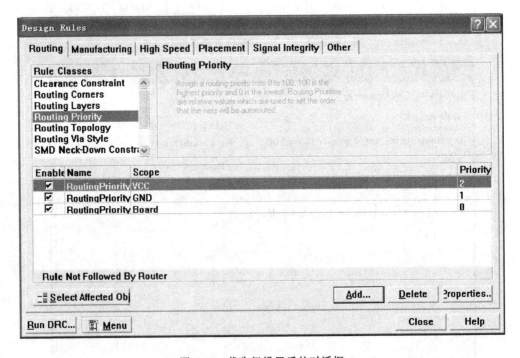

图 6-45　优先级设置后的对话框

（5）【Routing Topology】(布线拓扑结构)的设置

【Routing Topology】项用来设置布线的拓扑结构。这里的拓扑结构是指以焊盘为点，以连接各焊盘的导线为线构成的几何图形。在设计规则对话框中选中【Routing Topology】，然后单击对话框右下角的【Properties】按钮，弹出如图 6-46 所示的对话框。在【Rule Attributes】选项组的下拉列表框中可以选择布线的拓扑结构，供选择的拓扑结构有【Shortest】(连线最短)、【Horizontal】(水平连线)、【Vertical】(垂直连线)等 7 种。默认的拓扑结构为【Shortest】。

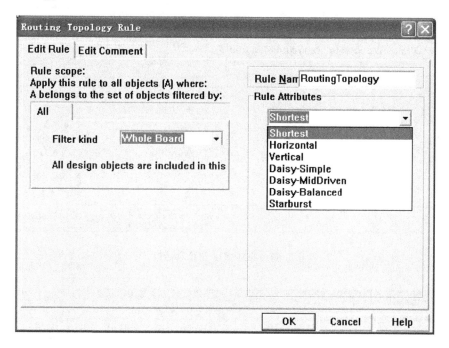

图 6-46　布线拓扑结构设置

（6）【Routing Via Style】(过孔类型)的设置

【Routing Via Style】项用来设置过孔的类型，在这里可以选择默认的设置。

（7）【Width Constraint】(布线宽度)的设置

【Width Constraint】项用来设置布线的导线宽度。在设计规则对话框中选中【Width Constraint】，然后单击对话框右下角的【Properties】按钮，弹出如图 6-47 所示的对话框。在【Rule Attributes】选项组的各文本框中分别设置导线的【Minimum Width】(最小宽度值)、【Maximum Width】(最大宽度值)和【Preferred Width】(首选宽度值)。

对某网络线也可以作具体的要求，单击对话框右下角的【Add】按钮，弹出如图 6-48 所示的对话框，分别对电源的正、负极及地线的宽度进行设置，设置完成后单击【OK】按钮回到如图 6-49 所示的对话框。

在设计规则对话框中还有以下选项。

· 【SMD Neck-Down Constraint】：用来设置 SMD 焊盘宽度与引出导线宽度的百分比。

· 【SMD To Corner Constraint】：用来设置 SMD 焊盘走线拐弯处的距离。

• 【SMD To Plane Constraint】：用来设置 SMD 到电源、接地层的距离。

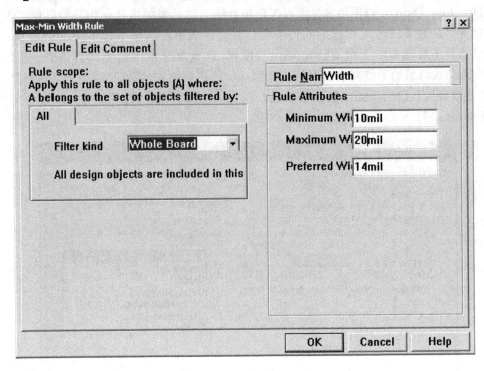

图 6-47　布线宽度设置对话框

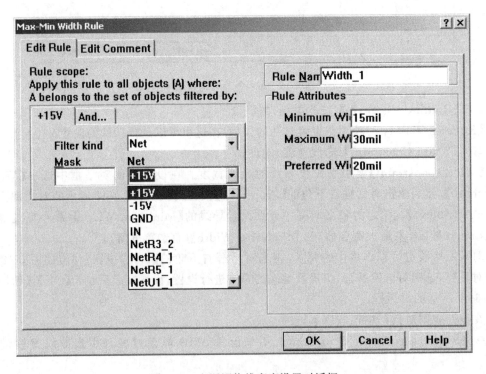

图 6-48　电源网络线宽度设置对话框

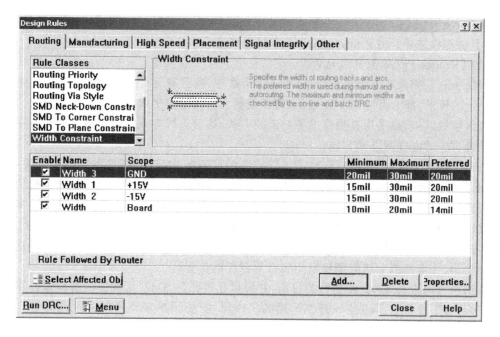

图 6-49　线宽设置后的对话框

6.5.2　自动布线

布线规则设置完成后,就可以进行自动布线了。在自动布线中也可以对整个网络进行布线,或对单个网络、单个元器件、元器件之间以及选中的部分进行布线。

1. 对整个网络进行布线

对整个网络进行自动布线的操作方法是执行菜单命令【Auto Route】/【All】,弹出如图 6-50 所示的对话框。

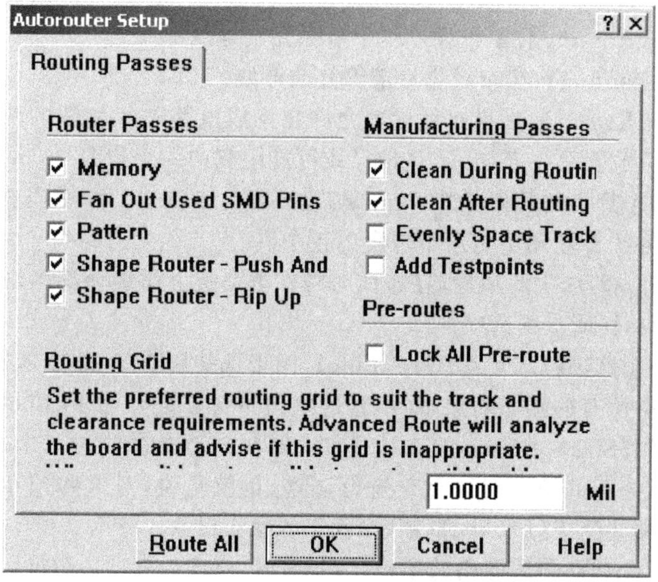

图 6-50　自动布线对话框

该对话框中有【Router Passes】(布线选项)、【Manufacturing Passes】(制板选项)、【Pre-routes】(预布线选项)和【Routing Grid】(布线栅格选项)4栏。

(1)【Router Passes】(布线选项)

【Memory】:如果在电路板上存在存储器元器件,并且对元器件的放置位置、如何定位等有一定的要求,那么可以选中此选项,对存储器元器件上的走线方式进行最佳评估。对地址线和数据线,一般是采用有规律的平行走线方式,这种布线方式对电路板上的所有存储器元器件或有关的电气网络都有效。

【Fan Out Used SMD Pins】:对于顶层或底层都密布SMD元器件的电路板来说,进行SMD元器件焊点的扇出(所谓扇出指的是由表贴元器件的焊点先布一小段导线,然后通过过孔与其他工作层连接的操作)是一件很困难的事。因此在对整个电路板进行自动布线之前,在【Router Passes】栏中只选中本设置项,先试着进行一次自动布线。如果有大约10%或更多的焊点扇出失败的话,那么在正式进行自动布线时,是无法完成布线的。解决这个问题的办法是,在电路板上试着调整扇出失败元器件的位置。

本选项可以进行SMD元器件的扇出,并可以让过孔与SMD元器件的引脚保持相当的距离。当SMD元器件焊点走线跨越不同的工作层时,使用本规则可以先从该焊点走一小段导线,然后通过过孔与其他工作层连接,这就是SMD元器件焊点的扇出。

扇出布线程序采用的也是启发式和搜索式算法。对于电路板上扇出失败的地方,系统将以一个内含小叉的黄色圆圈表示出来。

【Pattern】:该选项用于设置是否采用布线拓扑结构进行自动布线。

【Shape Router-Push And Shove】:选中该选项后,布线器可以对走线进行推挤操作,以避开不在同一网络中的过孔或焊盘。

【Shape Router-Rip Up】:在利用【Push And Shove】布线器进行布线之后,电路板上可能存在着间距冲突的问题(在图面上以绿色的小圈表示)。利用【Rip Up】布线器可以删除这些与间距冲突的已布导线,并重新进行布线,以消除这些冲突。

(2)【Manufacturing Passes】(制板选项)

【Clean During Routing】:在布线过程中清除冗余导线。

【Clean After Routing】:在布线之后清除冗余导线。

【Evenly Space Tracks】:如果布线参数允许在集成电路芯片相邻的两个焊盘间穿过两条导线,而实际上只放置了一条导线,且该导线可能距其中一个焊盘20 mil(一般来说,集成电路芯片中相邻两个焊盘的间距为100 mil,焊盘外径为50 mil),那么当选中此项并在布线器运行之后,这条导线将被调整到两个焊盘的正中央。

【Add Testpoints】:选中此项后,在布线时将在电路板上添加全部网络的测试点。

(3)【Pre-routes】(预布线选项)

本栏中只有一个选项【Lock All Pre-route】,用于保护所有的预布线、预布焊盘或过孔。选中此项后,将保护所有的预布对象,而不管这些预布对象是否处于【Locked】(锁定)状态。如果不选中此项,则【Shape Router-Rip Up】布线器在自动布线的过程中,将对那些未处于【Locked】(锁定)状态下的预布对象重新进行调整,也就是说,对这些预布对象起不到保护作用,而只能保护那些处于【Locked】(锁定)状态的预布对象。

(4)【Routing Grid】(布线栅格选项)

本栏用于指定布线格点,也就是布线的分辨率。布线的格点值愈小,布线的时间就愈长,所需的内存空间也就愈大。格点值的选取必须与设计规则中设置的【Track】(导线)或【Pad】(焊盘)间的安全间距值相匹配。当开始进行自动布线的时候,布线器会自动分析格点—导线—焊盘【Grid-Track-Pad】的尺寸设置,如果设计者设置的格点值不合适,程序会告知设计者所设置的格点值不合适,并给出一个建议值。

设置完毕,单击【Route All】按钮,系统开始对整个电路板进行布线,布线结束后会弹出一个对话框,如图 6-51 所示。该对话框中显示了布线的有关信息,如布通率、完成布线的条数、没有完成布线的条数和布线所用时间。

进行全局布线后的电路板如图 6-52 所示。

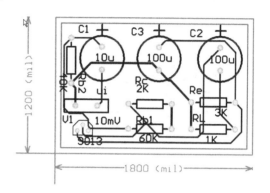

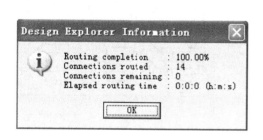

图 6-51　布线结束对话框　　　　　图 6-52　自动布线后的电路板图

2. 对选中的网络布线

自动布线操作不但可以应用于整个电路板,也可用于选中的网络。对选中的网络进行自动布线的操作过程为:执行菜单命令【Auto Route】/【Net】,鼠标旁出现十字形光标,将光标移到某条飞线上单击,就可对飞线所在的网络进行布线,布线结果如图 6-53 所示。

3. 对选中的飞线布线

对选中的飞线进行布线的操作过程为:执行菜单命令【Auto Route】/【Connection】,鼠标旁出现十字形光标,将光标移到某条飞线上单击,就可对这条飞线进行布线,布线结果如图 6-54 所示。

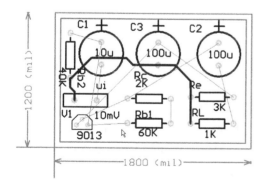

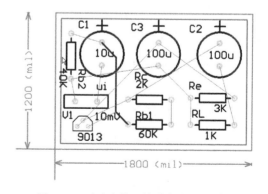

图 6-53　对选中的网络进行布线的结果　　　图 6-54　对选中的飞线进行布线的结果

4. 对选中的元器件布线

对选中的元器件进行布线的操作过程为:执行菜单命令【Auto Route】/【Component】,鼠标旁出现十字形光标,将光标移到某个元器件上,如移到三极管 V1 上单击,就可对与该元器件相连的所有飞线进行布线,布线结果如图 6-55 所示。

5. 对选中的区域布线

对选中的区域进行布线的操作过程为:执行菜单命令【Auto Route】/【Area】,鼠标旁出现十字形光标,用光标拉出一个矩形选区,将要布线的部分包括在内,如将 C2、Re、RL 包括在选区内,再单击,系统就会对选中区域内的对象进行布线,布线结果如图 6-56 所示。

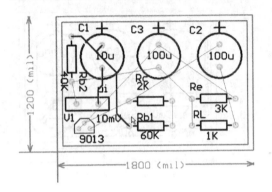

图 6-55　对选中的元器件进行布线的结果

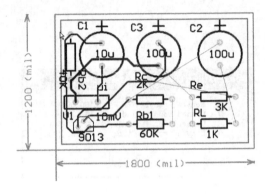

图 6-56　对选中的区域进行布线的结果

自动布线时,如果是比较简单的电路,布线的布通率一般可以达到 100%,如果未达到 100%,应查明原因,再单击主工具栏中的撤销按钮,或者在菜单中选择【Tools】/【Un-Route】撤销之前的布线,调整元器件后,再对电路进行布线,直到满意为止。

6.6　电路板的后处理

电路板进行自动布线后,若有些地方不是很满意,就需要进行手工调整布线。另外,还可以根据需要给电路板进行增加电源接线端、标注、覆铜、打泪滴等操作,这样可以使电路板更能满足设计者的需求。

6.6.1　手工调整电路板

电路板自动布线结束后,对部分不是很满意的地方,可以通过手工方式对布线进行调整。

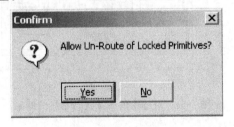

图 6-57　拆除布线对话框

1. 拆除布线

拆除布线有 4 个命令,都在菜单【Tools】/【Un-Route】下,这 4 个命令的功能说明如下。

(1)【All】:用来拆除电路板上的所有导线。当执行该命令时,系统弹出如图 6-57 所示的对话框。单击【Yes】按钮,将拆除电路板上的所有导线;若单击【No】按钮,将保留被锁定的导线而拆除其他导线。

(2)【Net】:用来拆除指定网络的导线。选择该命令后,鼠标会变成光标状。将光标移到某网络的导线上单击,该网络的所有导线就会被拆除。

(3)【Connection】:用来拆除指定的导线。

(4)【Component】:用来拆除与指定元器件相连的所有导线。

拆除导线后,单击放置工具栏中的 ≈ 按钮,就可以用手工方法绘制导线。

2.添加电源/接地和信号输入输出端

电路板在工作中需要通过电源/接地端提供电源,有的电路板还需输出端接受输入信号和输出信号,这些应用自动布线是无法完成的,通常要手动添加这些端子。

添加焊盘端子的操作过程如下。

(1)放置焊盘。在电路板的合适位置放置 2 个焊盘。

(2)设置焊盘所属的网络。在某个焊盘上双击,如双击 C1 旁的焊盘,弹出【Pad】(焊盘属性设置)对话框,如图 6-58 所示,选择其中的【Advanced】选项卡,再单击【Net】项的 ▼ 按钮,在其中选择焊盘所属的网络,这里选择所属网络为"VCC",即设焊盘属于电源网络,然后单击【OK】按钮,焊盘上随即出现一条飞线与电路板上的电源网络相连,如图 6-59所示。用同样的方法将另外一个焊盘所属的网络设为"GND"。设置好后,这个焊盘也会出现飞线与"GND"网络相连。

(3)自动布线。执行菜单命令【Auto Route】/【All】,对整个电路板进行重新自动布线,这两个焊盘同时也被导线连接起来。

3.调整和添加文字标注

如果在手工调整元器件布局时,未对电路板上的文字标注进行调整,可现在进行调整。调整文字标注主要指对标注文字进行移动、旋转、删除和更改标注内容等。这些调整方法在前面已经介绍过,这里不再叙述。下面通过为电源端子添加标注,来说明如何在电路板上添加标注内容。

(1)单击工作窗口下方的【Top Overlay】(顶层丝印层)标签,切换到该层。

(2)单击放置工具栏中的 **T** 按钮,开始放置文字标注。在放置过程中按【Tab】键,弹出属性设置对话框,在【Text】文本框中输入"VCC",其他项可保持默认值,也可自行设置,设置好后在 VCC 端子旁单击,则在该脚放置"VCC"文字标注。再用同样的方法在 GND端子旁放置"GND"文字标注。放置好的文字

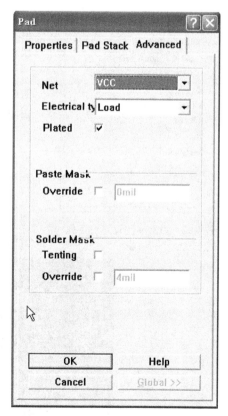

图 6-58　焊盘属性对话框

标注如图 6-60 所示。

图 6-59　焊盘与网络相连

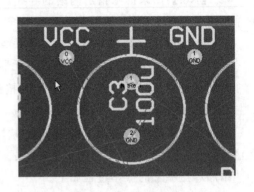

图 6-60　添加标注

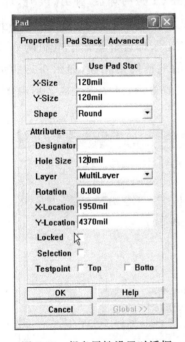

图 6-61　焊盘属性设置对话框

4. 放置固定螺孔

为了固定电路板，一般要在电路板上钻出螺孔。螺孔与过孔、焊盘不同，它一般不涂导电层。放置固定螺孔通常采用放置焊盘的方式。放置螺孔的操作过程如下。

（1）单击放置工具栏中的 ◉ 按钮，开始放置焊盘。在放置时按【Tab】键，弹出如图 6-61 所示的焊盘属性设置对话框。

（2）在对话框中的【X-Size】、【Y-Size】和【Hole Size】文本框中输入相同的值，这样设置的目的是使焊盘呈圆形，并且取消焊盘口铜箔。单击对话框中的【Advanced】选项卡，取消对其选项卡中【Plated】复选框的选择，即去掉焊盘通孔壁上的电镀层。再单击【OK】按钮，退出设置。

（3）将鼠标（粘着焊盘）移到要放置螺孔的位置单击，就放置了一个螺孔。用同样的方法在其他位置放置螺孔。放置好螺孔的电路板如图 6-62 所示。

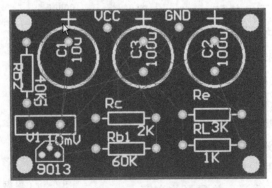

图 6-62　放置好螺孔的电路板

6.6.2 覆铜

覆铜是把 PCB 上没有放置导线和元器件的地方铺满铜膜。这些铜膜可以设置为与 PCB 上的任意一个网络线连接,也可以悬空。PCB 经过覆铜以后,可以有效提高 PCB 的强度,并且制造时也节约腐蚀液,还能有效提高其抗干扰能力。

在 PCB 编辑状态下,点击放置工具栏上的 按钮,弹出覆铜对话框,如图 6-63 所示。

1.【Net Options】栏

(1)【Connect to Net】:用于设置与覆铜相连网络的名称。

(2)【Pour Over Same】:用于设置相连网络与覆铜是否重叠。

(3)【Remove Dead Copper】:用于设置是否删除死铜,所谓死铜,就是那些没有办法绕到与所定义的网络相连接的那部分覆铜。

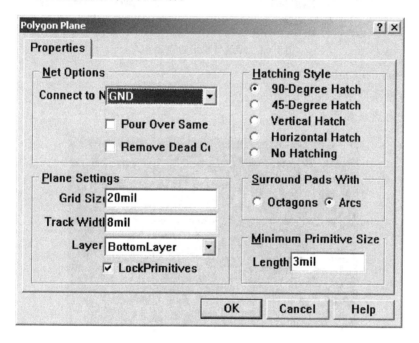

图 6-63　覆铜对话框

2.【Plane Settings】栏

(1)【Grid Size】:用于设置覆铜上相邻两条线间距。

(2)【Track Width】:用于设置覆铜的线宽。

(3)【Layer】:用于设置覆铜所在的层。

(4)【Lock Primitives】:用于设置以多根单独的导线或这些导线的整体作为覆铜。该项设置的结果从表面上是无法分辨的。一般要选中它,表示不以多根导线作为覆铜,而是以这些导线的整体作为覆铜。

3.【Hatching Style】栏

(1)【90-Degree Hatch】:为 90°网格线。

(2)【45-Degree Hatch】:为 45°网格线。

(3)【Vertical Hatch】:为垂直线。

（4）【Horizontal Hatch】：为水平线。

（5）【No Hatching】：以中空线作为覆铜线。

4.【Surround Pads With】栏

【Surround Pads With】框架下的选项分别为以八角或圆弧的形式与焊盘进行连接，如图 6-64 所示。

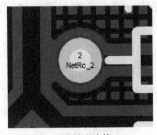
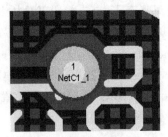

(a) 圆弧形连接　　　　　　　　　　　(b) 八角形连接

图 6-64　焊盘与覆铜的连接方式

5.【Minimum Primitive Size】栏

用于设置铜膜网络线最短长度。

覆铜后的电路板如图 6-65 所示。

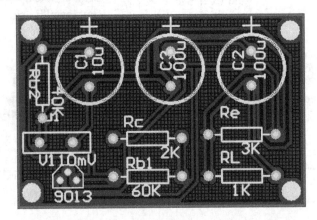

图 6-65　覆铜后的电路板图

将电路图放大后发现 GND 网络与其他网络的不同，它是与覆铜相连接的，如图 6-66 所示。

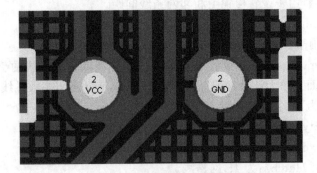

图 6-66　GND 网络与覆铜相连接

6.6.3　补泪滴

补泪滴是指靠近焊盘或过孔处的导线逐渐变宽,远离焊盘或过孔处的导线逐渐变窄。补有泪滴的焊盘具有其应变强度大的特点,在频率很高的场合还具有不易向外辐射高频电磁波的特点。

执行菜单命令【Tools】/【Teardrops】,弹出如图 6-67 所示的补泪滴对话框。

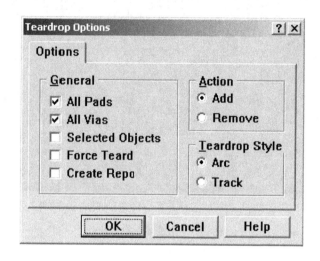

图 6-67　补泪滴对话框

进行选择后,单击【OK】按钮,则连接导线的所有焊盘进行了补泪滴。如图 6-68 所示。

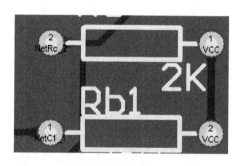

图 6-68　打上泪滴后的焊盘

6.6.4　三维显示模式

三维显示模式简称 3D 显示模式,它能将设计的电路板以三维的形式显示出来,让设计者看到接近实际效果的电路板。电路板进行三维显示的操作过程如下。

(1) 执行菜单命令【View】/【Board 3D】,或者单击主工具栏中的 按钮,在工作窗口生成电路板的三维图,如图 6-69 所示。

(2) 单击键盘上的【PgUp】键或单击主工具栏中的放大按钮,可放大三维图;单击【PgDn】键或单击主工具栏中的缩小按钮,可缩小三维图;单击鼠标右键,鼠标变成手状,移动鼠标可移动三维图;单击【End】键可刷新三维图。

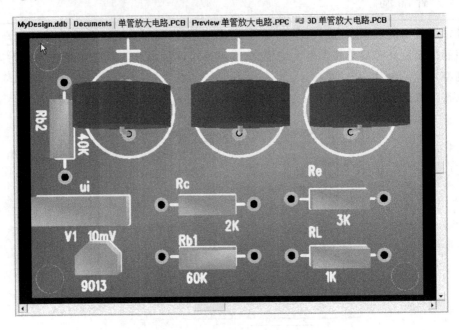

图 6-69　三维显示电路板

（3）另外,在 PCB 编辑器左边的设计管理器中,选中【Browse PCB 3D】选项卡,也可以对三维图进行操作。

在【Browse Nets】列表中选中"GND",再单击下方的【HighLight】(高亮)按钮,三维图中的 GND 网络就会高亮显示,如图 6-70 所示。要除去高亮显示,只要单击【Clear】按钮即可。

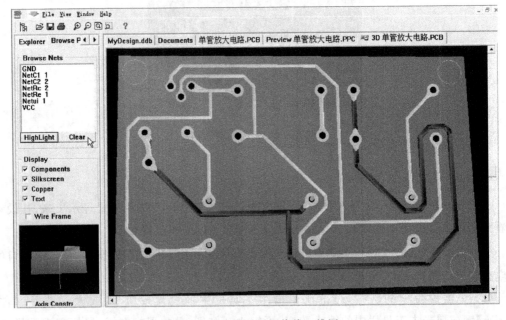

图 6-70　高亮显示网络线三维图

在【Display】选项组中,取消对【Components】(元器件)复选框的选择,三维图中的元器件将不显示出来,如图 6-71 所示。图中的【Silkscreen】为丝印,【Copper】为铜箔导线,【Text】为文字,取消对它们的选择,三维图中相应的部分将不会显示。

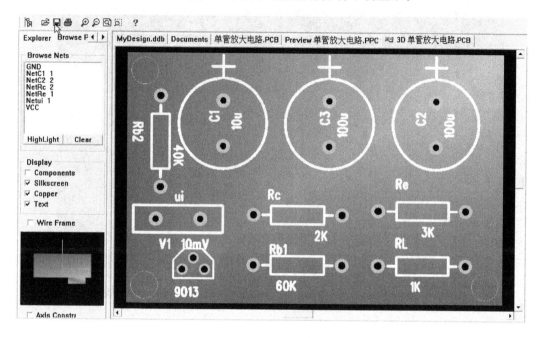

图 6-71　去掉元器件显示的三维图

如果对【Wire Frame】复选框进行选择,三维图将以空心线来显示,如图 6-72 所示。

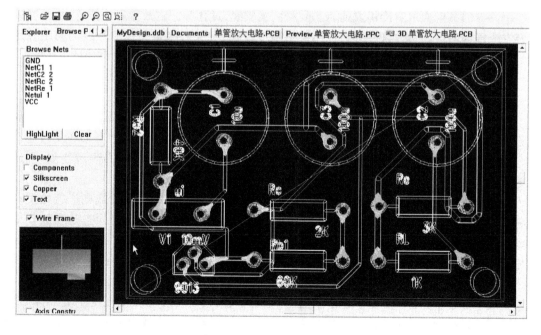

图 6-72　空心线显示的三维图

将鼠标移到设计管理器的底部小窗口中,鼠标会变成有箭头的十字形,按住左键移动鼠标,工作窗口中的三维图将会旋转,如图6-73所示。

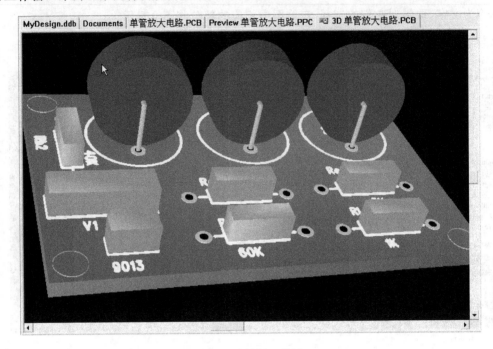

图 6-73　旋转三维图

6.6.5　设计规则检查

电路板图是由许多图件构成的,如元器件、铜膜线、过孔等。在放置每个图件时,都必须顾及它周围的图件,如元器件不能重叠、网络不可短路、电源网络与其他信号线的间距应足够大等。这就是说,在设计电路板图时,需要有一定的规则约束,以保证设计电路板的正确性。

Protel 99 SE 提供了多种设计规则供读者定义,读者可对这些设计规则进行重新定义,也可以自己定义一系列的设计规则。

各种设计规则分别在电路板图的不同设计阶段,起着监视电路板图、检测各图件是否满足设计要求的作用。在这些设计规则中,有的在放置图件时起作用,有的在自动布局时起作用,有的在自动布线时起作用,有的是通过读者调用有关命令起作用。一旦发现违规,则违规的图件就会被显示为高亮度,并给出详细的违规报告。

设置好了设计规则,就可以利用它们对电路板图进行检查。利用设计规则进行检查有两种方式:【On-Line DRC】(实时检查)和【Batch DRC】(分批检查)。实时检查是在放置或移动图件的同时进行检查,即自动或手动布置元器件和自动或手动布线时,设计规则都在起作用。分批检查是设计者执行【Tools】/【Design Rule Check...】命令进行检查。

1.【On-Line Design Rule Check】实时检查

在放置和移动图件时,系统自动利用规则进行检查,一旦发现违规,就会被标记出来(显示为高亮度),提醒设计者注意。同时如果 PCB 浏览管理器设为违规浏览模式,其中会显示违规的名称和具体内容。

实时检查并不是有多少规则就检查多少项,而是只检查设定项目的规则。检查的项目可以调整,这种调整是通过执行【Tools】/【Design Rule Check...】命令进行的,在【Design Rule Check...】对话框中【On-Line】选项卡中完成,如图6-74所示。

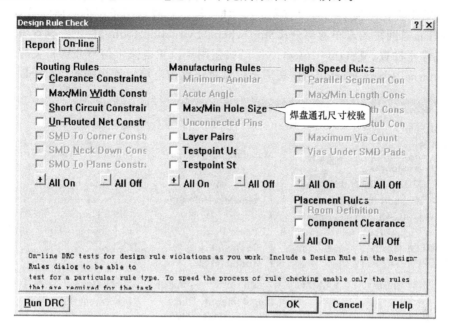

图 6-74　实时检查对话框

在不同的 PCB 设计阶段,都有不同的设计规则进行实时检查。

(1) 放置图件时的设计规则检查

此类设计规则是在装入网络表或移动元器件时,进行检查。因此,要在装入网络表或移动元器件之前定义好此类设计规则。间距限制规则就属这类设计规则,它在装入网络表的过程中实施检查。

(2) 元器件自动布局时的设计规则检查

此类设计规则是在元器件自动布局时,进行检查。因此,要在元器件自动布局之前定义好此类设计规则。常用的此类设计规则有:元器件间最小距离规则、元器件放置方向规则、网络忽略规则及允许放置的板层规则。

(3) 自动布线时的设计规则检查

此类设计规则是在自动布线时,进行检查。因此,要在自动布线之前定义好此类设计规则。常用的此类设计规则有:转角方式规则、布线板层规则、布线优先级规则、自动布线拓扑规则、自动布线过孔类型规则及铜膜线宽度限制规则。

2.【Batch Design Rule Check】分批检查

分批检查的运行是由设计者控制的,其结果是产生一个报告文件。在定义设计规则的对话框中单击【Run DRC】按钮,会弹出如图 6-75 所示的对话框,这个对话框与执行【Tools】/【Design Rule Check…】命令弹出的对话框相同。

设置分批检查项目是在该对话框的【Report】选项卡上进行的。【Report】选项卡和【On-line】选项卡的上方3栏都是相同的,列出了与布线有关的规则【Routing Rules】、与制作有关的规则【Manufacturing Rules】以及与高频有关的规则【High Speed Rules】,每一栏的下方都有【All On】和【All Off】两个按钮,用于全选和全部不选栏内的所有项目。【Options】栏用于设定设计规则检查的选项。其中,【Create Report File】选项用于设置是否要生成检查报告文件;【Create Violations】选项用于设置是否高亮度显示违规的图件;【Sub-Net Details】选项用于检查到某个网络没有完全布通时,设置是否给出子网络的详细信息,所谓子网络指没有布通网络的未布通部分;【Stop when...violation found】栏用于设置当发现多少违规时,将停止检查。【Signal Integrity...】按钮用于设置电路板信号分析相关的设计规则选项。【Internal Plane Warning】按钮用于设置对违反内电层设计规则的设计予以报警。

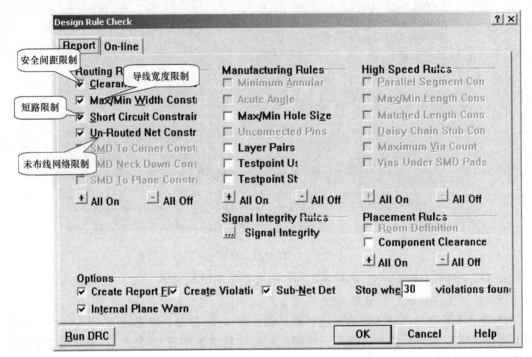

图 6-75　分批检查对话框

当各个选项都设置好后,单击【Run DRC】按钮,程序立即进行设计规则检查,如图 6-76 所示。

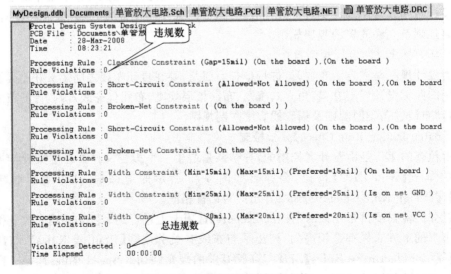

图 6-76　设计规则检查报表文件

6.7　PCB 报表的生成及电路板的打印

电路板设计完成后,如果想知道其中的有关信息,可用 PCB 编辑器生成各种报表,在这些报表中会显示出有关电路板的各种信息。执行【Reports】菜单下的相关命令,可生成相应的报表。

6.7.1　引脚报表的生成

引脚报表的功能是将电路板选中对象的引脚信息列举出来。生成引脚报表的操作过程如下。

（1）打开要生成引脚报表的 PCB 文件,如打开"单管放大电路.PCB"文件,在电路板上选中要生成引脚信息的对象 C1 和 C3,然后执行菜单命令【Reports】/【Selected Pins】,弹出如图 6-77 所示的对话框。

（2）对话框中列出了选中对象的引脚信息,单击【OK】按钮,系统开始生成扩展名为".DMP"的引脚报表文件,并自动打开。打开的引脚报表文件如图 6-78 所示,从图中可以看出,C1、C3 的引脚信息在报表中被列了出来。

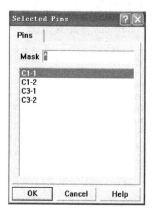

图 6-77　生成引脚报表对话框

图 6-78　生成的引脚报表

6.7.2　电路板信息报表的生成

电路板信息报表能将有关电路板的完整信息列举出来,如列举电路板的尺寸、焊点、过孔的数量及元器件的标号等。生成电路板信息报表的操作过程如下。

（1）打开要生成电路板信息报表的 PCB 文件,然后执行菜单命令【Reports】/【Board Information】,弹出如图 6-79 所示的对话框。对话框中有 3 个选项卡。

①【General】选项卡:主要显示电路板的一般信息,如电路板的大小、电路板各种对象的数量和违反设计规则的数量等。

②【Components】选项卡:主要显示当前电路板上元器件的序号及元器件所在的层等信息。

③【Nets】选项卡:主要显示当前电路板的网络信息。

（2）在如图 6-79 所示的对话框中单击【Report】按钮,弹出如图 6-80 所示的对话框,在该对话框中可以选择要生成报表的项目,如果要选中所有项,可单击对话框下方的【All On】按钮;如果不选任何项,可单击【All Off】按钮;如果选中【Selected objects only】复选框,只生成所选对象的电路板信息报表。

(3) 单击如图 6-80 所示对话框中的【Report】按钮，系统开始生成扩展名为“.REP”的电路板信息报表，如图 6-81 所示。报表的内容很多，图中只列出了其中的一部分。

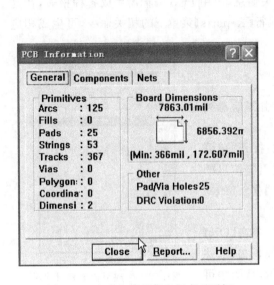

图 6-79 生成电路板信息报表对话框

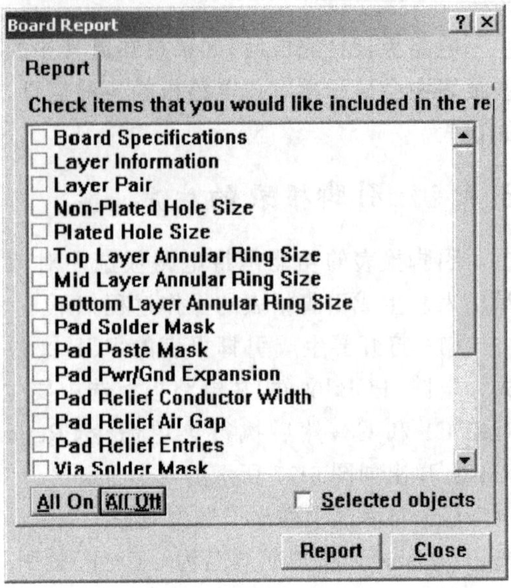

图 6-80 报表选项

```
Specifications For 单管放大电路.PCB
On 28-Mar-2008 at 08:50:57

Size Of board                    7.863 x 6.856 sq in
Equivalent 14 pin components     35.94 sq in/14 pin component
Components on board              10

Layer            Route   Pads  Tracks  Fills  Arcs  Text
--------------------------------------------------------
TopLayer                  0      0      0      0     1
BottomLayer               0     57      0     53     1
Mechanical4               0    260      0     69    46
TopOverlay                0     46      0      3    21
TopPaste                  0      0      0      0     1
BottomPaste               0      0      0      0     1
TopSolder                 0      0      0      0     1
BottomSolder              0      0      0      0     1
KeepOutLayer              0      4      0      0     0
MultiLayer               25      0      0      0     0
--------------------------------------------------------
Total                    25    367      0    125    73

Layer Pair          Vias
------------------------
------------------------
Total                  0

Non-Plated Hole Size    Pads   Vias
-----------------------------------
-----------------------------------
Total                      0      0

Plated Hole Size        Pads   Vias
```

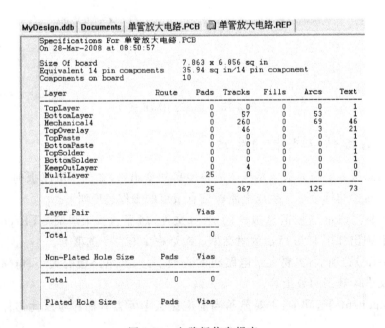

图 6-81 电路板信息报表

6.7.3 网络状态报表的生成

网络状态报表的功能是列出电路板中每一条网络的长度。生成网络状态报表的操作过程为：打开要生成网络状态报表的 PCB 文件，然后执行菜单命令【Report】/【Netlist Status】，系统开始生成网络状态报表，并自动打开，如图 6-82 所示。网络状态报表的扩展名也为“. REP”。

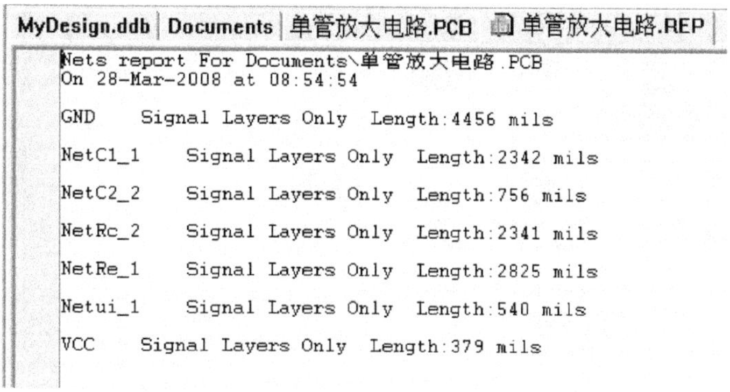
MyDesign.ddb | Documents | 单管放大电路.PCB | 单管放大电路.REP

Nets report For Documents\单管放大电路.PCB
On 28-Mar-2008 at 08:54:54

GND   Signal Layers Only Length:4456 mils
NetC1_1   Signal Layers Only Length:2342 mils
NetC2_2   Signal Layers Only Length:756 mils
NetRc_2   Signal Layers Only Length:2341 mils
NetRe_1   Signal Layers Only Length:2825 mils
Netui_1   Signal Layers Only Length:540 mils
VCC   Signal Layers Only Length:379 mils

图 6-82　网络状态报表

6.7.4　设计层次报表的生成

设计层次报表的功能是显示当前库文件的组成结构。生成设计层次报表的操作过程为：打开某个数据库文件中的一个 PCB 文件，然后执行菜单命令【Reports】/【Design Hierarchy】，系统开始生成设计层次报表，并自动打开如图 6-83 所示的以“. REP”为扩展名的文件。

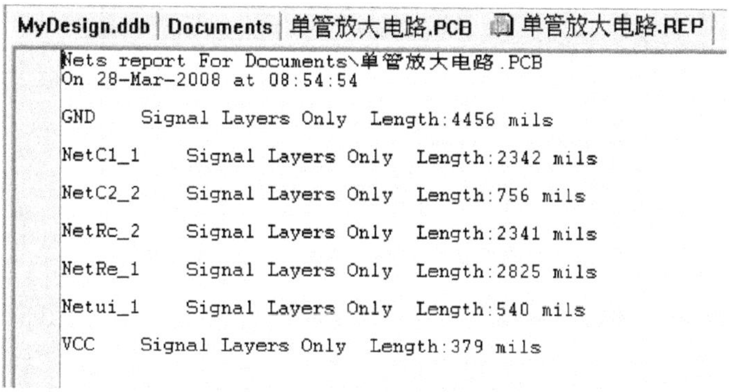
MyDesign.ddb | Documents | 单管放大电路.PCB | 单管放大电路.REP

Nets report For Documents\单管放大电路.PCB
On 28-Mar-2008 at 08:54:54

GND   Signal Layers Only Length:4456 mils
NetC1_1   Signal Layers Only Length:2342 mils
NetC2_2   Signal Layers Only Length:756 mils
NetRc_2   Signal Layers Only Length:2341 mils
NetRe_1   Signal Layers Only Length:2825 mils
Netui_1   Signal Layers Only Length:540 mils
VCC   Signal Layers Only Length:379 mils

图 6-83　设计层次报表

6.7.5　数控 NC 钻孔报表的生成

钻孔报表的功能是列出电路板的钻孔资料，该资料可以直接用于 NC 钻孔机。生成 NC 钻孔报表的操作过程如下。

(1) 打开要生成 NC 钻孔报表的 PCB 文件，然后执行菜单命令【File/New】，弹出如图 6-84 所示的对话框，选择其中的【CAM output configuration】(计算机辅助制造输出文件)，单击【OK】按钮，弹出如图 6-85 所示的对话框。

(2) 在对话框中，选择要生成 NC 钻孔报表的 PCB 文件，单击【OK】按钮，弹出如图 6-86 所示的报表生成向导对话框，单击【Next】按钮，又弹出生成文件类型对话框，如图 6-87 所示。

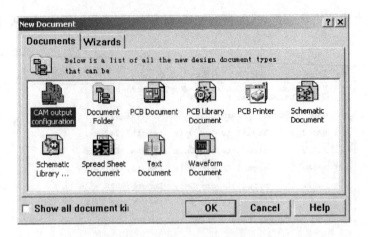

图 6-84 新建文档对话框

图 6-85 选择要生成 NC 钻孔报表的 PCB 文件

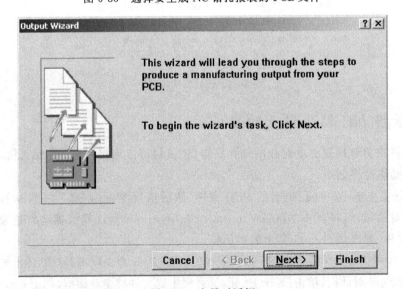

图 6-86 向导对话框

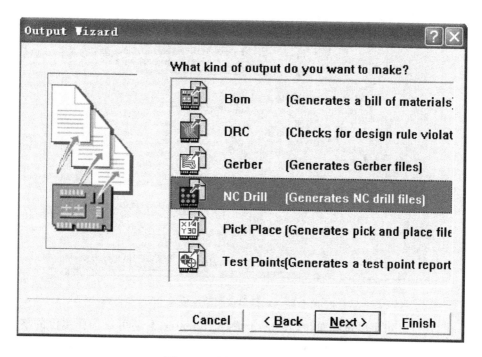

图 6-87　选择生成的文件类型

（3）在对话框中，选择【NC Drill】类型，单击【Next】按钮，弹出如图 6-88 所示的对话框，要求输入生成报表的文件名，在此输入文件名"NC Drill 单管放大电路"，再单击【Next】按钮，弹出下一个对话框，如图 6-89 所示。

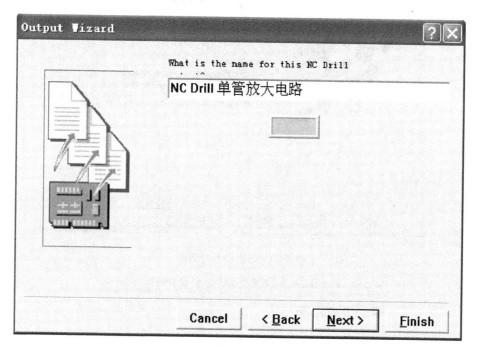

图 6-88　设置报表的文件名

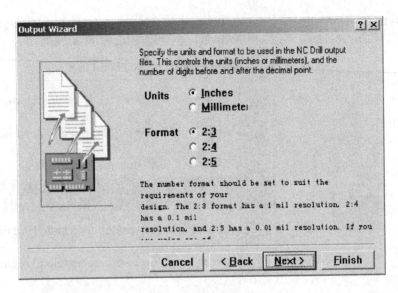

图 6-89　选择单位和单位格式

（4）在对话框中，可以选择单位【Inches】或【Millimeters】，还可以选择单位的格式。选择好后再单击【Next】按钮，弹出结束对话框，如图 6-90 所示，单击【Finish】按钮，系统自动生成"CAMManager2.cam"文件，如图 6-91 所示，该文件下只有一个 NC Drill PCB2 报表，此时还不能查看报表的内容。

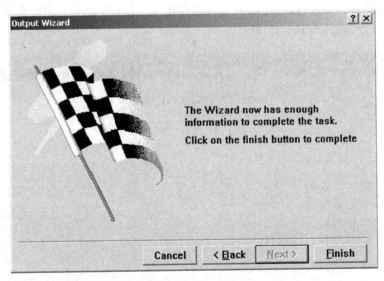

图 6-90　结束向导对话框

图 6-91　生成的辅助制造管理文件

（5）让"CAMManager1.cam"文件处于打开状态,然后执行菜单命令【Tools】/【Generate CAM File】,系统会自动新建一个"CAM for 单管放大电路"文件夹,该文件夹下通常有4个文件,如图 6-92 所示。打开的"单管放大电路.TXT"文件如图 6-93 所示,打开的"单管放大电路.DRR"文件如图 6-94 所示,打开的"Status Report.txt"文件如图 8-95 所示。其中"单管放大电路.TXT"文件内的文本为 NC 钻孔程序。

图 6-92　CAM for PCB2 文件夹中的文件

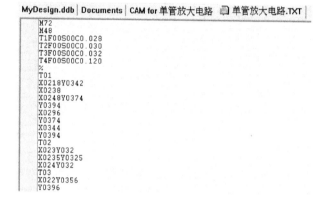

图 6-93　打开的"单管放大电路.TXT"文件

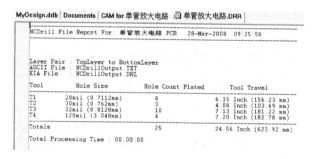

图 6-94　打开的"单管放大电路.DRR"文件

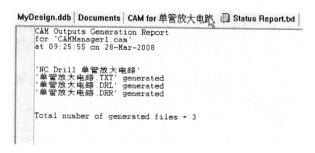

图 6-95　打开的"Status Report.txt"文件

6.7.6　元器件报表的生成

　　元器件报表的功能是列出一个电路板或一个项目所有元器件的清单。对于简单的电路可以不用生成元器件报表,但对于复杂的电路板,通过查看元器件报表可以很方便地了解整个电路板的元器件信息。生成元器件报表与生成 NC 钻孔报表的一些操作步骤相同,具体操作过程这里不再叙述。打开生成的报表文件如图 6-96 所示。

| MyDesign.ddb | Documents | 单管放大电路.PCB | BOM for 单管放大电路.bom |

| D5 | | | | | | | |
	A	B	C	D	E	F	G	H
1	Comment	Footprint	Designators					
2	100u	RB.2/.4	C3					
3	100u	RB.2/.4	C2					
4	10mV	XTAL1	ui					
5	10u	RB.2/.4	C1					
6	1K	AXIAL0.4	RL					
7	2K	AXIAL0.4	Rc					
8	3K	AXIAL0.4	Re					
9	40K	AXIAL0.4	Rb2					
10	60K	AXIAL0.4	Rb1					
11	9013	TO-92A	V1					
12								

图 6-96　打开的元器件报表文件

6.7.7　电路板的打印

　　设计完成电路板后,有时需要将它打印出来。在打印电路板时要对打印机进行有关设置,如设置打印机类型、纸张的大小和方向等,然后再进行打印。电路板的打印操作过程如下。

1. 预览打印效果

　　打开要打印的"单管放大电路. PCB"文件,然后执行菜单命令【File】/【Print】/【Preview】,系统随即生成一个打印预览文件"Preview 单管放大电路. PPC",且该文件自动打开,在工作窗口可以预览打印效果,如图 6-97 所示。

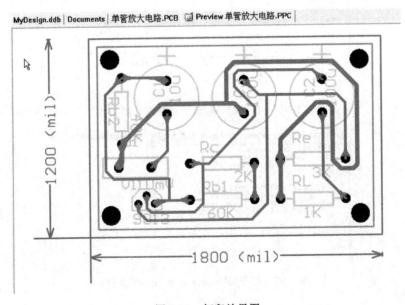

图 6-97　打印效果图

2. 打印设置

如果对打印效果不满意,可进行打印设置,方法是执行菜单命令【File】/【Setup Print-er】,弹出打印设置对话框,如图 6-98 所示。可以在该对话框中进行各种打印设置,打印设置对话框中有关项的功能说明如下。

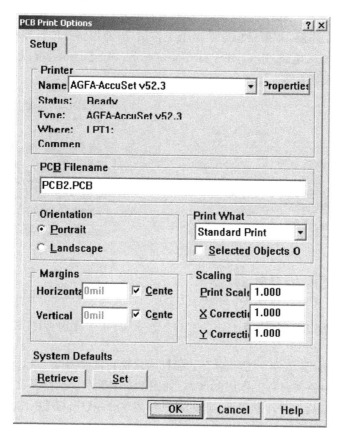

图 6-98 打印设置对话框

(1)【Name】下拉列表框中选择打印机(当计算机连接了多台打印机时)。

(2)【PCB Filename】选项组显示了要打印的 PCB 文件。

(3)【Orientation】选项组中有【Portrait】(纵向)和【Landscape】(横向)两种打印方向供选择。

(4)【Print What】下拉列表框中可选择打印的形式,有【Standard Print】(标准形式)、【Whole Board On Page】(整个电路板打印在一页上)和【PCB Screen Region】(PCB 区域)3 种选择。

(5)其他项主要用于设置边界和打印比例。设置完成后,单击【OK】按钮结束打印设置。

3. 打印

打印设置完成后,执行【File】菜单下的相关打印命令,打印机便开始打印电路板。【File】菜单主要有以下打印命令。

(1)【Print All】:打印所有图形。

（2）【Print Job】：打印操作对象。

（3）【Print Page】：打印指定的页面，执行该命令后，弹出如图 6-99 所示的对话框，在该对话框中可以输入需打印的页面。

（4）【Print Current】：打印当前页。

4. 特殊的打印模式

电路板有多个工作层，如果只想打印某个工作层，可使用特殊的打印模式。在打印预览文件"Preview 单管放大电路.PPC"处于打开的情况下，单击【Tools】可以看到如图 6-100 所示的一些特殊打印模式命令。

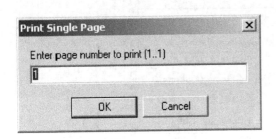

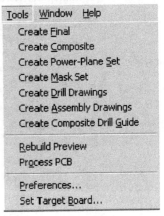

图 6-99　输入打印页面数量　　　　　图 6-100　【Tools】菜单下的打印命令

（1）【Create Final】：该命令主要用于分层打印。执行此命令后，设计管理器的【Browse PCB Print】选项卡中便列出各工作层的名称，如图 6-101 所示。选择某工作层，在右边的工作窗口中就会出现该层的打印预览图，此时再执行菜单命令【File】/【Print Current】，可以将选中的工作层打印出来。

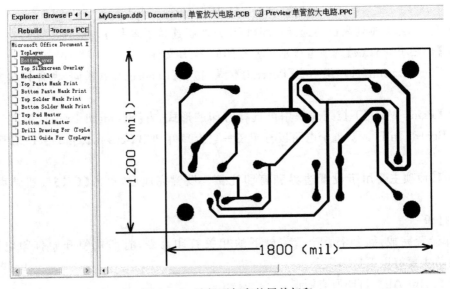

图 6-101　选择要打印的层并打印

(2)【Create Composite】:该命令用于叠层打印,是系统默认的打印模式。

(3)【Create Power-Plane Set】:该命令主要用于打印电源/接地层。

(4)【Create Mask Set】:该命令主要用于打印阻焊层和助焊层。

(5)【Create Drill Drawings】:该命令主要用于打印钻孔层。

(6)【Create Assembly Drawings】:该命令主要用于打印与顶层和底层内容相关的层。

(7)【Create Composite Drill Guide】:该命令主要用于将【Drill Guide】、【Drill Drawing】、【Keep-Out】和【Mechanical】这几个层组合起来打印。

6.8 实 训 辅 导

本节实训将系统介绍电路板自动布线的步骤,同时也能帮助读者提高电路板自动绘制的技巧。

实训1 自动绘制指示灯显示电路

1. 实训目的

(1)熟悉电路板自动布线的步骤。

(2)掌握电路板自动布局的方法。

(3)掌握电路板交互式布线的方法。

2. 实训内容

(1)在 Protel 99 SE 原理图编辑器中正确地绘制出电路原理图,设置好各元器件的封装,并生成网络表。绘制好的原理图如图 6-102 所示。

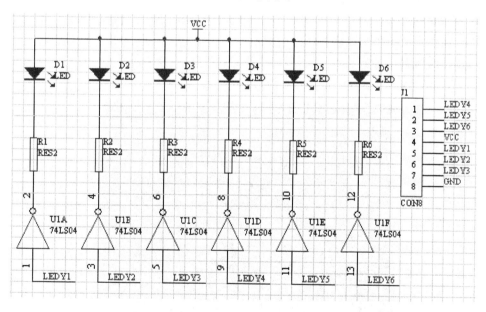

图 6-102　指示灯显示电路

(2)根据电路板绘制向导绘制出 2 500 mil×2 000 mil 的电路板,注意规划电路板时层的设置,物理边界应在机械层设置,电气边界应在禁止布线层设置。

（3）导入网络表文件，并将发光二极管固定在相应的位置，执行菜单命令【Tools】/【Auto Placement】/【Auto Placer...】对元器件进行布局，布局的结果如图 6-103 所示。

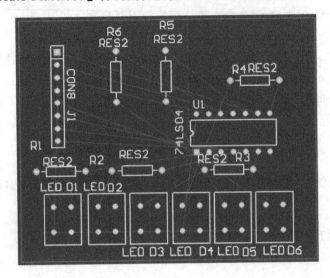

图 6-103　布局后的电路板图

（4）对电路板图中的元器件的标注进行调整，再执行菜单命令【Design】/【Rules】设置布线规则，要求如下。

① 绝缘间距限制为电源与地线间距 20 mil，其余线间距 14 mil。

② 拐弯方式规则设置为 45°，拐弯大小为 100 mil。

③ 布线层设置：布线层有【Bottom Layer】和【Top Layer】两层，走线方式为顶层水平走线，底层垂直走线。

④ 自动布线拓扑规则设置为【Shortest】。

⑤ 印制板导线宽度设置为电源、地线网络 20 mil，其余走线宽度为 12 mil。

（5）执行菜单【Auto Route】/【All】进行自动布线，布线后的结果如图 6-104 所示。

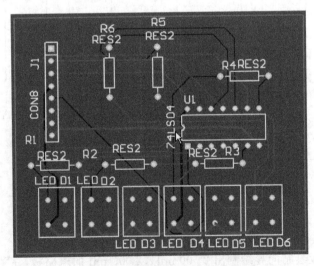

图 6-104　自动布线后的电路板

（6）手工对电路板中不满意的线进行修改，并对电路板进行必要的处理，修改后的电路板如图 6-105 所示。

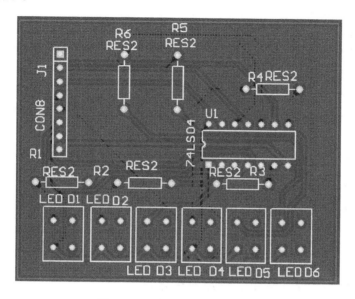

图 6-105　手工调整后的电路板

（7）执行菜单命令【View】/【Board 3D】进行 3D 模拟，观察电路板设计是否合理，如图 6-106 所示。

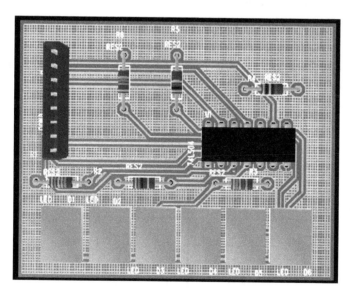

图 6-106　三维显示模式

（8）执行【Tools】/【Design Rule Check...】命令进行设计规则检查，检查的结果显示没有布线规则的错误，如图 6-107 所示。

```
Protel Design System Design Rule Check
PCB File : Documents\提示灯显示电路1.PCB
Date     : 29-Mar-2008
Time     : 17:01:29

Processing Rule : Width Constraint (Min=12mil) (Max=12mil) (Prefered=12mil) (On the board )
Rule Violations :0

Processing Rule : Width Constraint (Min=20mil) (Max=20mil) (Prefered=20mil) (Is on net VCC )
Rule Violations :0

Processing Rule : Width Constraint (Min=20mil) (Max=20mil) (Prefered=20mil) (Is on net GND )
Rule Violations :0

Processing Rule : Broken-Net Constraint ( (On the board ) )
Rule Violations :0

Processing Rule : Short-Circuit Constraint (Allowed=Not Allowed) (On the board ),(On the board
Rule Violations :0

Processing Rule : Broken-Net Constraint ( (On the board ) )
Rule Violations :0

Processing Rule : Short-Circuit Constraint (Allowed=Not Allowed) (On the board ),(On the board
Rule Violations :0

Processing Rule : Clearance Constraint (Gap=20mil) (On the board ),(On the board )
Rule Violations :0


Violations Detected : 0
Time Elapsed        : 00:00:01
```

图 6-107 设计规则检查报表

实训 2 自动绘制方波和三角波发生电路

1. 实训目的

(1) 进一步熟悉电路板自动布线的步骤。

(2) 能够对网络表装载中出现的错误进行分析处理。

(3) 进一步掌握电路板交互式布线的方法。

2. 实训内容

(1) 在 Protel 99 SE 原理图编辑器中正确地绘制出方波和三角波发生电路,设置好各元器件的封装,并生成网络表。绘制的原理图如图 6-108 所示。

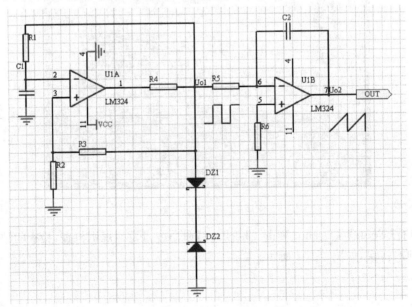

图 6-108 方波和三角波发生电路

（2）根据电路板的绘制向导绘制出 1 800 mil×1 200 mil 的电路板。

（3）执行菜单命令【Design】/【Load Nets】导入网络表文件，装载时出现如图 6-109 所示的错误。

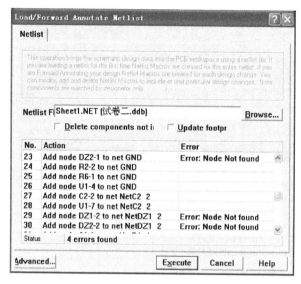

图 6-109　已装载网络表的对话框

在【Status】中显示有 4 处错误。【Add node DZ2-1 to net GND，Error：Node Not found】的含义为：在装载新元件 DZ2 时，原理图中元件的引脚号与其封装元件中的引脚号不一致。解决方法有两种：一是将原理图中元件的引脚号改与元件封装的引脚号一致，二是更改元件封装的引脚号与电路原理图中的元件的引脚号一致。下面使用第二种方法来修改二极管封装的引脚号。

在 PCB 编辑器中单击【Edit】命令出现如图 6-110 所示的对话框，找到"DIODE0.4"将其两个引脚 A、K 分别改为 1 和 2 保存后再重新导入网络表，这时所有的错误都没有了，同时出现如图 6-111 所示的对话框。

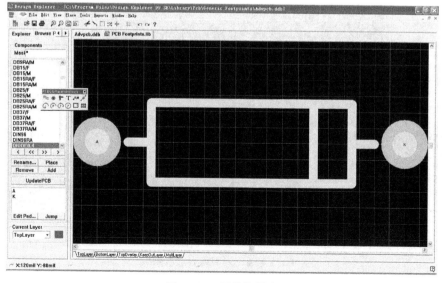

图 6-110　元件编辑库

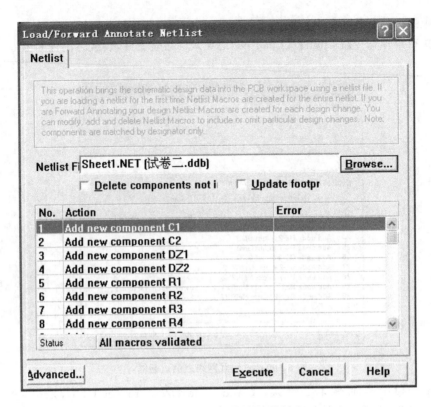

图 6-111　修改正确后的对话框

（4）在如图 6-111 所示的对话框中单击【Execute】按钮，网络表就被装入当前的 PCB 编辑器中。在 PCB 编辑器工作窗口的电路板上出现了方波和三角波发生电路各个元器件的封装及它们之间的连接关系，它们出现在规划范围的外面，如图 6-112 所示。

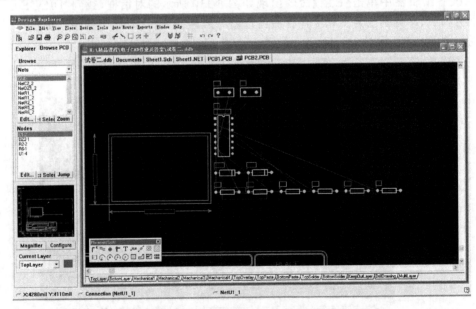

图 6-112　刚装入网络表的电路板

（5）执行菜单命令【Tools】/【Auto Placement】/【Auto Placer...】进行自动布局,然后通过手动调整来达到理想状态,如图 6-113 所示。

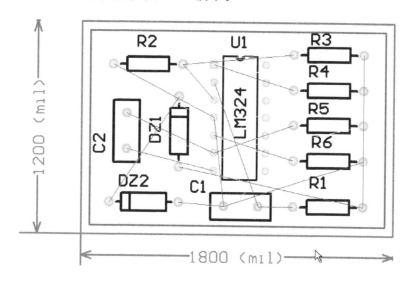

图 6-113　手动布局后的电路板

（6）对电路板图中的元器件的标注进行调整,然后执行菜单命令【Design】/【Rules】设置布线规则,要求如下。

① 绝缘间距限制为电源与地线之间的间距 20 mil,其余线之间的绝缘间距 14 mil。

② 拐弯方式规则设置为 45°,拐弯大小为 100 mil。

③ 布线层设置:单面板布线,元器件放在顶层,底层布线。

④ 电源线和地线要优先布线。

⑤ 自动布线拓扑规则设置为【Shortest】。

⑥ 电路板导线宽度设置为电源、地线网络 20 mil,其余走线宽度 10 mil。

（7）执行菜单【Auto Route】/【All】进行自动布线,并进行手工调整后的电路板如图 6-114所示。

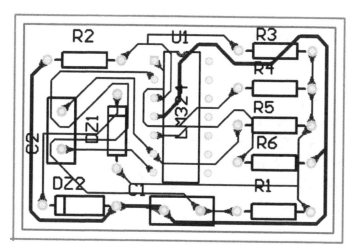

图 6-114　自动布线后的电路板

（8）执行【Tools】/【Design Rule Check...】命令进行设计规则检查,检查的结果显示没有布线规则的错误,如图6-115所示。

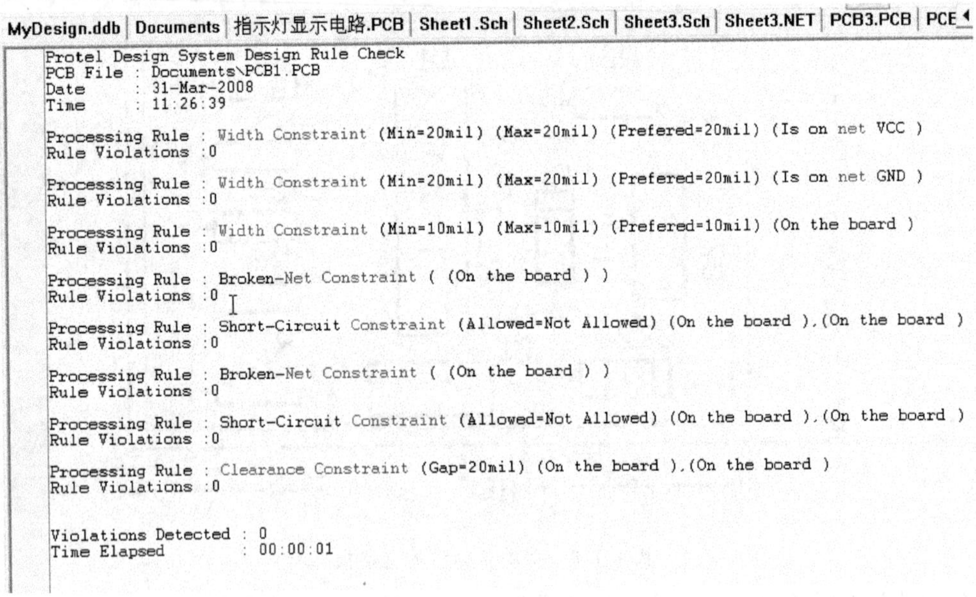

```
MyDesign.ddb | Documents | 指示灯显示电路.PCB | Sheet1.Sch | Sheet2.Sch | Sheet3.Sch | Sheet3.NET | PCB3.PCB | PCB

Protel Design System Design Rule Check
PCB File : Documents\PCB1.PCB
Date    : 31-Mar-2008
Time    : 11:26:39

Processing Rule : Width Constraint (Min=20mil) (Max=20mil) (Prefered=20mil) (Is on net VCC )
Rule Violations :0

Processing Rule : Width Constraint (Min=20mil) (Max=20mil) (Prefered=20mil) (Is on net GND )
Rule Violations :0

Processing Rule : Width Constraint (Min=10mil) (Max=10mil) (Prefered=10mil) (On the board )
Rule Violations :0

Processing Rule : Broken-Net Constraint ( (On the board ) )
Rule Violations :0

Processing Rule : Short-Circuit Constraint (Allowed=Not Allowed) (On the board ),(On the board )
Rule Violations :0

Processing Rule : Broken-Net Constraint ( (On the board ) )
Rule Violations :0

Processing Rule : Short-Circuit Constraint (Allowed=Not Allowed) (On the board ),(On the board )
Rule Violations :0

Processing Rule : Clearance Constraint (Gap=20mil) (On the board ),(On the board )
Rule Violations :0


Violations Detected : 0
Time Elapsed        : 00:00:01
```

图 6-115　设计规则检查报表

本 章 小 结

本章介绍了有关自动设计电路板的一些基础知识。以制作一个简单的电路板为例,较为全面地讲述了电路板的设计过程及操作方法,包括规划电路板、网络表的装载、元器件的自动布局和手工调整、自动布线与手动修改、电路板的后处理及文件的保存输出。

1.利用电路板的规划向导来规划一张电路板,包括电路板的选型、工作层面的设置等内容。

2.网络表的装载。装载网络表时的错误修改是本节的难点,初学者一定要通过多个电路图的实际操作,掌握纠正错误的方法。

3.元器件的自动布局和手工调整。要学会使用自动布局和手工布局相结合的交互式元器件布局方法。

4.自动布线和手动修改。设计中要尽量使用 Protel 99 SE 提供的强大的自动布线功能,然后通过手动修改使电路板的布线效果最佳。

5.电路板的后处理。它主要包括放置螺丝孔、覆铜、补泪滴以及 3D 示图。经过上述的处理使电路板更能符合设计者的要求。

6.设计规则检测(DRC)。布线完成后对电路板进行 DRC 检验,可以确保 PCB 电路板的布线完全符合设计者的设计规则要求。

思考与上机练习题

1. 简述电路板的设计流程以及各个步骤的具体内容。
2. 交互式布线的基本步骤是什么？
3. 常用的布线设计规则包括哪几项？
4. 电路板进行自动布线后为什么还要进行手动调整布线？
5. 覆铜有什么好处？如何删除覆铜？
6. 为什么要进行 DRC 校验？
7. 设计如图 6-116 所示的原理图，并在 PCB 中设计电路板图，要求如下。
   (1) 电路板大小为 2 000 mil×1 500 mil，绝缘间距限制为 14 mil。
   (2) 拐弯方式规则设置为 45°，拐弯大小为 100 mil。
   (3) 布线层设置：单面板布线，元器件放在顶层，底层布线。
   (4) 电源线和地线要优先布线。
   (5) 自动布线拓扑规则设置为【Shortest】。
   (6) 印制板导线宽度设置为电源、地线网络 20 mil，其余走线宽度为 14 mil。

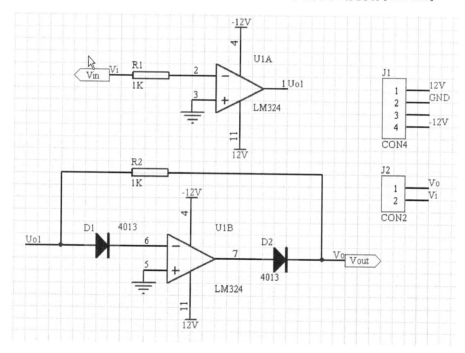

图 6-116　电路样图

8. 设计如图 6-117 所示的原理图，并在 PCB 中设计电路板图，要求如下。
   (1) 电路板大小为 1 800 mil×1 200 mil。
   (2) 绝缘间距限制为电源与地线之间的间距 20 mil，其余线之间的绝缘间距 14 mil。
   (3) 拐弯方式规则设置为 45°，拐弯大小为 100 mil。
   (4) 布线层设置：布线层有【Bottom Layer】和【Top Layer】两层，走线方式为顶层水平走线,底层垂直走线。

(5) 自动布线拓扑规则设置为【Shortest】。

(6) 印制板导线宽度设置为电源、地线网络 30 mil,其余走线宽度为 15 mil。

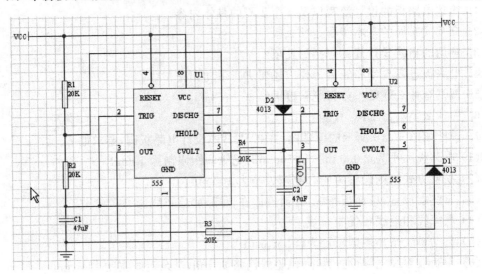

图 6-117　电路样图

第7章

制作元器件的封装

随着现代电子工业技术的飞速发展,新型的电子元器件层出不穷,各种新的封装形式也不断涌现。尽管 Protel 99 SE 的元器件封装库已经非常庞大并且还在不断扩充,但仍有一些元器件封装在它的封装库中无法找到,这种情况是设计者在设计过程中经常遇到的。因此,学习制作元器件封装是印制电路板学习中非常重要的一个环节。

本章重点和难点

本章重点是手工制作元器件封装、利用向导制作元器件封装以及元器件封装库的管理。

本章难点是熟练掌握手工制作元器件封装的方法以及绘制元器件封装外形时尺寸的掌握和各焊盘间距的调整。

7.1　元器件封装库编辑器

元器件封装库编辑器是 Protel 99 SE 的一个重要组成模块,其作用是制作和编辑元器件封装。

1. 元器件封装库编辑器的启动

启动元器件封装库编辑器有两种常用的方法:一是通过新建一个元器件封装库文件启动编辑器,二是打开一个已有的元器件封装库文件启动编辑器。

下面以新建一个元器件封装库文件来启动编辑器,具体操作过程如下。

(1) 打开一个数据库文件,如打开"MyDesign. ddb"文件,然后执行菜单命令【File】/【New】,弹出如图 7-1 所示的对话框。单击【PCB Library Document】图标,再单击【OK】按钮,就在数据库文件"MyDesign. ddb"中新建了一个元器件封装库文件,默认文件名为"PCBLIB1. LIB"。

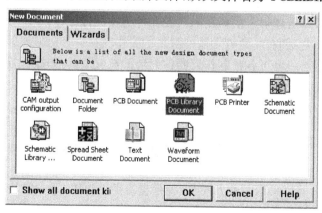

图 7-1　新建元器件封装库文件

（2）在工作窗口中双击打开"PCBLIB1.LIB"文件，同时元器件封装库编辑器也被启动。元器件封装库编辑器的界面如图7-2所示。

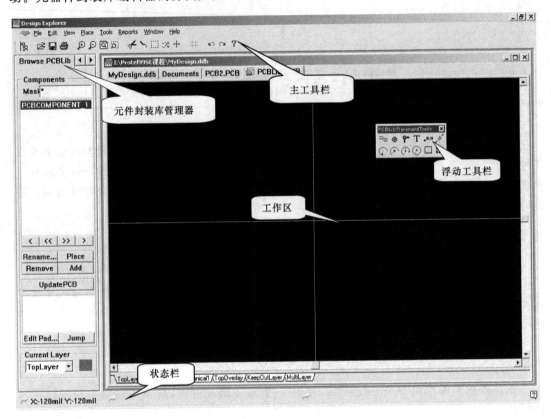

图 7-2　元器件封装库编辑器

2. 元器件封装库编辑器介绍

从图7-2可以看出，元器件封装库编辑器主要由菜单栏、主工具栏、元器件封装库管理器、工作窗口、放置工具栏、状态栏、命令栏等组成。

（1）菜单栏。主要提供制作、编辑和管理元器件封装的各种命令。

（2）主工具栏。提供了很多常用工具，这些工具的功能也可以通过执行菜单中相应的命令来完成，但操作主工具栏上的工具较执行菜单命令更快捷方便。

（3）元器件封装库管理器。主要用来对元器件封装进行管理。

（4）工作窗口。它是制作、编辑元器件封装的工作区。

（5）放置工具栏。包含了各种制作元器件封装的放置工具，如放置连线、焊盘、过孔、圆弧等工具。

（6）状态栏、命令栏。主要用于显示光标的位置和正在执行的命令。

7.2　制作新元器件封装

制作新元器件封装可采用两种方式：一种是直接手工制作，另一种是利用向导制作。

7.2.1 手工制作新元器件封装

在制作新元器件封装前,先要了解实际元器件的有关参数,如实际元器件的外形轮廓和尺寸等。原理图元器件符号的制作对元器件的尺寸不作过多要求,但对于元器件封装的制作,它的尺寸就显得尤为重要。元器件封装的参数可以通过查阅元器件资料或者测量实际的元器件获得。

下面以制作一个如图 7-3 所示的元器件封装为例,来说明元器件封装手工制作方法。该元器件封装的有关参数是:焊盘外径为 50 mil,内径为 30 mil,水平间距为 300 mil;外形轮廓长为 200 mil,高为 60 mil,线宽为 10 mil 。

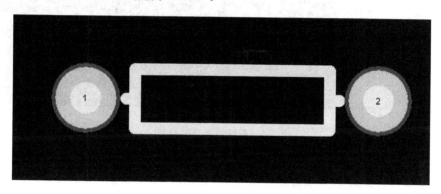

图 7-3　待制作的元器件封装

手工制作新元器件封装的操作过程如下。

(1)新建或打开一个元器件封装库文件

这里打开"PCBLIB1.LIB"文件。

(2)设置有关的工作环境参数

如使用的工作层、计量单位、栅格尺寸和显示颜色等。进入工作环境参数设置的方法是执行菜单命令【Tools】/【Library Options】或【Tools】/【Preferences】,具体的设置可参照第 6 章的相关内容,一般情况下不用设置,保持默认值即可。

(3)新建元器件封装

在图 7-2 中,系统自动新建默认名为"PCBCOMPONET_1"的元器件,此时可以先对该元器件进行命名,设置方法是执行菜单命令【Tools】/【Rename Component】,弹出如图7-4所示的对话框,输入元器件名字为"AXI-AL0.3",单击【OK】按钮即可弹出如图 7-5 所示的工作窗口。

图 7-4　元器件命名对话框

(4)放置焊盘

单击放置工具栏中的◉按钮,或者执行菜单命令【Place】/【Pad】,当鼠标变成有焊盘粘着的十字形光标时,单击【Tab】键,弹出【Pad】(焊盘属性设置)对话框如图 7-6 所示。

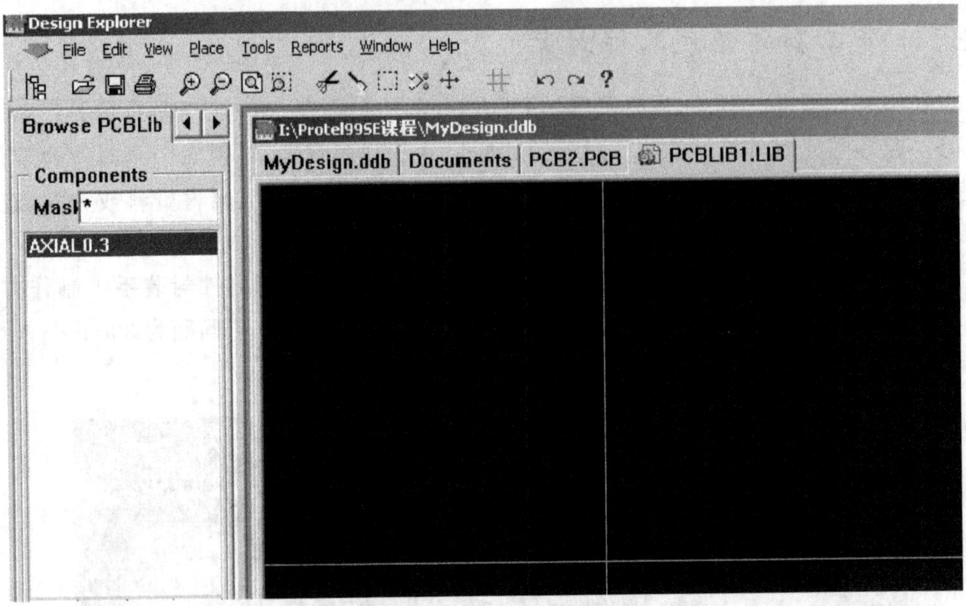

图 7-5　新建的元器件封装

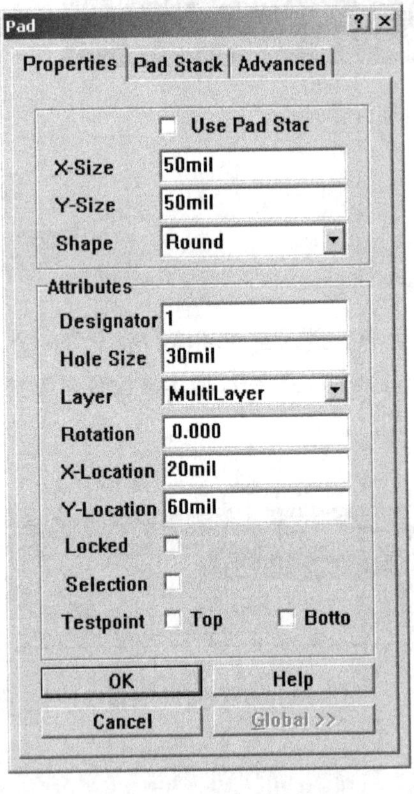

图 7-6　焊盘属性设置

将其中的【X-Size】、【Y-Size】都设为 50 mil（外径），【Hole Size】设为 30 mil（内径），【Designator】（焊盘引脚号）设置为 1，再单击【OK】按钮结束设置。

将光标移到编辑区的十字形中心(0,0)单击，就放置了第一个焊盘，再用同样的方法放置第二个焊盘。放置时要注意焊盘水平间距为 300 mil，在放置焊盘时，可通过观察窗口底部状态栏显示的光标坐标来确定焊盘的间距。放置好的两个焊盘如图7-7所示。

（5）绘制元器件外形轮廓

将电路板的层面设定在【Top Over Layer】（丝印层），如图 7-8 所示。单击放置工具栏中的 ≈ 按钮，或者执行菜单命令【Place】/【Track】，在焊盘中间绘制出一个 200 mil×60 mil 的矩形，并在矩形的水平中间位置靠近两焊盘处画两条宽 10 mil 的横线，如图 7-9 所示。

（6）设置元器件封装的参考坐标

元器件封装绘制完成后需设置参考坐标。在菜单【Edit】/【Set Reference】下有 3 个设置参考坐标的命令：【Pin1】（以元器件封装的 1 脚作为参考坐标）；【Center】（以元器件封装中心作为参考坐标）；【Location】（以设计者的选择点作为参考坐标）。一般选择元器件封装的 1 脚作为参考坐标，执行菜单命令【Edit】/【Set

Reference】/【Pin1】,就将元器件封装的 1 脚设为参考坐标。如图 7-10 所示。

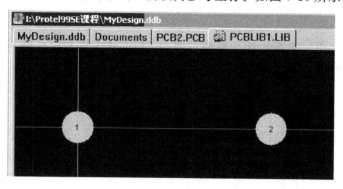

图 7-7　放置焊盘

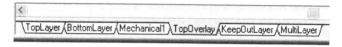

图 7-8　设定外形所在的层

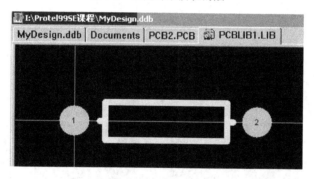

图 7-9　绘制外形

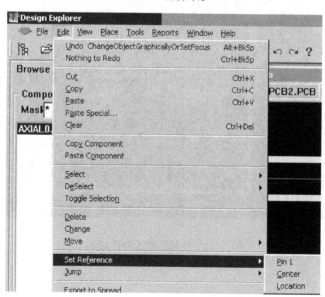

图 7-10　设置元器件封装的参考坐标

(7) 元器件封装的保存

如果要将制作好的元器件封装保存下来,可单击主工具栏中的🔲按钮,或执行菜单命令【File】/【Save】即可。在设计印制电路板时,将新元器件封装所在的封装库文件装载入PCB编辑器中,就可以像使用其他元器件封装一样使用该元器件封装了。

7.2.2 利用向导制作元器件封装

除了可利用手工方式制作元器件封装外,Protel 99 SE还提供了元器件封装生成向导来制作元器件封装。下面以制作如图7-11所示元器件封装为例,来说明利用向导制作元器件封装的方法。利用向导制作元器件封装的操作过程如下。

(1) 打开或新建一个元器件封装库文件

如打开上例中的元器件封装库文件"PCBLIB1. LIB"。

(2) 打开元器件封装制作向导

单击元器件封装库管理器中的【Add】按钮,或执行菜单命令【Tools】/【New Component】,弹出如图7-12所示的元器件封装制作向导对话框,单击其中的【Next】按钮,弹出如图7-13所示的对话框。

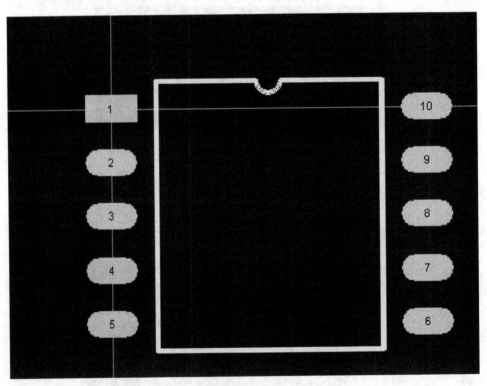

图 7-11　待制作的元器件封装

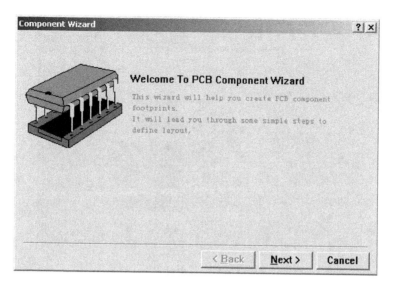

图 7-12　元器件制作向导

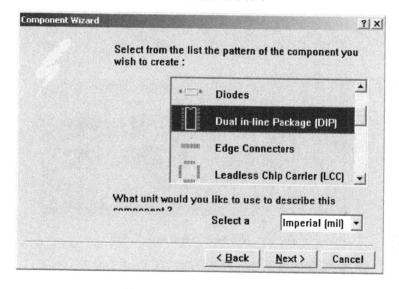

图 7-13　选择元器件封装形式

（3）选择元器件封装的外形

在如图 7-13 所示的对话框中，有 12 种元器件封装形式供选择，这里选择【Dual in-line Package(DIP) 】（双列直插封装）。单击【Next】按钮，弹出如图 7-14 所示的对话框。

（4）设置焊盘

在如图 7-14 所示的对话框中，可以设置焊盘的各项数值。设置时只要用鼠标选中相应的数值，再输入新的数值即可。设置好后单击【Next】按钮，弹出如图 7-15 所示的对话框。

（5）焊盘间距设置

在如图 7-15 所示的对话框中，可以设置焊盘的垂直和水平间距数值。设置时只要用鼠标选中相应的数值，再输入新的数值即可。设置好后单击【Next】按钮，弹出如图 7-16 所示的对话框。

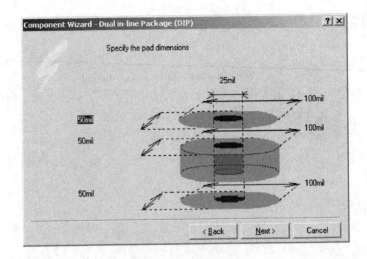

图 7-14　设置焊盘

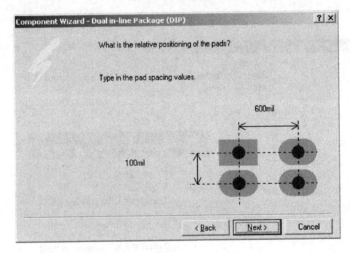

图 7-15　设置焊盘的垂直和水平间距

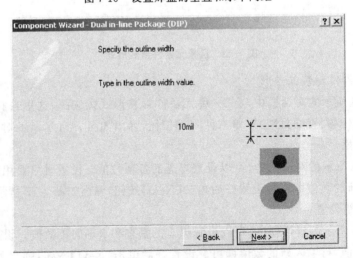

图 7-16　设置轮廓线数值

（6）设置轮廓线

在如图 7-16 所示的对话框中，可以设置轮廓线数值。设置时只要用鼠标选中相应的数值，再输入新的数值即可。设置好后单击【Next】按钮，弹出如图 7-17 所示的对话框。

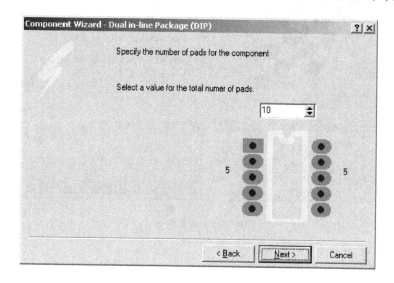

图 7-17   设置元器件封装的引脚个数

（7）设置元器件封装的引脚个数

在如图 7-17 所示的对话框中，可以设置元器件封装的引脚个数。设置好后单击【Next】按钮，弹出如图 7-18 所示的对话框。

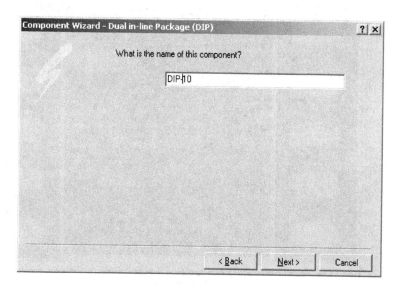

图 7-18   输入新元器件封装的名称

（8）设置元器件封装名称

在如图 7-18 所示的对话框中，输入新元器件封装名称。设置好后单击【Next】按钮，弹出如图 7-19 所示的对话框。

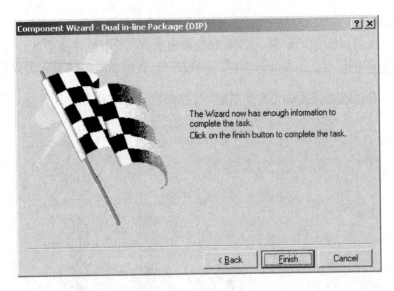

图 7-19　结束向导

（9）设置结束

在图 7-19 所示的对话框中，单击【Finish】按钮，结束新建元器件封装向导，系统就会在元器件封装库中生成一个新的元器件封装，如图 7-20 所示。

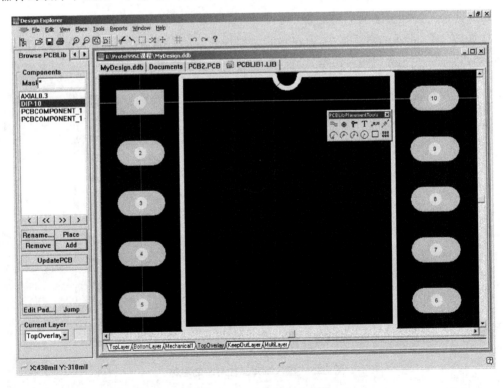

图 7-20　设计好的元器件封装

7.3　元器件封装的放置

制作好的元器件封装还要将它放置到电路板图中去,具体操作过程如下。

（1）打开要编辑的电路板图文件,如打开"PCB1.PCB",如图 7-21 所示。

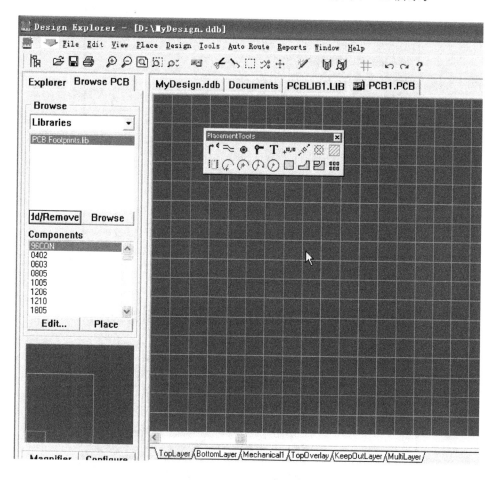

图 7-21　打开的原理图文件

（2）添加新建的元器件封装库"PCBLIB1.LIB",如图 7-22 所示。

（3）选择已添加的元件库并找到该元器件,单击【Place】按钮放置元器件,如图 7-23 所示。

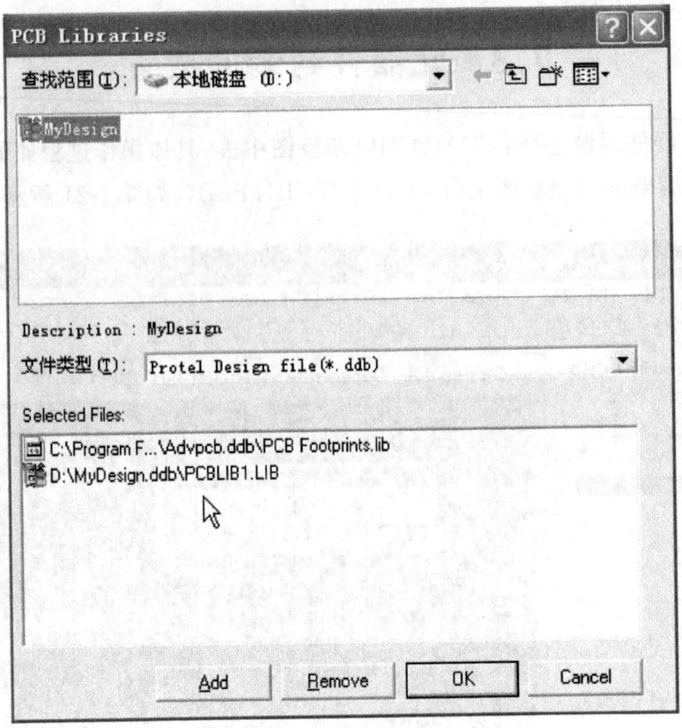

图 7-22　元器件封装库的添加

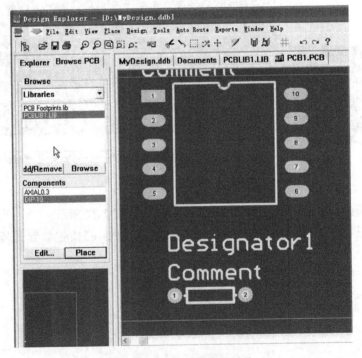

图 7-23　放置元器件的封装

7.4 实训辅导

本节实训将系统介绍元器件封装的绘制步骤,同时也能帮助读者掌握元器件封装绘制时的一些技巧的使用。

实训 1 手工绘制一个五脚的变压器封装

1. 实训目的

(1) 熟悉 PCB 元器件封装库编辑器的基本操作。

(2) 掌握元器件封装绘制的方法。

2. 实训内容

(1) 新建一个元器件封装库文件,并命名为"NEWLIB. LIB"。

(2) 设置手工创建元器件封装的环境参数,如图 7-24 所示。

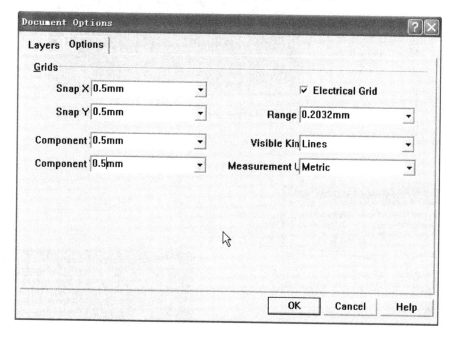

图 7-24　参数设置

(3) 将工作层面切换到顶层丝印层,根据变压器的实际大小绘制元器件封装的外形,本例为 20 mm×30 mm,结果如图 7-25 所示。

(4) 放置焊盘。用尺子量出变压器各引脚之间的距离以及引脚的大小,根据测量值放置焊盘。焊盘的设置如图 7-26 所示。绘制好的变压器封装如图 7-27 所示。

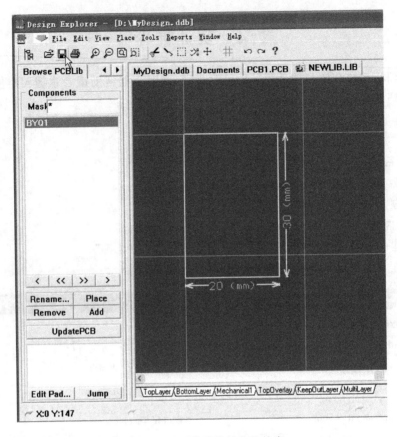

图 7-25　绘制元器件封装的轮廓

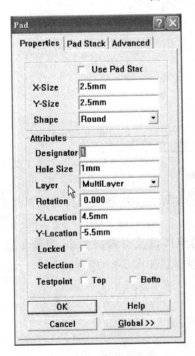

图 7-26　设置焊盘

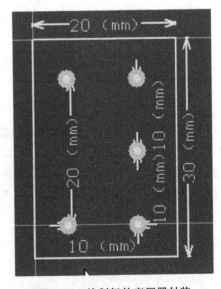

图 7-27　绘制好的变压器封装

实训 2 利用向导绘制一个八脚贴片 IC 封装 SOP8

1．实训目的

（1）进一步熟悉 PCB 元器件封装库编辑器的基本操作。

（2）掌握利用向导绘制元器件封装的方法。

2．实训内容

（1）打开建好的封装库文件"NEWLIB．LIB"。

（2）执行菜单命令【Tools】/【New Component】，弹出的元器件封装形式对话框中选择双列直插式，如图 7-28 所示。

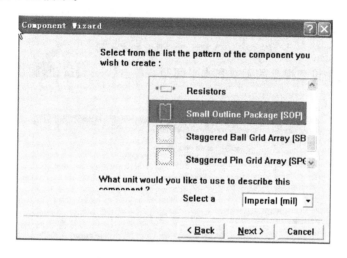

图 7-28 选择元器件封装形式

（3）单击【Next】按钮，弹出如图 7-29 所示的对话框。在该对话框中设置焊盘的大小。单击【Next】按钮，弹出如图 7-30 所示的对话框。

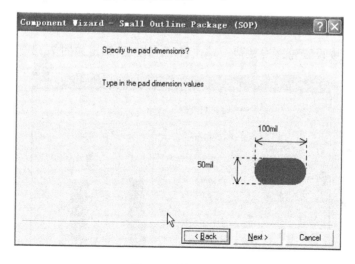

图 7-29 设置焊盘

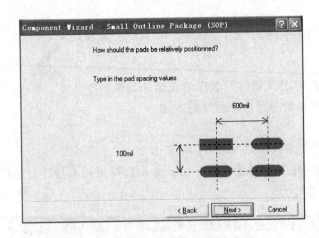

图 7-30　设置焊盘的垂直和水平间距

（4）在对话框中设置焊盘的垂直和水平间距。单击【Next】按钮，弹出如图 7-31 所示的对话框。

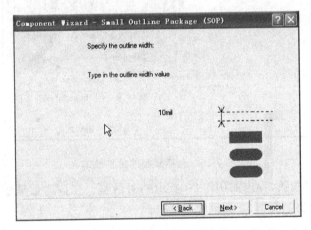

图 7-31　设置轮廓线数值

（5）在对话框中设置轮廓线数值。单击【Next】按钮，弹出如图 7-32 所示的对话框。

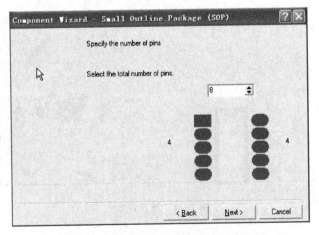

图 7-32　设置元器件封装的引脚个数

（6）在对话框中设置元器件封装引脚个数。单击【Next】按钮,弹出如图 7-33 所示的对话框。

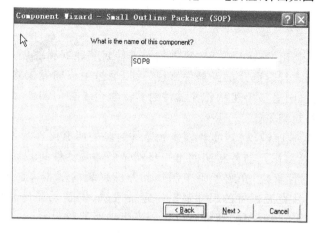

图 7-33　输入新元器件封装的名称

（7）在对话框中输入新元器件封装名称。单击【Next】按钮,弹出如图 7-34 所示的对话框。

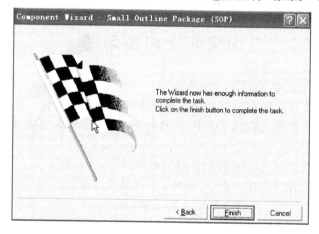

图 7-34　结束向导

（8）设置结束后,绘制好的 SOP8 元器件封装如图 7-35 所示。

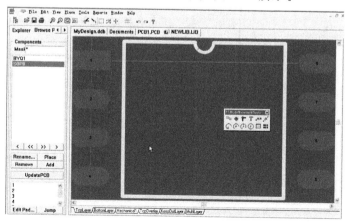

图 7-35　绘制好的元器件封装

本 章 小 结

本章详细介绍了利用 Protel 99 SE 提供的元器件封装库编辑器创建新元器件封装的方法。对于一些具有标准封装形式的元器件来说，可以通过生成向导创建元器件封装，而对于那些非标准器件来说，则必须手工制作元器件封装。学会了如何制作元器件封装，就再也不必担心找不到合适的封装了。

1. 启动元器件封装库编辑器：读者创建元器件封装的所有操作都要在元器件封装库编辑器中完成，因此读者制作元器件封装的第一步就是启动元器件封装库编辑器。

2. 手工制作元器件封装：介绍了手工制作元器件封装的基本方法和技巧，在制作元器件封装的过程中应当注意元器件的尺寸数据一定要准确，调整元器件外形和焊盘间距时要灵活运用设置系统参考点的功能，这样可以达到事半功倍的效果。

3. 利用向导创建元器件封装：介绍了如何利用系统提供的生成向导创建元器件封装的方法。

4. 元器件封装的使用：介绍了如何在 PCB 编辑器中调出制作好的元器件封装。

思考与上机练习题

1. 如何启动 PCB 元器件封装库编辑器？

2. 怎样更改元器件封装库中某一个元器件封装的名称？

3. 什么类型的元器件封装适于利用生成向导创建，什么类型的元器件封装适于手工制作？

4. 试利用向导制作一个 DIP68 的集成元器件封装。

5. 试利用手工的方法制作如图 7-36 所示的元器件封装。

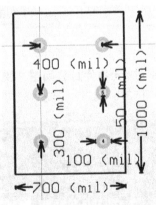

图 7-36　待制作的元器件封装

第8章

常见问题与解答

通过前面的学习,相信读者已经掌握了 Protel 99 SE 应用软件的大部分操作方法,但是对于初学者来说,在具体的电路板设计过程中仍不可避免会遇到各种各样的问题。为了提高读者在电路设计过程中分析问题和解决问题的能力,本章总结了使用 Protel 99 SE 进行电路设计过程中经常遇到的一些问题并作出了解答,希望对初学者有所帮助。

本章重点和难点

本章学习重点是原理图设计中的常见问题与解答。

本章学习难点是 PCB 设计中的常见问题与解答。

8.1　概念辨析

在电路板的设计过程中,有的读者经常会对一些概念认识不清楚,从而影响电路板设计能力的提高,下面就几个容易混淆的概念进行辨析。

8.1.1　元器件封装与元器件

问题:什么是元器件封装,它和元器件有什么区别?

回答:元器件封装指的是实际元器件焊接到电路板上时,在电路板上所显示的外形以及焊盘之间的位置关系。如图 8-1 所示为 14 脚双列直插式元器件封装(DIP14)。

元器件封装描述的只是元器件的外形和焊盘之间的位置关系,纯粹的元器件封装仅仅是空间上的概念。在 Protel 99 SE 的元器件封装库中,标准元器件封装的外形和焊盘之间的位置关系是严格按照实际的元器件尺寸进行设计的,否则在装配电路板时必然会因焊盘间距不正确而导致元器件无法安装到电路板上,或者因为元器件封装的外形尺寸不正确,使元器件之间发生相互干涉,这一点在制作元器件封装的时候应当时刻注意。

由于元器件封装仅仅是空间的概念,因此不同的元器件可以共用同一个元器件封装。例如,普通电阻的封装"AXIAL0.4"在外形和焊盘位置的分布上与普通二极管的封装形式基本一样,因此普通电阻和普通二极管就可以共

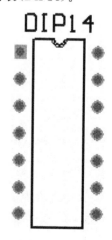

图 8-1　14 脚双列直插式元器件封装

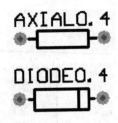

图 8-2　两种相似的封装

用同一个封装。如图 8-2 所示为普通电阻的封装"AXIAL0.4"和普通二极管的封装"DIODE0.4",两者的焊盘间距同为 400 mil,且元器件封装的外形也差别不大。

　　同样,一种元器件也可以有不同的封装,例如,普通电阻元件因为功率的不同而导致电阻在外形和焊盘位置上存在较大差异。普通电阻常用的封装形式有 AXIAL0.3、AXIAL0.4、AXIAL0.5、AXIAL0.6、AXIAL0.7、AXIAL0.8、AXIAL0.9 和 AXIAL1.0 等,如图 8-3 所示。

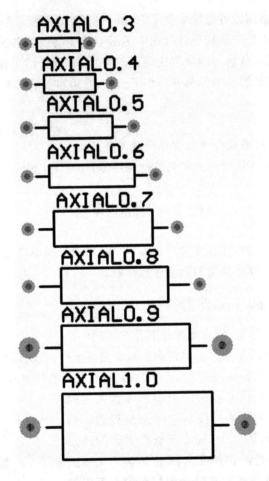

图 8-3　电阻的封装形式

8.1.2　元器件、元器件符号和元器件封装

　　问题:元器件、元器件符号和元器件封装之间是什么关系?

　　回答:元器件指的是元器件实物本身。元器件符号服务于元器件,是指在原理图编辑器中才具有意义的一种符号,它抽象地表示元器件实物在原理图中的电气关系。元器件封装同样也是服务于元器件,它是指在 PCB 编辑器中才具有意义的一种符号,它代表着元器件实物的外形和焊盘之间的位置关系。

总之,通常说的元器件就是指元器件实物,而元器件符号和元器件封装则是设计印制电路板过程中的专用术语。同一个元器件,其元器件符号的引脚和元器件封装的焊盘之间具有一一对应的关系。

8.1.3 网络标号与标注文字

问题:网络标号与标注文字有何区别? 使用中应注意哪些问题?

回答:网络标号与标注文字是不同的,前者具有电气连接功能,后者只是说明文字。在复杂的电路图中,通常使用网络标号来简化电路,具有相同网络标号的图件之间在电气上是相通的。

8.1.4 导线、预拉线和网络

问题:导线、预拉线和网络有什么区别?

回答:导线也称铜膜线,它的主要功能是连接电路板上具有电气连接的焊盘、过孔等导电图件,是印制电路板的重要组成部分之一。印制电路板设计都是围绕如何布置导线来进行的。

与导线连接有关的另外一种线是预拉线,也称飞线。预拉线是在载入网络表后,系统根据网络连接关系自动生成的一种用来指示布线的连线。当在具有预拉线连接的焊盘之间画上导线后,预拉线将自动消失。

预拉线与导线是有本质区别的。预拉线只是一种提示性的连线,它只在形式上指示出各个导电图件间的连接关系,而没有电气连接意义。导线则是根据预拉线指示的连接关系放置的实际铜膜线,它具有电气连接意义。

网络和导线有所不同,一个完整的网络不仅包括导线,而且还包括连接在导线上的焊盘和过孔。例如,"GND"网络指的就是网络名称为"GND"的导线、焊盘以及过孔等所有导电图件的集合。

如图 8-4 所示为导线和预拉线。

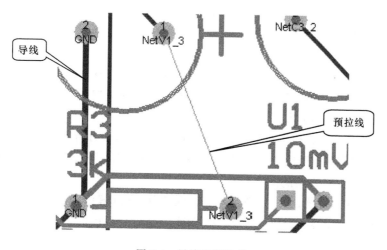

图 8-4　导线和预拉线

8.1.5 焊盘与过孔

问题：焊盘与过孔有何区别？

回答：焊盘用于固定元器件管脚或用于引出连线、测试线等，它有圆形（Round）、矩形（Rectangle）和八边形（Octagonal）等。焊盘的参数有焊盘编号、X方向尺寸、Y方向尺寸、钻孔孔径尺寸等。

焊盘可分为插针式及表面贴片式两大类，其中插针式焊盘必须钻孔，而表面贴片式焊盘无须钻孔。

过孔也称金属化孔，在双面板和多层板中，为连通各层之间的印制导线，通常在各层需要连通的导线的交汇处钻上一个公共孔，即过孔。在工艺上，过孔是空壁圆柱面上用化学沉积的方法镀上一层金属，用以连通中间各层需要连通的铜箔。过孔的上下做成圆形焊盘形状，过孔的主要参数有孔的外径和钻孔尺寸。

过孔不仅可以是通孔式，还可以是盲孔式。所谓通孔式过孔是指穿通所有覆铜层的过孔；盲孔式过孔则仅穿通中间几个覆铜层面，仿佛被其他覆铜层掩埋起来。

过孔与焊盘不同，它是圆形的，没有编号，也不可设置为矩形或八边形。

8.1.6 关于元器件库

问题1：如果对方给你一张陌生的电路原理图，其中的很多元器件你以前并没有见过，那么该如何从元器件库中加载这些元件呢？在不知道这些元器件具体在哪个元器件库中的情况下，如果搜索的话太浪费时间，况且也不现实，这时应该怎么做呢？

回答：在Protel 99 SE中，元器件库通常是按照公司来分类的，每个库里都是某个公司的一类产品，如"Protel DOS Schematic Libraries. ddb"库中就包含了Motorola公司生产的一些元器件。

在Protel 99 SE中有两个原理图符号库比较重要，它们是"Miscellaneous Devices. ddb"和"Protel DOS Schematic Libraries. ddb"，读者查找元器件应该首先从这两个库里面开始查找。为了熟悉各种原理图符号，平时应该多浏览这两个库里面的原理图符号，常用的原理图符号看多了就记住了，不常用的原理图符号利用设计浏览器的查找功能也可以很方便地在这两个库里找到。

较为常用的元器件封装库有"Protel 99 SE安装目录\Library\Pcb\Generic Footprints"目录下的"General IC. ddb"库、"International Rectifiers. ddb"库、"Miscellaneous Devices. ddb"库和"Transistors. ddb"库。

其实，自己动手绘制原理图符号和元器件封装的情况是设计者经常遇到的，对此每一个电路板设计人员都要有心理准备，并且要熟练掌握绘制原理图符号以及元器件封装的技巧。

问题2：为什么没有完整的图库呢？

回答：要解决这一问题，首先要熟悉常用的元器件，在理解原理图符号和元器件封装之间对应关系的基础上，不断积累元器件封装，创建一个属于自己的元器件库，只是这个过程会比较漫长。

8.1.7 类的定义

问题:什么是类?引入类的概念有什么好处?

回答:所谓类就是指具有某些相同属性的单元所组成的集合。Protel 99 SE 中类的定义是对读者开放的,读者可以自己定义类的意义及类的组成。在 PCB 编辑器中,读者可以定义网络类(Net)、元器件类(Component)、焊盘连接类(From-To)和焊盘类(Pad)4 种。读者对类的操作通常在【Object Classes】(项目类设置)对话框中进行,如图 8-5 所示。

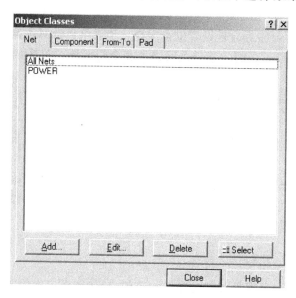

图 8-5　项目类设置对话框

在 PCB 编辑器中,引入类的概念主要有 3 个作用。

(1) 便于布线宽度限制设计规则的设置。将具有同一布线宽度的多个网络定义成一个网络类,可以减少设置布线宽度时的设计规则项目,降低设置布线规则的工作量,也便于在电路板设计过程中对导线宽度的管理。在电路板布线过程中,电源和接地线往往需要加粗,以确保连接的可靠性,这时可以将电源和接地线归为一类,在设置自动布线导线宽度限制设计规则时,可以将这个类添加到设计规则中,并且适当加大导线宽度,那么在自动布线时,这个类中的电源和接地线都会变宽。

(2) 便于电路板布线过程中对某些网络作特殊处理。为了避免一些重要的信号线受到电路板上其他图件的干扰,设计者在布线时往往需要加大这些信号线和其他图件间的安全间距,这时可以将这些信号线定义成一类,那么在设置自动布线安全间距规则时可以将这个类添加到设计规则中,在设置安全间距限制时适当加大该类与其他图件之间的安全间距,在自动布线时,这个类中的所有信号线的安全间距均会被加大。

(3) 便于对大型电路板设计的管理。一般情况下,大型电路板上面有很多元器件封装,还有成千上万条网络,看上去很繁杂。利用类可以很方便地管理这些元器件封装和网络。例如,将电路板设计中的所有输入网络和元器件按照某些共性进行归类,这样在寻找某个输入网络和元器件时,设计者只需在某个类里查找即可。

8.1.8 布通率

问题：什么叫布通率？

回答：在进行 PCB 布线时经常会提到"布通率"这个词。对布通率最简单的理解就是指一块电路板能够完成走线的多少，在空间一定的条件下完成的走线越多，布通率就越高。对于一个已确定了层数和电气边界的 PCB 板来说，提高布通率可以从以下 3 个方面入手。

（1）提高布通率的前提是元器件布局要合理。元器件布局结构越合理，布线就越容易完成，布通率就越高。

（2）在进行布线时要注意合理设置安全间距。读者可以针对不同的网络进行不同的安全间距设置，这样就可以不必因为某一个网络的安全间距要求过大而影响整个电路板的布通率。

（3）在布线实在不通的时候可以采用跳线的方法连通电路。

8.2 原理图设计中的常见问题与解答

本节总结了一些在原理图设计阶段经常遇到的问题，这些问题多数是在从原理图编辑器向 PCB 编辑器转化的过程中产生的，例如元器件没有找到、元器件的节点没有找到以及元器件的封装没有找到等。

8.2.1 原理图符号的选择

问题：原理图符号与元器件封装是怎样对应的，如何选择正确的原理图符号？

回答：原理图符号与元器件封装的对应关系是通过原理图符号引脚的序号与元器件封装的焊盘序号建立起来的，例如原理图符号中序号为 1 的引脚与元器件封装中序号为 1 的焊盘相对应，它们具有相同的网络标号。

因此，只要原理图符号含有的元器件引脚数目和编号能够与元器件封装的焊盘数目和编号相对应，那么不管原理图符号的外形与元器件实物差异多大，都可以用该原理图符号来与这一类元器件封装相对应。

如图 8-6 所示，名称为"RES2"的原理图符号与其相对应的元器件封装既可以是"AXIAL0.4"，又可以是"0805"。同样的道理，封装为"AXIAL0.4"的元器件封装，其对应的原理图符号既可以是"RES1"，又可以是"RES2"。其实，名称为"RES2"的原理图符号在国内是比较常用的，而名称为"RES1"的原理图符号在国际上更通用一些。

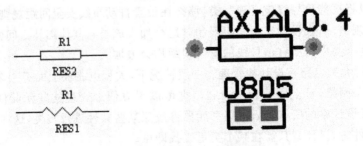

图 8-6 原理图符号和元器件封装

总之,只要是同一类的元器件,无论采用哪一种原理图符号都没关系,可以依据设计者的习惯来选择,只是其元器件封装必须与实际的元器件相匹配。

8.2.2 不知道元器件封装

问题:在 PCB 编辑器中载入元器件封装和网络表之前,设计者不清楚某些元器件的具体封装时应当怎样处理?

回答:电路板设计人员都是在确定了电路设计要用的元器件后才开始进行电路板设计的,因此通常不会发生不知道元器件封装的事情。但是有时为了保证电路板设计的进度,即使没有买到元器件,也要开始进行电路板的设计。对于这种情况,设计人员可以先用熟知的类似元器件封装来替代该元器件,但是应当保证替代元器件封装的引脚数目必须与实际采用的元器件引脚数目相同。

这样做的好处是在没有看到元器件实物以前,同样可以进行电路板的设计。可以在 PCB 编辑器中一次就正确地载入所有元器件和网络表,并对已确知元器件封装的部分电路先进行元器件的布局和布线。一旦确认元器件的封装后,再对替代封装进行修改,使之最终能够适合实际的元器件。

8.2.3 没有找到元器件

问题:我的电路原理图已经通过了 ERC 测试,但是在向 PCB 转换的时候,设计系统却提示"Component not found"(没有找到元器件)的错误,如图 8-7 所示。这是什么原因呢?

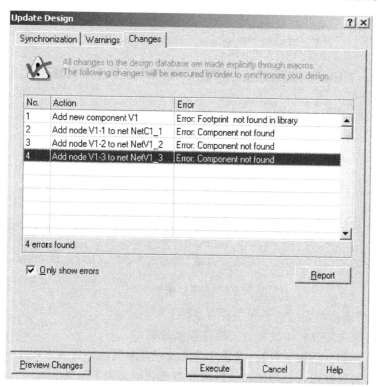

图 8-7 没有找到元器件

回答:这属于电路原理图设计向 PCB 编辑器转化过程中的问题。一般来说,元器件没能找到的原因主要有两种:

(1) 在电路原理图设计中没有给元器件添加元器件封装;

(2) 在 PCB 编辑器中没有载入相应的元器件封装库。

对于 Protel 99 SE 来说,其原理图符号库和元器件封装库是分离的,因此在原理图编辑器和 PCB 编辑器中必须装入原理图符号库和元器件封装库才可以。对于上述两种原因引起的错误,可以根据系统提示的错误信息,详细检查电路原理图设计和 PCB 编辑器,如果没有给元器件添加元器件封装,则添加上即可。如果是因为没有载入元器件封装库,则将所需的元器件封装库载入。如果添加的元器件封装在现有的库中没有找到,则应当自己设计一个元器件封装。

8.2.4 没有找到电气节点

问题:在 PCB 编辑器中载入元器件和网络标号的过程中遇到"Error:Node not found"(找不到电气节点)的错误,如图 8-8 所示。这是什么原因呢?

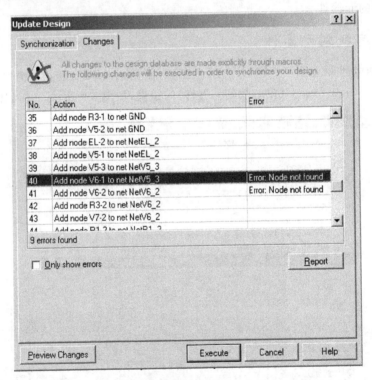

图 8-8 找不到电气节点

回答:电气节点不能找到的原因主要有 3 种:

(1) 在电路原理图设计中没有给元器件添加封装;

(2) 虽然给元器件添加了封装,但是没有载入所需的元器件封装库;

(3) 元器件的原理图符号与元器件封装之间的对应关系不正确。

对于前两种原因,系统会在提示电气节点(Node)不能找到的同时,提示读者元器件

(Component)和元器件的封装(Footprint)也没有找到。这种情况的解决办法在前面已经介绍过了。

对于第 3 种情况,元器件及其封装都能够找到,只是系统在载入网络表时,元器件原理图符号的引脚序号和元器件封装的焊盘序号不能一一对应上,如图 8-9 所示。对于这种情况,必须对原理图符号或者元器件封装进行修改,使之能够建立正确的对应关系。在由原理图编辑器向 PCB 编辑器转化的过程中,原理图符号的引脚序号和元器件封装的焊盘序号之间是一一对应的,因此应当通过修改原理图符号或者元器件封装,使两者建立起对应的关系。

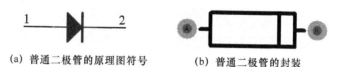

(a) 普通二极管的原理图符号　　　　(b) 普通二极管的封装

图 8-9　原理图符号与元器件封装之间的对应关系不正确

就上面的二极管来说,修改的方法有两种:

(1) 在原理图符号库中将二极管的引脚序号修改为"A"、"K",这样在由原理图编辑器向 PCB 编辑器转换的过程中,能够同二极管封装中的焊盘序号"A"、"K"对应上;

(2) 修改元器件封装,将二极管的焊盘序号修改为"1"、"2"。

8.2.5　总线和网络标号的使用

问题:总线和一般连线有何区别?使用中应注意哪些问题?

回答:所谓总线,就是代表数条并行导线的一条线。总线常常用在元件的数据总线或地址总线上,其本身没有实质的电气连接意义,电气连接的关系要靠网络标号来定义。利用总线和网络标号进行元器件之间的电气连接,不仅可以减少图中的导线,简化原理图,而且清晰直观。

使用总线来代替一组导线,需要与总线分支相配合。总线与一般导线的性质不同,必须由总线接出的各个单一入口导线上的网络标号来完成电气意义上的连接,具有相同网络标号的导线在电气上是相连的。

8.3　PCB 设计中常见问题与解答

PCB 设计是电路板设计过程中最重要的环节之一,它包括电路板的规划、元器件的布局、电路板的布线和电路板设计完成后的设计规则检查(DRC)等内容。可以说,PCB 设计是电路板设计中涵盖知识面最广、技巧性最强、难度最大的环节。因此在 PCB 设计中,初学者遇到的问题也最多。

8.3.1　在网络中添加焊盘

问题:如何将焊盘添加到网络中?

回答:将焊盘添加到电路板中的某个网络中,具体的操作方法有两种。

(1) 先将焊盘添加到电路板中,然后双击焊盘,即可弹出【Pad】对话框,如图 8-10 所示。

用鼠标单击 Advanced 标签进入【Advanced】选项卡,然后在【Net】选项后面的下拉列表中选择焊盘的网络标号,最后单击对话框中的【OK】按钮确认,即可将焊盘添加到网络表中。接下来,将修改后的焊盘移动到网络上的适当位置即可。

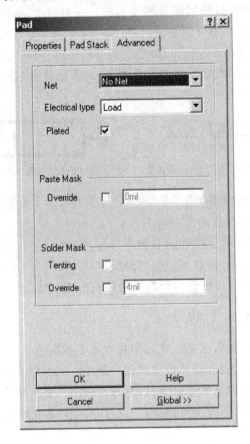

图 8-10 焊盘属性设置对话框

(2) 执行放置焊盘的菜单命令,然后直接将焊盘放置在需要放置焊盘的网络上,此时系统将自动为该焊盘添加上网络标号。放置完一个焊盘后,系统仍然处于放置焊盘的命令状态,读者可以继续放置焊盘。因此,利用这种方法放置多个焊盘是非常便捷的。

8.3.2 关于覆铜

问题 1:覆铜有什么作用? 在覆铜的过程中应该注意些什么?

回答:覆铜的主要作用是提高电路板的抗干扰能力和增加导线过大电流的负载能力。其中对地线网络进行覆铜是最为常见的操作。这样一方面可以增大地线的导电面积,降低电路由于接地而引入的公共阻抗;另一方面可以增大地线的面积,提高电路板的抗干扰性能和过大电流的能力。

覆铜一般应该遵循以下原则。

(1) 如果元器件布局和布线允许的话,覆铜的网络与其他图件之间的安全间距限制应在缩小安全间距的两倍以上;如果元器件布局和布线比较紧张,那么也可以适当缩小安全间距,但是最好不要小于 20 mil。

（2）覆铜的铜箔与具有相同网络标号的焊盘的连接方式应当视具体情况而定，如果为了增大焊盘的载流面积，就应当采用直接连接的方式；如果为了避免元器件装配时大面积的铜箔散热太快，则应当采用辐射的方式连接。

问题 2：为何覆铜后文件那么大？有没有好的解决方法？

回答：覆铜后文件的数据量较大是正常的。但如果过大，可能就是由于设置不太科学造成的。

如图 8-11 所示为覆铜设置对话框，在该对话框中如果将【Grid Size】和【Track Width】两选项的值设置得过小的话，则电路板设计文件将会很大。这是因为覆铜的铜箔实际是由无数条导线覆盖而成的，如图 8-12 所示。导线的数目越多，PCB 文件存储的信息量就会越大。因此，设计者为了使覆铜后的 PCB 文件不致太大，可以将【Grid Size】和【Track Width】两个选项的值设置得大一些。

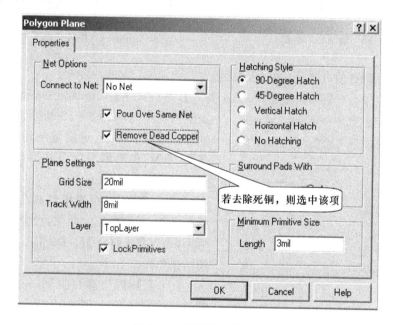

图 8-11　覆铜设置对话框

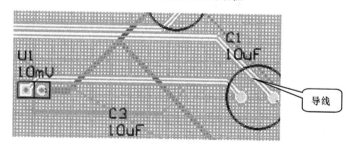

图 8-12　覆铜由许多导线组成

问题 3：如何把覆铜区中分离的小块覆铜除去？

回答：这些分离的小块覆铜也就是常说的"死铜"。解决的办法是在执行覆铜操作前打开【Polygon Plane】对话框，选中其中的【Remove Dead Copper】项，如图 8-11 所示。这样系统在覆铜时便会自动去除"死铜"了。

8.3.3　绘制导线的技巧

问题 1：在同一条导线上，怎样让它不同部分的宽度不一样而且显得连续美观？

回答：此操作不能自动完成，但可以利用编辑技巧分几个步骤来实现，具体操作如下。

（1）先放置一条宽度为 10 mil 的细导线，然后按【Tab】键，在弹出的导线属性对话框中将导线的宽度修改为 30 mil，接着再绘制一段宽度为 10 mil 的导线，结果如图 8-13 所示。

（2）在刚绘制好的导线上放置焊盘，焊盘的外径尺寸为最宽导线的宽度，即 30 mil。添加焊盘后的结果如图 8-14 所示。

图 8-13　绘制好的导线　　　　　　　　　　图 8-14　添加焊盘后的导线

（3）用鼠标框选的方法选中添加的焊盘。

（4）选取菜单命令【Tools】/【Teardrops...】，系统弹出【Teardrop Options】（泪滴选项设置）对话框，如图 8-15 所示。在【Teardrop Options】对话框中，可设置补泪滴操作的作用范围、添加/移除泪滴以及补泪滴的样式（包括圆弧和线型两种样式）等。

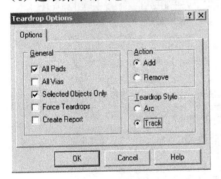

图 8-15　泪滴选项设置对话框

（5）在对话框中选择对被选中对象进行补泪滴操作，泪滴样式为线型，设置结果如图 8-15 所示，最后单击【OK】按钮确认。添加泪滴操作的结果如图 8-16 所示。

（6）删除焊盘即可得到一条连接光滑、过渡自然的导线了，如图 8-17 所示。

图 8-16　添加泪滴后的结果 　　　　　　　　图 8-17　删除焊盘后的结果

问题 2：如何锁定一条预布线？

回答：锁定一条预布线的具体操作如下。

（1）选取菜单命令【Edit】/【Change】，之后将出现的十字形鼠标指针移到需要锁定的预布线上，然后单击鼠标，即可弹出导线属性设置对话框，如图 8-18 所示。

（2）选中【Locked】选项后的复选框，单击【OK】按钮，即可锁定当前选中的导线。

（3）此时，系统还处于命令状态，单击鼠标右键或按【Esc】键即可退出命令状态。

如果需要锁定当前所有的预布线，那么就要利用全局编辑功能来实现了。

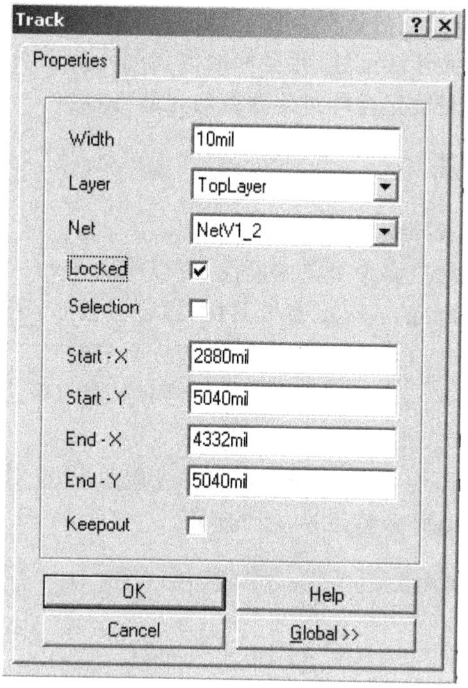

![Track属性对话框]

图 8-18　导线属性设置对话框

8.3.4　元器件封装尺寸测量

问题：怎样测量元器件封装库中的元器件封装尺寸？

回答：可在 Protel 99 SE 的 PCB 编辑器中选取菜单命令【Reports】，该菜单命令中提供了两个非常有用的测量工具。

（1）【Measure Distance】：测量两点间的距离，如图 8-19 所示。

（a）执行测量两点距离命令时的状态

（b）测量结果

图 8-19　测量两点间的距离

（2）【Measure Primitive】：测量图件间的距离，如图 8-20 所示。

（a）执行测量图件距离命令时的状态

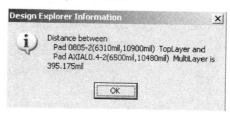

（b）测量结果

图 8-20　测量图件间的距离

读者利用这两个测量工具就可以对系统提供的元器件封装进行测量，并将测量的关键尺寸（主要包括元器件封装的外形尺寸、元器件的焊盘间距以及外形与焊盘之间的间距）与元器件实物相比较，从而判断该元器件封装是否与元器件相符。

8.3.5 全局编辑功能

问题：怎样一次修改多条导线的宽度？

回答：如果需要一次性修改多个对象的属性，可以使用 Protel 99 SE 提供的全局编辑功能。首先应找到所要修改对象的一个或多个共性，这样才能成功地使用全局编辑功能。例如，打算将 PCB 中所有属于"VCC"网络的导线线宽从原来的"10 mil"修改为"30 mil"。不难看出，这些导线有一个显著的共性就是属于同一个网络"VCC"。下面就以此为例，简单介绍一下全局编辑的操作步骤。

（1）首先用鼠标双击其中一条导线，打开导线属性设置对话框。单击对话框中的【Global≫】按钮，打开全局编辑界面如图 8-21 所示。

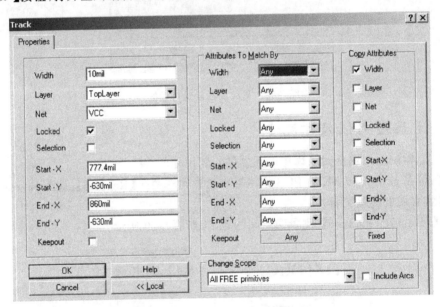

图 8-21　导线全局编辑界面

（2）将【Attributes To Match By】栏中的【Net】项选择为"Same"，再将【Width】项修改为"30 mil"。设置完成后，单击【OK】按钮确认。

（3）这步操作结束后，系统会弹出确认对话框，提示将要修改属性的对象数量，如图 8-22 所示。单击该对话框中的【Yes】按钮，系统将会将"VCC"网络上的导线线宽全部修改为"30 mil"。

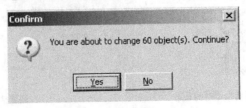

图 8-22　确认修改对话框

8.3.6 关于自动布线

问题：用 Protel 99 SE 布一块 4 层板子，布了一个多小时布到 99.6%，但又过了 11 个多小时却只布到 99.9%！所以就不得不让它停止了。出现这种情况怎么办？

回答：遇到这种情况，可以先暂时停止自动布线，然后对没有布通的网络进行手工预布线，完成后再执行自动布线，这样一般就能布通了。

本 章 小 结

本章主要分成 3 个部分解答了读者在电路设计中可能遇到的一些问题，包括一些重要概念的辨析、原理图设计中常见的问题与解答以及 PCB 设计中常见的问题与解答。

思考与上机练习题

1. 元器件和元器件封装的区别是什么？
2. 在 PCB 设计中，预拉线的作用是什么？
3. 如何提高布通率？
4. 覆铜有什么好处？使用时应该注意哪些问题？
5. 补泪滴操作的主要目的是什么？
6. 在 Protel 99 SE 中有哪些常见的编辑技巧？应该如何灵活使用？
7. 电路板设计过程中，哪些情况下需要在元器件封装库中修改元器件封装？

原理图的常用元件库及常用元件

一、Miscellaneous Devices 元件库常用元器件

1. 电阻、电容类

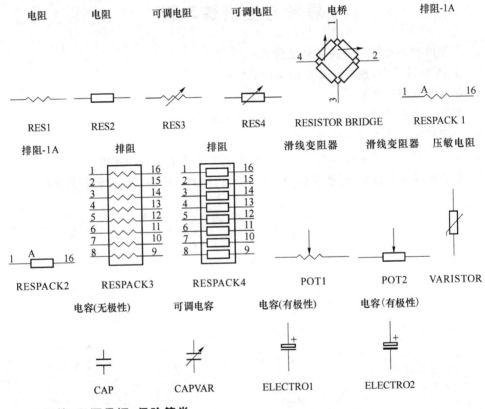

电阻　RES1

电阻　RES2

可调电阻　RES3

可调电阻　RES4

电桥　RESISTOR BRIDGE

排阻-1A　RESPACK 1

排阻-1A　RESPACK2

排阻　RESPACK3

排阻　RESPACK4

滑线变阻器　POT1

滑线变阻器　POT2

压敏电阻　VARISTOR

电容(无极性)　CAP

可调电容　CAPVAR

电容(有极性)　ELECTRO1

电容(有极性)　ELECTRO2

2. 二极管、无源晶振、保险管类

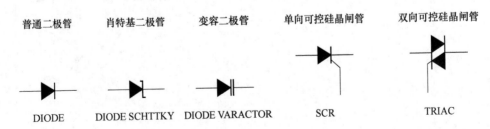

普通二极管　DIODE

肖特基二极管　DIODE SCHTTKY

变容二极管　DIODE VARACTOR

单向可控硅晶闸管　SCR

双向可控硅晶闸管　TRIAC

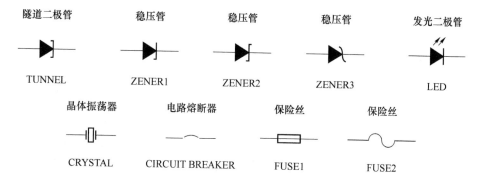

隧道二极管	稳压管	稳压管	稳压管	发光二极管
TUNNEL	ZENER1	ZENER2	ZENER3	LED

晶体振荡器	电路熔断器	保险丝	保险丝
CRYSTAL	CIRCUIT BREAKER	FUSE1	FUSE2

3. 晶体管、场效应管类

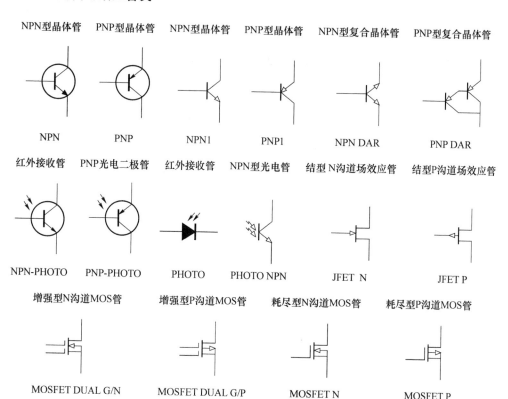

NPN型晶体管	PNP型晶体管	NPN型晶体管	PNP型晶体管	NPN型复合晶体管	PNP型复合晶体管
NPN	PNP	NPN1	PNP1	NPN DAR	PNP DAR

红外接收管	PNP光电二极管	红外接收管	NPN型光电管	结型 N沟道场效应管	结型 P沟道场效应管
NPN-PHOTO	PNP-PHOTO	PHOTO	PHOTO NPN	JFET N	JFET P

增强型N沟道MOS管	增强型P沟道MOS管	耗尽型N沟道MOS管	耗尽型P沟道MOS管
MOSFET DUAL G/N	MOSFET DUAL G/P	MOSFET N	MOSFET P

4. 整流桥、三端稳压器、数码管类

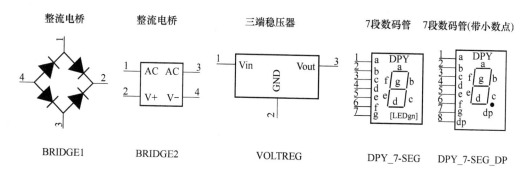

整流电桥	整流电桥	三端稳压器	7段数码管	7段数码管(带小数点)
BRIDGE1	BRIDGE2	VOLTREG	DPY_7-SEG	DPY_7-SEG_DP

5. 接插件类

单排多针插座　　　连接器　　　　　　2位拨动开关　　　　　9芯电缆接口

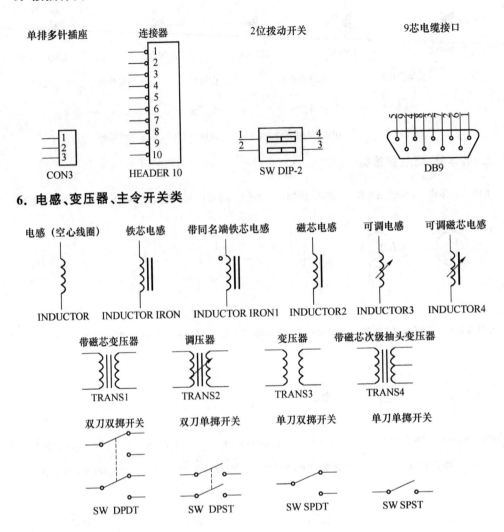

CON3　　　HEADER 10　　　SW DIP-2　　　DB9

6. 电感、变压器、主令开关类

电感（空心线圈）　铁芯电感　带同名端铁芯电感　磁芯电感　可调电感　可调磁芯电感

INDUCTOR　INDUCTOR IRON　INDUCTOR IRON1　INDUCTOR2　INDUCTOR3　INDUCTOR4

带磁芯变压器　　调压器　　　变压器　　带磁芯次级抽头变压器

TRANS1　　TRANS2　　TRANS3　　TRANS4

双刀双掷开关　　双刀单掷开关　　单刀双掷开关　　单刀单掷开关

SW DPDT　　SW DPST　　SW SPDT　　SW SPST

二、其他元件库常用元件

For Intel Embedded Ⅰ (1992).lib　　For Intel Embedded Ⅰ (1992).lib　　For Intel Embedded Ⅰ (1992).lib

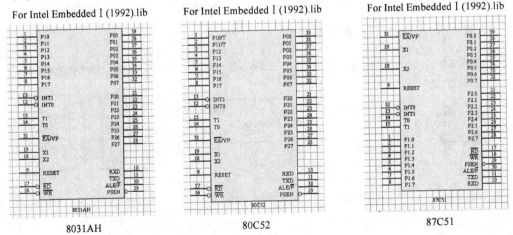

8031AH　　　　　80C52　　　　　87C51

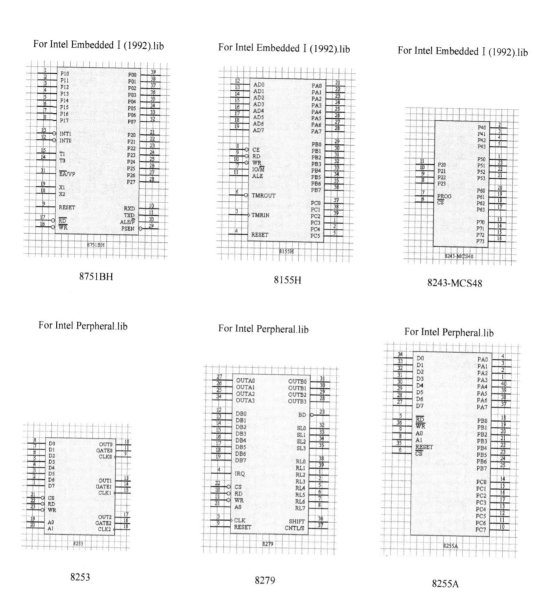

For Intel Embedded I (1992).lib

8751BH

For Intel Embedded I (1992).lib

8155H

For Intel Embedded I (1992).lib

8243-MCS48

For Intel Perpheral.lib

8253

For Intel Perpheral.lib

8279

For Intel Perpheral.lib

8255A

For Protel DOS Schematic Analog digital.lib

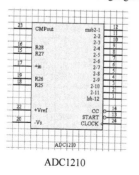

ADC1210

For Protel DOS Schematic Analog digital.lib

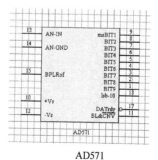

AD571

For Protel DOS Schematic Analog digital.lib

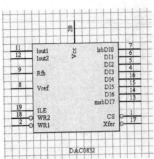

DAC0832

For Protel DOS Schematic Analog digital.lib

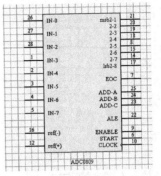

ADC0809

For Protel DOS Schematic Comparator.lib

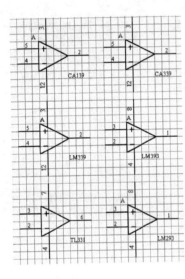

For Protel DOS Schematic Memory Devices.lib

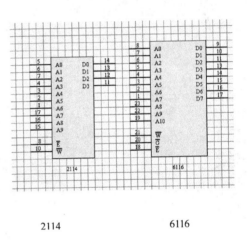

2114   6116

For Protel DOS Schematic Memory Devices.lib

2732

For Protel DOS Schematic Memory Devices.lib

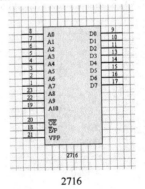

2716

For Protel DOS Schematic Memory Devices.lib

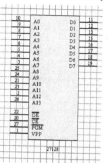

27128

For Protel DOS Schematic Memory Devices.lib

2764

For Protel DOS Schematic Memory Devices.lib

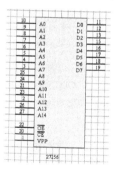

27256

For Protel DOS Schematic Linear.lib

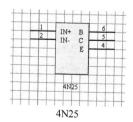

4N25

For Protel DOS Schematic Memory Devices.lib

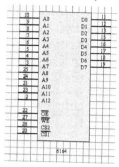

6164

For Protel DOS Schematic Memory Devices.lib

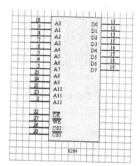

6264

For Protel DOS Schematic Memory Devices.lib

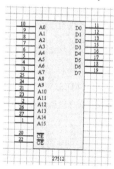

27512

For Protel DOS Schematic Linear.lib

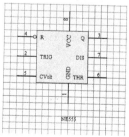

NE555

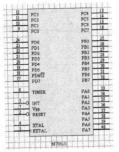

68705U3

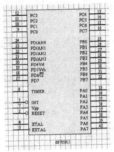

68705R3

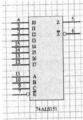

74ALS151

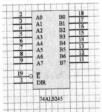

74ALS245

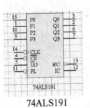

74ALS191

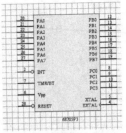

68705P3

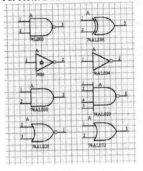

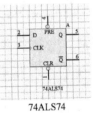

74ALS74

74ALS138

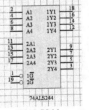

74ALS244

常用元器件符号对照

为了方便初学者熟悉常用的元器件,本附录特将印制电路板设计过程中一些常用元器件的名称、原理图符号、元器件封装以及与之相对应的元器件封装形式列出,希望能够对读者的学习有所帮助。

在本附录中读者可能会发现同一个元器件往往可能对应着多个元器件封装形式。例如,普通电阻其对应的元器件封装就有 8 种形式,从"AXIAL0.3"到""AXIAL1.0"。因此,用户在设计过程中,一定要根据实际的元器件外形来选择其相应的封装,这一点读者要有足够的重视。

本附录列举的常用元器件包括以下几种。

一、电阻

电阻元件在原理图元件库"Miscellaneous Devices. lib"中的名称是"RES1"、"RES2"、"RES3"和"RES4",在 PCB 元件库"PCB Footprints. lib"中的封装形式为"AXIAL0.3"至"AXIAL1.0",在 PCB 元件库"Miscellaneous. lib"中的封装名称为"AXIAL-0.3"至"AXIAL-1.0"。AXIAL 的后缀数字表示两个焊盘的间距,单位为 mil。常用的功率为 1/8 W 电阻使用封装"AXIAL-0.3",1/4 W 电阻使用封装"AXIAL-0.4"。一般来说,电阻的功率越大,电阻的体积就越大,长度就越长,封装形式的后缀数字就越大。

二、电位器

电位器在原理图元件库"Miscellaneous Devices. lib"中的名称是"POT1"和"POT2",在 PCB 元件库"PCB Footprints. lib"中的封装形式为"VR1"到"VR5",在 PCB 元件库"Miscellaneous. lib"中的封装名称为"VR-1"到"VR-5"。这里的后缀数字只是表示外形的不同,而没有其他的含义。

三、电容

电容在原理图元件库"Miscellaneous Devices. lib"中的名称是"CAP"、"CAPVAR"、"ELECTRO1"和"ELECTRO2"等。

CAP 无极性电容在 PCB 元件库"PCB Footprints. lib"中的封装形式为"RAD0.1"到"RAD0.4",在 PCB 元件库"Miscellaneous. lib"中的封装形式为"RAD-0.1"到"RAD-0.4"。后缀数字乘以 1000 表示焊盘的间距,单位为 mil。RAD-0.1、RAD-0.2 和 RAD-0.4 封装电

容的焊盘间距分别为 100 mil、200 mil 和 400 mil。

"ELECTRO1"和"ELECTRO2"电解电容在 PCB 元件库"PCB Footprints. lib"中的封装形式为"RB. 2/. 4"到"RB. 5/1. 0"，在 PCB 元件库"Miscellaneous. lib"中的封装形式为"RB-. 2/. 4"到"RB-. 5/1. 0"。后缀数字乘以 1000，前一个表示焊盘间距，后一个表示电容外形的直径，单位为 mil。

四、二极管

二极管在原理图元件库"Miscellaneous Devices. lib"中的名称是"DIODE"（普通二极管）、"DIODE SCHOTTKY"（肖特基二极管）、"DIODE TUNNEL"（隧道二极管）、"DIODE VARACTOR"（变容二极管）、"LED"（发光二极管）和"ZENER1~3"（稳压管）等。二极管在 PCB 元件库"PCB Footprints. lib"中的封装形式为"DIODE0. 4"和"DIODE0. 7"，在 PCB 元件库"Miscellaneous. lib"中的封装形式为"DIODE-0. 4"和"DIODE-0. 7"。后缀数字乘以 1000 表示焊盘的间距，单位为 mil。

五、晶体管、场效应管

晶体管在原理图元件库"Miscellaneous Devices. lib"中的名称是"NPN"、"PNP"、"NPN1"和"PNP1"等。晶体管在 PCB 元件库"Transistor. lib"中的封装形式为"TO3"、"TO5"、"TO18"、"TO39"、"TO92A"、"TO92B"、"TO92C"和"TO220H"等。

场效应管在原理图元件库"Miscellaneous Devices. lib"中的名称是"JFET N"、"JFET P"、"JFET -N"、"JFET -P"、"MOSFET P"和"MOSFET N"等。其封装形式与晶体管相同。

六、三端稳压器

三端稳压器 78 和 79 系列在原理图元件库"Protel DOS Schematic Voltage Regulators. lib"中的名称有"LM7805CK"、"LM7805CT"、"LM7905CK"、"LM7905CT"、"LM7812CK"、"LM7812CT"、"LM7912CK"和"LM7912CT"等，在原理图元件库"Miscellaneous Devices. lib"中的名称是"VOLTREG"。

三端稳压器在 PCB 元件库"Transistor. lib"中的封装形式为"TO126H"和"TO126V"。其后缀为"H"时表示卧式，后缀为"V"时表示立式。

七、整流桥

整流桥在原理图元件库"Miscellaneous Devices. lib"中的名称是"BRIDGE1"和"BRIDGE2"，整流桥在 PCB 元件库"International Rectifiers. lib"中的封装形式为"D-37"、"D-37R"、"D-38"、"D-44"和"D-46"等。

八、单排多针插座

单排多针插座在原理图元件库"Miscellaneous Devices. lib"中的名称是"CON1"到"CON60"，它们一般用做安装跳线或薄膜键盘的插座。单排多针插座在 PCB 元件库"Miscellaneous. lib"中的封装形式为"SIP-2"到"SIP-20"。

九、双列直插式元件

大部分的双列直插式元件都是集成电路芯片,根据功能不同,集成芯片在原理图中的名称也不同,但是其封装形式都是 DIP 系列。在 PCB 元件库"General IC. lib"中的封装形式为"DIP-2"到"DIP-64",DIP 的后缀为芯片引脚的数目。

十、串并口类接口元件

串并口类接口元件是计算机及各种控制电路中常用的一种接口元件。在原理图元件库"Miscellaneous Devices. lib"中的名称是"DB9"、"DB15"、"DB25"和"DB37"。在 PCB 元件库"PCB Footprints. lib"中的封装形式为 DB 系列,后缀数字表示接口的引脚数目。

十一、无源晶振

无源晶振与电容可以构成晶体振荡电路,通常用在单片机控制系统中,为单片机提供时钟信号。无源晶振在原理图元件库"Miscellaneous Devices. lib"中的名称是"CRYSTAL",在 PCB 元件库"PCB Footprints. lib"中的封装形式为"XTAL1",在 PCB 元件库"Miscellaneous. lib"中的封装形式为"XTAL-1"。

十二、贴片元件

1. 电阻、电容、电感、二极管

贴片电阻、贴片电容、贴片电感和贴片二极管的封装形式是一样的,其在 PCB 元件库"PCB Footprints. lib"中的封装形式为"0402"、"0603"等。封装名称由两个两位数字组成,前一个数字表示贴片元件的长度,后一个数字表示贴片元件的宽度,也就是焊盘的高度,如"0402"中的"04"表示贴片元件的长度为 40 mil,"02"表示贴片元件的宽度即焊盘的高度为 20 mil。一般来说,焊盘两侧边线的间距比贴片元件的长度略长,以利于焊锡充分地覆盖在焊盘上,牢固地焊接元件。

2. 晶体管、场效应管

晶体管和场效应管在 PCB 元件库"PCB Footprints. lib"中的封装形式为"SOT-23"、"SOT-25"和"SOT-89"等。

3. 集成芯片

集成芯片的封装形式多种多样,在 PCB 元件库"PCB Footprints. lib"中的封装形式主要有 CFP 系列、ILEAD 系列、PLCC 系列、LCC 系列、SOCKET 系列、JEDECA 系列和 PFP 系列。

以上仅列出一部分常用元件的封装形式。在设计 PCB 时,如果在 PCB 元件库中找不到合适的封装,则最好的办法是根据需要自己制作元件封装,逐步形成实用性较强的个性化 PCB 元件库。这样,在电子线路的设计工作中,就会越来越得心应手、游刃有余。

附表

元器件类型	元器件名称	原理图符号	元器件封装
电阻	RES1		
	RES2		
	RES3		
	RES4		
电位器	POT1		
	POT2		
普通二极管	DIODE		
肖特基二极管	DIODE SCHOTTKY		
隧道二极管	DIODE TUNNEL		
变容二极管	DIODE VARACTOR		
发光二极管	LED		
稳压管	ZENER1		
	ZENER2		
	ZENER3		
无极性电容	CAP		
电解电容	ELECTRO1		
	ELECTRO2		

元器件类型	元器件名称	原理图符号	元器件封装
晶体管	NPN		
	PNP		
	NPN1		
	PNP1		
场效应管	JFET N		
	JFET P		
	MOSFET N		
	MOSFET P		
三端稳压器	VOLTREG		
	LM7805CT		
	LM7905CT		

元器件类型	元器件名称	原理图符号	元器件封装
整流桥	BRIDGE1		
	BRIDGE2		
无源晶振	CRYSTAL		
单排多针插座	CON 系列		
双列直插式元件	单片机		

元器件类型	元器件名称	原理图符号	元器件封装
串并口类接口元件	DB 系列		DB9/F
贴片元件	电阻	—	0402 0603
	电容		
	电感		
	二极管		
	晶体管	—	SOT-23
	场效应管	—	SOT-25 SOT-89
	集成芯片	—	CFP14 PLCC18 ILEAD8 LCC16 SOCKET28

参 考 文 献

[1] 蔡杏山. Protel 99 SE 电路设计. 北京：人民邮电出版社. 2007.

[2] 张伟, 王力, 等. Protel 99 SE 基础教程. 北京：人民邮电出版社. 2006.

[3] 张瑾, 张伟, 张立宝, 等. Protel 99 SE 入门与提高. 北京：人民邮电出版社. 2006.

[4] 李东生, 张勇, 晁冰. Protel DXP 电路设计教程. 北京：电子工业出版社. 2006.

[5] 孙频东, 曹江, 等. 电子设计自动化(第 2 版). 北京：化学工业出版社. 2004.

[6] 余家春. Protel 99 SE 电路设计实用教程. 北京：中国铁道出版社. 2003.

[7] 刘南平, 李猛. Protel 2002 教程. 北京：北京师范大学出版社. 2005.

[8] 及力. Protel 99 SE 原理图与 PCB 设计教程(第 2 版). 北京：电子工业出版社. 2007.